内向性格的竞争力

[美]苏珊·凯恩（Susan Cain）/著

高洁／译

图书在版编目（CIP）数据

内向性格的竞争力/（美）苏珊·凯恩著；高洁译. -- 3 版. -- 北京：中信出版社，2023.4
书名原文：Quiet: The Power of Introverts in a World That Can't Stop Talking
ISBN 978-7-5217-5333-2

Ⅰ.①内… Ⅱ.①苏…②高… Ⅲ.①人格心理学—通俗读物 Ⅳ.① B848-49

中国国家版本馆 CIP 数据核字（2023）第 035701 号

QUIET: The Power of Introverts in a World That Can't Stop Talking
Copyright © 2012, 2013 by Susan Cain
This edition arranged with InkWell Management LLC
through Andrew Nurnberg Associates International Limited
Simplified Chinese translation copyright © 2023 by CITIC Press Corporation
ALL RIGHTS RESERVED
本书仅限中国大陆地区发行销售

内向性格的竞争力
著者：　　［美］苏珊·凯恩
译者：　　高洁
出版发行：中信出版集团股份有限公司
（北京市朝阳区东三环北路 27 号嘉铭中心　邮编　100020）
承印者：　嘉业印刷（天津）有限公司

开本：880mm×1230mm 1/32　　印张：11.25　　字数：248 千字
版次：2023 年 4 月第 3 版　　　　　　印次：2023 年 4 月第 1 次印刷
京权图字：01-2012-0370　　　　　　　书号：ISBN 978-7-5217-5333-2
定价：59.00 元

版权所有·侵权必究
如有印刷、装订问题，本公司负责调换。
服务热线：400-600-8099
投稿邮箱：author@citicpub.com

如果所有人都去当巴顿将军，那么人类就不会取得进步；如果所有人都成为凡·高，结果亦然。我愿意相信这个世界需要运动员、哲学家、性感明星、画家、科学家；这个世界需要热情，需要无情，需要漠然，也需要怯懦。这个世界需要那些致力于研究在不同情况下，犬类的唾液腺会分泌多少唾液之人；同样，这个世界也需要那些捕捉到樱花之美，并能用十四行诗来传达之人；需要能用25页文字来剖析一个躺在黑暗中的床上，等待妈妈晚安吻的小男孩的心思之人……事实上，如果你在某一方面有杰出的才能，就注定了这股力量源自其他领域。

——艾伦·肖恩

目　录

自　序　　　　　　　　　　　　　　　　　　　　　　　　Ⅲ

引　言　　南北性格　　　　　　　　　　　　　　　　　　001

第一部分　外向理想型　　　　　　　　　　　　　　　　021

第一章　　那群"不可一世又招人喜欢的家伙"的崛起　　　023

第二章　　魅力领导的迷思　　　　　　　　　　　　　　　043

第三章　　当合作扼杀了创造力　　　　　　　　　　　　　091

第二部分　真实的自我与生理自我　　　　　　　　　　　123

第四章　　性情＝天生的命运？　　　　　　　　　　　　　125

第五章　　超越性情　　　　　　　　　　　　　　　　　　149

第六章　　"富兰克林·罗斯福是政治家，而埃莉诺道出了良知"　169

第七章　　华尔街崩溃了，巴菲特成功了　　　　　　　　　201

第三部分　文化传统与性格特征　　231
第八章　　软实力　　233

第四部分　如何去爱，如何工作　　261
第九章　　何时你该戴上外向的面具？　　263
第十章　　沟通障碍　　287
第十一章　鞋匠与将军　　311

终　章　　仙　境　　341
后记一　　贡献者　　345
后记二　　关于内向者和外向者　　349

自　序

————— * —————

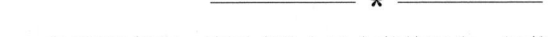

自 2005 年起，我正式致力于本书的写作，但书中的内容我已经准备很多年了。我与成百上千的人通过面谈或书信的形式，探讨了书中涉及的每个主题，与此同时，我阅读了大量的专著、学术论文、杂志、聊天室讨论话题，以及博客文章。部分内容在书中有所提及，还有一部分则渗透到了我的字里行间。本书的完成得益于前人的众多研究成果，尤其是那些学者和研究者的工作，我从中获益良多。如果可以，我非常希望把所有的资料来源、导师和受访者的名字都写进书中，但是受制于可读性原则，我只能遗憾地将部分名字列在注释部分。

也是基于以上原因，本书对于某些引用没有进行标注，但经我修改后的句子大意与演讲者或作者的原意是一致的。

我对有些故事中主人公的姓名和一些细节也做了修改，当然，我也会为我的故事负法律责任。考虑到查尔斯·卡格诺演讲项目的部分参与者并没有被告知会被写入公开出版物，其隐私理应受到保护；另外，"夜校课堂部分"的故事也是基于多个事件糅合而成的产物，因而，我在叙述的过程中融合了众多受访者的描述，创作了一对同他们有着相似性格的主人公——格雷格和埃米莉。由于记忆所限，多数故事都是对事件本身或者他人讲述内容的复述。我并没有考察人们告诉我的这些故事是不是都曾真实地发生在他们自己身上，但书中提到的事件都基本属实。

引 言

南北性格

---------- * ----------

亚拉巴马州蒙哥马利市。1955 年 12 月 1 日,傍晚。

一辆公交车缓缓停靠在车站,一位从衣着上看约 40 岁的妇女走上车来。尽管这一整天她都在蒙哥马利集市一家简陋的地下裁缝店里弯着腰熨衣服,但此刻她站得笔直。她的脚水肿得厉害,肩膀也酸痛不已。她坐在黑人区的第一排,静静地看着公交车被涌上来的乘客塞满。一切一如往常,直到司机要求她把座位让给一个白种人。

这位黑人妇女轻启双唇,回应了一个词,正是这个词引发了 20 世纪最重要的人权保护运动,也正是这个词让美国开始了探索、进步的征程。

这个词就是——"不"。

司机恐吓她说,如果她不照做就要把她抓起来。

"随你。"罗莎·帕克斯说道。

随后一位警员到达现场,他责问帕克斯为什么拒绝让座。

"凭什么我们就得听任你们摆布?"帕克斯平静地问道。

"我怎么知道?"警察说道,"可是法律就是法律,你触犯了法律,就要坐牢。"

在帕克斯出庭并因扰乱治安而被定罪的那天下午，蒙哥马利市权利促进协会（Montgomery Improvement Association）为帕克斯事件在霍尔特街浸信会教堂——镇上最贫穷的地方——举行了一次集会。当时有5 000人对帕克斯勇敢的行为表示支持，人越聚越多，直到拥挤的教堂再也容纳不下了，其余的人就站在教堂外面，通过扩音器聆听教堂里面的声音。牧师马丁·路德·金对着人群说道："你们知道，我的朋友们，终有一天，人们再也忍受不了压迫者铁蹄的践踏；终有一天，人们再也忍受不了被赶出生活中7月的灿烂阳光，在阿尔卑斯山11月刺骨的寒风中罚站。"

他赞扬了帕克斯的勇气并拥抱了她。她静静地站在那里，她的出现就足以激励那些躁动的人。权利促进协会发起的这次全市范围的黑人抵制公交行动，持续了长达381天之久。黑人们每天徒步行走数千米去上班，或者搭陌生人的车，完全拒绝搭乘公交车。他们改写了美国的历史。

我一直想象罗莎·帕克斯应该是位高大而果敢的女性——一位会因公交车让座而站起来反抗的女性。然而2005年，92岁的帕克斯女士去世的时候，讣告里却说她是一个言语轻柔、待人亲切且身材瘦小的女性。她"胆小而腼腆"，却有着"雄狮般的勇气"。在对她的评价中，较多的是类似"激进的谦逊"和"沉默的刚毅"之类的描述。可是，沉默却刚毅的性格，这究竟是什么意思呢？这些描述中暗含着太多意义。一个人如何做到既腼腆又勇敢呢？

帕克斯似乎也意识到了自己性格中的这种矛盾，她给自传取名为《沉默的力量》，正是这个题目让我们更想挑战之前的假设：为什么沉默就不能是一股强大的力量呢？抑或有什么东西是沉默可以做到而被我们忽略的呢？

※ ※ ※

我们的人生受性格影响，如同受到性别和民族的影响一样。性格中最为重要的一个方面被称为"南北性格"，这种说法来自某位科学家对于内向和外向的分类，南和北正是内向、外向在性格频谱中的位置。我们在这个统一的系统中所处的位置影响着我们对朋友和配偶的选择，也影响着我们同他人交谈的方式、消除个人差异的方式，甚至影响着我们示爱的方式。它还影响着我们对职业的选择，以及能否在工作中取得成功。性格决定了我们会不会去锻炼，敢不敢承认婚外情，在失眠的情况下身体机能如何，从所犯的错误中能得到多少教训，在股票市场中会下多大的赌注，存在多大程度的延迟满足需求，或者能否成为一名优秀的领导者，以及谈论"如果"的可能性。它反映在我们的大脑通路、神经递质和神经末梢中。如今，内向与外向研究成为人格心理学中最引人注目的课题，唤起了无数科学家的好奇心。

这些科学家在新科技的帮助下已然有了一些令人兴奋的发现，但这只是一个漫长而传奇的传承的一部分。自从内向和外向有记录以来，诗人和哲学家就开始致力于思考二者的关系。这两种性格在《圣经》以及希腊和罗马医生的著作中都曾出现过，有的进化心理学家称，关于这两种性格的研究可以追溯到更为久远的岁月。连动物王国中都会存在"内向者"和"外向者"之分，正如我们所见，从果蝇到翻车鱼再到猕猴，这两种性格都存在着。如同世界上其他互为补充的分类方式一样，例如男性与女性、东方与西方、自由派与保守派，如果没有内向和外向这两种性格的存在，对于人类而言，上述分类的可辨识性就会大大降低。

我们来对比一下罗莎·帕克斯与马丁·路德·金：一位令人敬佩的演说

家在种族隔离的公交车上拒绝为白人让座，与一个温和又沉默寡言的女性做出这样勇敢的事情相比，其影响力自然不可同日而语。但帕克斯没有激发大众的本领，即便她想站起来反抗，宣称她有一个自由的梦想，效果又能怎样呢？而在马丁·路德·金的帮助下，显然，她已经不需要这样做了。

如今，我们对性格做出了清晰明确的划分。我们被告知，好的性格就是要勇敢、快乐、善于交际。美国人自视外向，而这意味着美国人已经丢失了对自己真实的评价。调查显示，有 1/3~1/2 的美国人具有内向的性格倾向——换句话说，在美国，每两三个人中间就会有一个性格内向的人（鉴于美国被誉为最外向的国家，其他地区的数据定然要高于美国）；即使你本身不是一个内向的人，你身边也一定有一个内向的人。

如果这些数据让你感到惊讶，那是因为有很多人有意无意装出一副外向的样子。隐秘的内向者是不会被轻易察觉的，在操场上、在高中生的更衣室里、在美国公司的走廊里，他们都不会被发现。有些人甚至被自己蒙蔽了，直到某些变故出现——解雇、空巢期、遗产继承，这些事情的发生让他们被迫从一种固定的生活模式中脱离出来，从而反思自己的天性。当你和你的朋友或相识之人谈论本书的主题时，你会发现，那些看似最不内向的人却认为自己是内向者。

如此多的内向者会逃避自己的内向性格，这其实很容易理解。我们生活在一个我姑且称之为外向理想型（Extrovert Ideal）的价值体系中，几乎每个人都坚信最理想的自我状态是善于交际、健谈的，即使是在聚光灯下也应谈笑自如。典型的外向者更喜欢行动而非观望，喜欢冒险而非计划，喜欢肯定而非怀疑。对于这类人而言，也许男性喜欢速战速决，即使他们知道那样做存在着极大的出错风险；而女性，则可能在小组协作中很好地完成工作，并且与组员相处得很融洽。我们也许会觉得我们的评价标准因人而异，然而在通常情况下，我们往往会更喜欢这样一种性格——一种相处起来让我们觉得很舒服的性格。当然，我们可以接受那些在车库里开公司并进行创造性活动的天才特立独行，但他们只是例外，并非常态，而且我们的容忍度在很大程度上取决于这些人是否富有或者是否拥有这样做的特权。

内向，以及它的"亲戚"们——敏感、严肃以及腼腆，在当今社会都被看成一种次等的性格，一种介乎失望和病态之间的状态。内向者生活在外向理想型的影响之下，就如同女性在一个男性主导的社会价值形态下所处的位置一样，内向的价值被大大低估了。不可否认，外向者确实有着巨大的人格魅力，但是从另一个角度来讲，在与这类人相处的时候，大部分情况下我们是处于从属地位的。

很多研究都涉及外向理想型，然而这些研究都没有对这类性格做明确的定义或归类。举个例子，健谈的人通常被认为聪慧、长相姣好、为人有趣，而且更容易被人们当成朋友的不二人选。语速和音量也是很重要的因素：我们通常认为语速快的人相比慢言慢语的人能力更强而且更讨人喜欢。在小组中，这种思维惯性同样存在。研究发现，许多人认为，那些健谈的人比安静的人更聪明一些，即使侃侃而谈的天赋与拥有好想法之间并没有任何联系。甚至"内向"这个词听起来都带有一丝贬义。心理学家罗莉·海尔格的一项研究发现，内向者总是能生动地描述自己的外貌（比如蓝绿色的眼睛、异国情调、高颧骨），可是一旦让他们描述内向者的普遍特征时，他们描绘出的形象却索然无味且令人生厌（例如笨拙、中性色、皮肤问题等）。

然而，我们在不假思索宣扬外向理想型的同时也犯了一个严重的错误。很多伟大的思想、艺术作品还有发明——从进化论，到凡·高的《向日葵》，再到个人电脑——都来自安静而理智的人，他们知道如何与自己灵魂深处的思想交流，并在那个安静的世界里发现宝藏。试想，如果没有这些内向者，我们生活的世界将不会有：

万有引力定律

相对论

叶芝的《第二次降临》

肖邦的《夜曲》

普鲁斯特的《追忆似水年华》

彼得·潘

乔治·奥威尔的《1984》和《动物庄园》

戴帽子的猫

查理·布朗

《辛德勒的名单》、《E.T.外星人》和《第三类接触》

谷歌

"哈利·波特"系列

正如科技新闻记者威妮弗雷德·加拉格尔在报道中所写的："有的人并非一受到外界刺激就匆忙反应，而是先有定力地仔细探察一番。这种性格之所以受人称颂，是对科学和艺术崇拜的结果。要知道质能方程或者《失乐园》绝不是由社交狂创作出来的。"即使是在一些内向性不明显的领域，如金融、政治甚至行动主义，许多伟大的飞跃也是由那些内向者实现的。在本书中，我们会看到许多这样的人物，如埃莉诺·罗斯福、阿尔·戈尔、沃伦·巴菲特、甘地，以及罗莎·帕克斯，他们的成就并非刻意而为，而恰恰是受益于他们内敛的性格。

然而，正如本书将进一步探讨的，那些当代社会最重要的惯例，许多都是专门为那些喜欢集体项目和高强度刺激的人而设计的。对孩子们来说，越来越多的学校将课桌按照豆荚状排列，以为这样可以更好地培养孩子的小组学习能力，而研究显示，多数老师认为那些优秀的学生应该是外向的。在我们常看的电视节目里，主角都不是那些"邻家的孩子"，比如《脱线家族》里的辛迪·布雷迪和《反斗小宝贝》中的比弗·克利弗，而是那些性格外向的摇滚明星或网络直播主持，比如汉娜·蒙塔娜和《爱卡莉》中的卡莉·谢伊。即使是由美国公共广播公司（PBS）赞助制作，为学前儿童树立的榜样——科学小子西德，也是一个和伙伴们跳着舞开始每天学校生活的孩子。（"看我的舞姿！我是个摇滚巨星！"）

作为成年人，我们之中的许多人都在为那些秉承团队协作精神的机构工作，那里的办公室没有任何隔断，那里的价值观是人际关系高于一切。为了推进我们的事业，我们不得不在公司的期许下，在大庭广众之下不遗余力地提高自我价值。那些得到资助的科学家往往都是自信的，也许可以说是自负的；那些能够让自己的作品挂在当代博物馆墙壁上的艺术家，往往也都在艺廊开幕时有过令人印象深刻的举止；那些作品得以发表的作家——即便是那些曾经被认为是淡泊名利的隐士——现在也都是由出版商认可，会口若悬河发表演说的人。（如果我不能说服我的出版商，证明我作为一个伪装外向者完全能够做到提高本书的销量，那你们就看不到本书了。)

如果你是一个内向的人,你应该知道对沉默的偏见往往会引发严重的精神痛楚。如果你是个孩子,你也许会在无意间听到父母因为你的羞涩而必须向他人道歉。("你怎么就不能更像个肯尼迪男孩呢?"一个我多次采访过的男孩经常被他的糊涂父母这样教训。)或者在学校里经常有人要你"从你的壳里爬出来"——这种刺耳的表述方式难免忽略了一点:一些动物天生就要随时随地背着防护壳,对于一些人而言亦然。"那些从小就在我耳边萦绕的评价始终在我脑海中挥之不去,他们说我懒、笨、慢、闷,"一个名叫"内向撤退"的电子邮件列表中的成员写道,"直到我足够成熟,我才认清我只不过是比较内向,那是我的一部分,之前对我的种种假设其实都是不对的。我多么希望那个时候我能够证明这些,然后让别人改变这种偏见。"

即使你是个成年人,你也可能会因为想读一本好书而谢绝一个晚宴邀请,从而感到内疚和痛苦;或者你更喜欢一个人去餐馆吃饭,因而不用担心自己的打扮会给同行的人丢脸;或者常常有人对你说"你脑子里装的东西太多了"——这是一种对表现得沉默和深沉之人的不满。

当然,这个世界上还有一个词是专门给这类人的——思想者。

***

我亲眼见过,对于内向的人来说,对自己的才能树立正确认知是一件多么困难的事情,而当真正去做的时候,他们又是多么强大。十余年的时间里,我教过各种各样的人谈判技巧,包括律师、大学生、对冲基金经理以及已婚夫妇。当然,这些技巧涵盖了所有的基本知识:如何为一场谈判做准备，何时做第一次报价，以及当对方说"要么接受要么走人"时该怎么做。客户也会要求我帮助他们分析自己的性格，以让其最大限度地发挥优势。

我最早的客户是一位名叫劳拉的年轻女士。她是华尔街的一名律师，既沉默又爱做白日梦，但更令她烦恼的是她对聚光灯的恐惧和对于攻击性言辞的厌恶。她曾经希望通过哈佛大学法学院的严酷考验来克服自己的这种心理，因为哈佛大学法学院把课堂搬到了巨大的圆形竞技场上，可是那个地方实在太让她紧张了，她最终还是当了逃兵。如今，她在现实世界里依然不确定自己能否像她的客户期待的那样，强势地代表他们进行谈判。

在工作的头三年，因为还是个新人，所以劳拉并没有真刀真枪地上阵，也就没有机会去检验自己的能力。但是有一天，她上面的高级律师去度假了，只留下劳拉一人负责一项重要的谈判。客户是一家南美洲的制造公司，该公司拖欠银行贷款并希望能够重新洽谈合同条款；而坐在谈判桌另一端的，则是一个借贷财团的银行家们。

劳拉真想藏到谈判桌底下，虽然她已经习惯了去克服这样的冲动。劳拉知道自己在博弈，可她真的很紧张，她坐在主座上，两旁是她的客户：法律总顾问坐在一侧，高级财务人员在另一侧。他们恰好是劳拉最喜欢的一类客户：举止高雅而言语轻柔，这与她的公司通常代表的那种唯我独尊的客户全然不同。过去，劳拉曾为一场扬基队比赛做过一次法律顾问，也曾为她的妹妹做过一次手袋购物的财务顾问。如今，这种舒适的户外活动——恰恰是劳拉最享受其中的一种社交活动——已经遥远得仿佛是另一个世界发生的事了。桌子的另一端坐着9位心怀不满的投资银行家，他们身着考究的西装，脚蹬昂贵的皮鞋，带着他们的律师和一个方下巴的精神饱满的女人。显然,这个女人有着绝对的自信,她发表了一番令人印象颇深的演说,影射劳拉的客户是多么幸运,因为他们只需要遵守银行家们制定的条款就可以了——她称这是一个非常慷慨的提案。

在场的每一个人都在等待劳拉的回应,可她完全不知道自己还能说什么,于是她只得静静地坐在那里,眨着眼睛。所有人的目光都聚集到了她身上,她的客户们都已经有点儿坐不住了。劳拉又一次陷入了那个熟悉的思维怪圈:"要处理这样的事情,我太不善言辞了,太缺乏气势了,太愚钝了。"她想象着有个八面玲珑的人来处理这样的状况:那个人应该勇敢、圆滑,可以在这张谈判桌上给对方强有力的回击。上中学的时候,这个人应该和劳拉不同,他会被形容为"外向的",那是一种对中学生而言最高的嘉奖,甚至高过说一个女孩漂亮或者称赞一个男孩健壮。劳拉告诉自己只需要熬过这一天就好了,第二天她就会去换一份工作。

然后劳拉想起了我一遍又一遍对她讲过的话:她是一个内向的人,因此她在谈判中有着独一无二的力量——也许不太明显,却同样强大。她也许比别人准备得更充分,她有着内敛而无比坚定的说话风格,她很少会不假思索地开口说话。作为一个温文尔雅的人,她同样可以处在一个强有力甚至带有攻击性的位置上,来完成一次完美的谈判。她拥有提问的主动权,要问很多问题并认真地聆听对方的答复,无论你是什么性格,这一点在一场谈判中都至关重要。

终于,劳拉开口了。

"让我们回到上一步。您给出这个数目的依据是什么?"她问道。

"那如果我们以这种方式来构建贷款项目,您觉得可行吗?"

"那这样呢?"

"其他的方式呢？"

起初劳拉的问题都是试探性的。但她逐步深入，层层逼近，问题越问越有分量，让人们明显感觉到她做足了功课。她始终保持着自己特有的风格，从来没有提高嗓门或者失去风度。每一次银行家们提出一项似乎不可动摇的主张时，劳拉总是努力把它变成有建设性的问题："您觉得这是唯一的途径吗？如果我们采取不同的方式呢？"

就像关于谈判的教科书里所说的那样，劳拉用简单的询问扭转了剑拔弩张的气氛。银行家们被迫停止了自顾自的演说，失去了主导地位，而劳拉一度觉得无药可救的场面也有了转圜，他们开始了一场切实的洽谈。

接下来是进一步的探讨，但依然没有定论。其中一位银行家气愤不已，把手里的资料摔在桌子上，然后转身大步走出了房间。劳拉全然忽略了这一幕，其实是因为她不知道还能做什么。事后，有人告诉她在关键时刻，她运用了博弈中所谓的"谈判柔术"；然而她知道，她仅仅是表现出了一个内向者在喧闹的世界里最本性的东西。

最终双方达成了协议。银行家们离开了大厦，劳拉的客户们直奔机场，而劳拉则回到家里，抱着一本书蜷缩起来，试图忘掉这一天的紧张情绪。

第二天早晨，银行家们的首席律师——那个神采奕奕、有着刚毅下巴的女人，打算聘请劳拉去工作。"我从来没有见过谁能够在同一时刻表现得既温和又坚毅。"她说道。又过了一天，银行的董事也联系了劳拉，询问她所在的律师事务所今后能否代表他们公司完成谈判协商等事宜。他说："我们需要这样不带有自我意识的人来帮助我们完成交易。"

劳拉通过坚持自己温和的处事方式，为她的事务所建立了众多新的业务关系，也为自己开拓了新的业务。提高嗓门和敲桌子这样的行为在她身上变得完全没有必要。

如今，劳拉很清楚自己内向的性格是她至关重要的一个组成部分，而她自己也开始欣然接受这种本能的反应。那个一直回荡在她脑海里责备自己太过沉闷低调的声音渐远渐弱，劳拉知道在她需要的时候她完全可以做得和别人一样好。

* * *

在我将劳拉归于内向者这一类时，我是什么意思呢？当我着手写作本书的时候，我要做的第一件事就是找出学者们是如何定义内向和外向性格的。我了解到，影响甚远的心理学家卡尔·荣格于1921年出版了一部重磅心理学著作——《心理类型》，书中将内向与外向作为人类性格的中心建构。荣格说，内向者往往被内心世界的想法和感受所吸引，而外向者则倾向于关注人们外部的生活及活动；内向者的注意力往往集中在他们之于身边事物的意义上，而外向者则会投身到事件当中；内向者会在他们独处的时候为自己充电，而外向者则会在社交活动满足不了自身需求的时候为自己充电。如果你曾经参加过迈尔斯－布里格斯人格测试——一个基于荣格的理念，并为多数大学和《财富》世界100强公司所采用的测试体系——你就一定会对这些概念有所了解。

然而，当代学者对这个问题又持什么观点呢？我在前人的研究中并没有发现对于内向和外向的通用定义，甚至都没有统一的诸如"卷发"或是"16岁"这样明确的分类方式，每个人的定义都显得模糊不清。比如，大五人格心理学流派（该流派认为人的性格可以归结为五个主要的特征）对于内向者的定义不是内心活动丰富的一类人，而是缺乏某种自信特质和社交能力的人。每一个花了大量时间来印证究竟哪一种描述更为准确的心理学家，几乎都对内向者和外向者的定义各持己见。有的心理学家认为荣格的理念已经过时了，有的又觉得荣格是唯一了解其真谛的人。

即便如此，当代心理学家在某些要点上意见基本一致，例如，他们普遍认为内向者和外向者在激励体系中所需要的外界刺激程度不同。内向者会觉得适量的刺激是"恰到好处"的，就像是和一个亲密的朋友在一起呷了一口红酒，或者解了一道填字题，抑或是读了一本书；而外向者则更倾向于带有冲击性的刺激，比如结识新的朋友、陡坡滑雪或开启立体声。人格心理学家戴维·温特在解释典型的内向者为什么在度假时宁愿在沙滩上读书也不愿参加一场邮轮派对时说："所有人都会是强烈的刺激源，他们可能会引起内向者情绪上的受威胁感、恐惧、逃避和爱意。和100本书、100颗沙砾相比，100个人可能引起的刺激实在是太大了。"

许多心理学家同样认为，内向者和外向者的心理机制有所不同。外向者倾向于"速战速决"。他们习惯迅速做决定（有时是冲动的），而且更适合处理复杂的和带有冒险性质的任务，他们享受这种为了奖赏（如金钱和地位）而"追逐的快感"。

内向者在处理问题时，步调更缓慢而且更具有目的性。他们更喜欢在一段时间内致力于一件事情，认为这样也许会更好地发挥专注的力量。这类人往往在面对金钱和名利的诱惑时表现得相对淡泊。

我们的性格也决定了我们的社交风格。外向者往往会为晚宴带来活力，会在你讲笑话时哈哈大笑。他们基本都很自信，领导能力强，是公司迫切需要的人才。他们讲话时经常不假思索就脱口而出，他们更喜欢诉说而非倾听，很少会有语塞的情况出现，偶尔也会讲话不经过大脑。他们可以从容处理冲突,却对孤独无能为力。

相反,内向者可能有很强的社交能力,喜欢参加派对和商务会议,然而过不多久他们就开始希望能在家里穿着睡衣走来走去。他们宁愿把这些社交精力花在自己亲密的朋友、同事和家人身上。他们是很好的倾听者,开口前必三思,甚至经常会觉得自己笔头上的功夫要远远好过口头。他们讨厌冲突。有的内向者会对简短的对话感到恐惧,而对于深入的交谈却能收放自如。

有些关于内向者的观点则是错误的,比如"内向者"这个词并不等同于隐士或者厌世者。内向者可能会有隐遁或者厌世的情绪,但大多数内向者是绝对友善的。英语中最让人觉得温馨的短语之一是"Only connect!"(唯有联结)——这句话就出自性格内敛的福斯特的小说《霍华德庄园》,这部书讲述了一个如何实现"人类之大爱"的故事。

内向的人并不一定是羞涩的。羞涩是对缺乏社会认同或者被羞辱的恐惧心理,而内向是一种对于平和环境的偏好。羞涩是一种固有的痛苦,而内向不是。人们混淆这两个概念的一个很重要的原因是,这两者之间常常会有重叠(即使心理学家对于两者交叉的程度仍有争议)。有的心理学家用由横轴和纵轴构成的图表来表示这两种性格倾向,横轴表示内向–外向的频谱,纵轴表示焦虑–稳定的频谱。根据这个模型,你最终会得到4个象限的性格类型:冷静外向型、焦虑(或冲动)外向型、冷静内向型,以及焦虑(或冲动)内向型。换句话说,你可能是一个羞涩的外向者,就像有着极为耀眼的性格却怯场到会晕倒的芭芭拉·史翠珊;或者你可能是一个毫不怯场的内向者,就像据说不爱交际却不为他人意见所左右的比尔·盖茨。

你当然也可能会是一个既羞涩又内向的人：T.S. 艾略特就是这种内向者的代表，他在代表作《荒原》中写道，他可以"给你看那一把尘土里的恐惧"。许多害羞的人变得内向，从某种程度上讲是由于社交让他们焦虑，因而内向是他们为此寻找的庇护所。而有些内向者表现得羞涩，部分是由于他们接收到的信息反馈反映出他们的偏好存在差异，部分则是源于他们的心理因素，正如我们所见，这种心理因素会迫使他们退出高刺激环境。

羞涩和内向两者之间除了这些不同之处，还有一些深刻的共同点。一个羞涩的外向者和一个冷静的内向者在一场商务会议上保持沉默的精神状态也许原因截然不同——羞涩的人是怯于开口，内向者则只是因为身处过激的环境——然而在外人看来，这两者的表现没有任何差别。同时，从对这两类人的研究中我们也可以发现，人们对最高地位的推崇，让我们对很多美好、充满智慧的事情视而不见。基于不同的原因，羞涩的人和内向的人可能会选择做一些幕后的工作，比如发明、科研、救死扶伤或者担任一些低调的领导工作。这些都不是人们一般概念中的主角，但是扮演这些角色的人依然可以成为人们学习的楷模。

* * *

如果你还不清楚自己究竟处在内向－外向频谱的哪个位置，这里为你提供一种自测方式。根据你的实际情况，用"是"或"否"来回答每个问题。（这是一个非正式的测试，不是有科学理论依据的性格测试。这些问题只是根据当代心理学家对于内向者性格特征的共识而设计出来的。）

1. _____ 相对于小组活动，我更喜欢一对一的交流。

2.＿＿＿ 我通常更愿意用文字表达我的观点和想法。

3.＿＿＿ 独处对我而言是一种享受。

4.＿＿＿ 相对于我的同伴而言，我似乎对于金钱、名利和地位看得没有那么重。

5.＿＿＿ 我不喜欢闲谈，但是我喜欢对我关心的话题进行深入探讨。

6.＿＿＿ 人们说我是个很好的倾听者。

7.＿＿＿ 我不是一个喜欢冒险的人。

8.＿＿＿ 我喜欢那种可以一头扎进去而不会被打断的工作。

9.＿＿＿ 我喜欢小范围地只与一两个亲密朋友或者亲人一起庆祝生日。

10.＿＿＿ 常常会有人用"善于辞令"或者"成熟"来形容我。

11.＿＿＿ 我不愿在某项工作结束之前跟别人炫耀或者讨论这项工作。

12.＿＿＿ 我讨厌冲突。

13.＿＿＿ 我做得最好的工作是独自完成的。

14.＿＿＿ 我倾向于三思后再开口。

15.＿＿＿ 每次出去玩之后我都会觉得筋疲力尽，即使我玩得很开心。

16.＿＿＿ 我一般不愿意接电话，而是等着它转入语音留言。

17.＿＿＿ 如果要我选择，我宁愿周末无所事事，也不想让我的日程表被排得满满的。

18.＿＿＿ 我不喜欢同时处理多项任务。

19.＿＿＿ 我很容易就能进入状态。

20.＿＿＿ 我更喜欢讲座式课堂，而不是研讨式的。

对于上述问题，你的答案中"是"越多，你就越有可能是个内向的人。如果你发现你的答案中"是"与"否"出现的频率相当，你就可能是个中间性格的人——是的，这种情况确实存在。

但是即使每一个问题的答案都预示着你是一个内向者或者外向者，也并不能表明在所有可能出现的情况下你的行为都是可预测的。我们不能断言每一个内向者都是书呆子，或者说每一个外向者都会在派对上把自己打扮得夸张另类，就像我们不能说所有的女人天生就是和事佬，而男人天生就喜欢身体接触类运动。就像荣格的那个恰到好处的比喻一样："这个世界上没有绝对的内向者，也不存在绝对的外向者。如果真的有那么一个人，那他必然是在疯人院里。"

这一方面是因为我们都是极其复杂的个体，更重要的是，这个世界上存在各种各样的内向者和外向者。内向与外向的倾向与我们其他的性格特征及个人经历相互作用，从而产生了各种性格迥异的人。因此，如果你是个有文艺范儿的美国青年，而你的父亲却希望你能像你爱拼抢的哥哥们那样参加橄榄球队，那你的这种内向就与假如你是个经商的芬兰人，而你的父母却是灯塔看守人的内向截然不同。（芬兰人是一个以内向性格著名的民族。有这样一个关于芬兰人的笑话：你怎么知道某个芬兰人对你有意思呢？很简单，只要他不是盯着自己的鞋子看而是在看你的鞋子，那就是了。）

很多内向者同样也是高敏感人士，这听起来似乎还挺有诗意的，而这却是心理学术语。如果你是敏感类型的人，那你会比普通人更容易被贝多芬的《月光奏鸣曲》，或者一句措辞优美的话、某种特别善良的行为感动得一塌糊涂。也许你会比别人更容易对暴力和丑闻义愤填膺，而且你应该会是一个暗室不欺的人。当你还是个孩子的时候，也许别人会说你很害羞；在要被别人评价，比如要公开演讲或者进行第一次约会时，你会觉得异常紧张。在后文中我们将探讨为什么这些看起来毫无关联的特征可以属于同一个人，为什么这样一个人总是内向的。（没有人能确切了解有多少内向者属于高度敏感的类型，但我们得知70%的高敏感人士都是内向的，而其余30%的人做事也不能一气呵成，需要一些放松的喘息机会。）

这种复杂性意味着你在本书中读到的所有东西都不一定完全适合你，即使你觉得你是一个纯粹的内向者。比如，我们会花些时间来探讨羞涩和敏感的问题，但这些特征可能在你身上都没有体现。这很正常，你只需要采纳那些适合你的，剩下的可以用来改善你与他人的关系。

说了这么多，但在本书里我们不会在定义上太过严苛。严格地对术语进行界定，对于那些在研究过程中需要严格区分内向与其他性格特征（如羞涩）的学者而言是至关重要的。但在本书中，我们会把重点放在审视自我上而不是研究成果上。如今，神经科专家也带着大脑扫描仪加入了心理学研究的行列，在此基础上，心理学家们极具启发性的洞见改变了我们对世界的感观——当然还有我们看待自己的方式。他们在解答这样的疑问：为什么有些人很健谈，而其他人却只是默默地斟酌词句？为什么有些人可以在工作中埋头苦干，而有的人却在忙着组织办公室生日派对？为什么有的人喜欢舞权弄势，而有的人却既不喜欢当领导者也不愿意服从？内向者能成为领导者吗？我们的文化对外向的偏好究竟是由自然规律决定的，还是社会因素决定了这一切？从进化论的角度看，内向必然有其作为性格特征存在的理由，那么这个理由是什么呢？如果你是一个内向的人，那你是打算顺其自然，还是希望像劳拉在谈判席上那样给自己展示的机会呢？

这些问题的答案也许会让你感到错愕。

如果你从本书中只能得到一点启示，那我希望这一点新的感受就是你有做你自己的权利。我可以以我个人的名义向你保证，这个观点将会成为改变你命运的影响因素。还记得我之前讲过的我的第一个客户吗？我叫她劳拉是为了保护她的身份。

其实，那是一个发生在我身上的故事，我的第一个客户，其实就是我自己。

第一部分

外向理想型

Part
One

第一章

那群"不可一世又招人喜欢的家伙"的崛起

———— * ————

外向性格如何成为文化崇尚的准则

> 陌生人的眼睛,敏锐而挑剔。
>
> 你敢骄傲、自信而无所畏惧地迎向他们吗?
>
> ——伍德伯里香皂的广告,1922年

时间：1902年。

地点：密苏里浸信会教堂。密苏里是一个坐落在离堪萨斯城约160千米、地处平原的小镇，小到只是地图上一个小小的黑点。

我们年轻的主人公：一个名为戴尔的友善而有些情绪化的高中生。

  戴尔是个一身正气却总是入不敷出的猪农的儿子，一眼看去，他骨瘦如柴，不善运动，还带着些青春期不安的躁动。他尊重自己的父母，又害怕自己会步他们贫穷的后尘。戴尔还害怕很多其他的事情，比如电闪雷鸣、下地狱，以及在关键时刻张口结舌。他甚至还担忧他婚礼那天，如果他不知道要跟自己未来的新娘讲什么，将会怎么样。

  有一天，一名湖区演说家来到了戴尔生活的小镇上。湖区运动是美国教育史上一项卓有成效且影响深远的文化普及运动，始于1873年，源自纽约北部。湖区运动中众多优秀的演说家在全美范围内巡回演讲，为大众普及文学、科学和宗教知识。演说家们为长期生活在农村的居民带来了外面世界新鲜的气息，农民们不禁为这些演说家的魅力折服，连这些演说都带上了动人心魄的魔力。这名特别的演说家讲述的自己从赤贫到富足的故事深深吸引了戴尔，他说自己曾经也是一个卑微的对未来感到迷茫的农家孩子，但他却有着演讲才华，并在湖区找到了属于自己的舞台。戴尔仔细思索着他说的每一个字。

  几年过去了，戴尔再次被公开演讲的价值吸引。戴尔家搬到了密苏里瓦伦斯堡郊外5千米的一个农场，因此戴尔可以到一所提供免费食宿的大学学习。戴尔发现那些在演讲比赛中获奖的同学往往看起来都带有领导气质，而他也努力想让自己成为他们当中的一员。他报名参加每一次演讲比赛，然后晚上跑回家为比赛做准备。他屡战屡败，不得不承认，戴尔的顽强精神可嘉，可是他天生不是做演说家的料。即便如此，最终他的努力还是换来了回报。戴尔努力把自己变成了一名演讲比赛冠军和校园英雄。很多同学都向他请教演讲的技巧，他把自己的心得传授给他们，让他们也走上了成功的道路。

1908年，戴尔大学毕业的时候，他的父母依然收入不济，但那时正是美国企业蓬勃发展的时期。亨利·福特的T型车十分畅销，那时他们的口号是"为了商业，为了快乐"；同时彭尼百货、伍尔沃斯百货以及西尔斯百货也已经成为家喻户晓的名字。电灯点亮了千万中产阶层的家，室内管道系统的发展免去了人们半夜出门上厕所的烦恼。

新经济的发展要求一种新型人才的出现，即营销人员或社交人员，这类人需要随时微笑、懂社会礼节，同时还要有既使自己一枝独秀又能跟同事融洽相处的能力。于是，戴尔加入了这支日益壮大的营销队伍，开辟了他凭借三寸不烂之舌致富的道路。

戴尔姓卡内基（Carnegie，实际上应该是Carnagey，后来他将拼写方式改变，也许是取自伟大的实业家安德鲁·卡内基）。在艰辛地为阿模公司（Armour and Company）销售几年牛肉之后，他开创了公开演讲课程。卡内基在纽约第125大街的一所基督教青年会夜校开始了他的第一堂课。卡内基要求学校支付他与其他在夜校授课的老师一样的薪水，即每节课两美元，而夜校的校长认为公开演讲这种课程不会带来太大的收益，因此拒绝支付卡内基那么多薪水。

然而这门课却在一夜之间轰动全城，卡内基于是着手创办了戴尔·卡内基学院，专门帮助那些实业家根除年少时在心里种下的不安全感。1913年，卡内基出版了他的第一本书——《如何有效沟通并影响他人》。"在那些钢琴和浴室都是奢侈品的日子里，"卡内基写道，"人们把演讲能力作为一种特殊的天赋，是只有律师、牧师或者政治家们才会需要的天赋。而如今，我们应该意识到，演说是激烈的商业竞争中一件不可或缺的武器。"

* * *

卡内基从一个农场小子转型为一个推销员再到一名演说界丰碑式的人物，这正是一个外向理想型崛起的故事。卡内基的人生之路也正反映了一个时代文化的演变，正值20世纪发展的转型期，时代彻底改变了我们所崇尚的性格类型，决定了我们面试时的表现方式，形成了我们对员工的要求，甚至改变了我们的求爱方式和培养孩子的理念。从那时起，美国文化从文化历史学家沃伦·萨斯曼所谓的"品格的文化"转变为"个性的文化"，由此开启了一个令人焦虑的潘多拉魔盒，使我们永远回不到从前。

在品格为上的文化体系中，理想型自我是严肃、纪律严明而高尚的。在这样的价值观里，人们看重的并不是在公共场合里你给别人留下了多么深的印象，而是在私下里你能否也表现得绅士懂礼。"个性"（personality）这个词直到18世纪才在英语中出现，至于"要有良好的性格"这样的观点，则直到20世纪才流传开来。

然而，当人们迎来个性为上的文化价值体系时，美国人开始把关注的焦点转移到别人对自己的看法上。他们开始喜欢那些大胆而幽默的人。"新的个性文化价值观要求的社会角色就是表演者的角色，"萨斯曼在其著作中阐述道，"每一个美国人都将成为表演者。"

美国工业的崛起，就是这种文化演变背后的主要推动因素。这个国家从一个在草原上盖小房子的农业社会，迅速转型为城市化、"做生意就是要赚钱"的强国。在早期，大部分美国人的生活就像戴尔·卡内基家的一样，住在农场里或者小镇里，每天打招呼、聊天的都是从小就认识的朋友。然而，20世纪以来，一场商业化、城市化和包含大量移民的风暴席卷了整个美国，把村庄吹成了城市。1790年时，只有3%的美国人住在城市里；到了1840年，城市居民占到全美国人口的8%；到1920年时，城市人口数量超过人口总数的1/3。1867年，新闻编辑霍勒斯·格里利写道："我们不可能全部都生活在城市里，可是似乎所有人都想这么做。"

美国人渐渐发现，和他们一起工作的不再是他们熟悉的邻居，而代之以陌生人。"市民"变成了"雇员"，他们不得不面对"如何给那些毫无血缘关系或交情的人留下好印象"这样的问题。历史学家罗兰·马钱德在书中写道："一个男人得以晋升或者一个女人遭到社会冷落的原因，已经不能再用长期的偏见和家族世仇来解释了。在匿名业务和社会关系疯长的年代，人们可能会怀疑这是由身边的一切——包括第一印象——造成的。"美国人回应这些压力的方式就是在做营销的时候，不仅要把公司最新的产品推销出去，还要把自己也推销出去。

要审视从品格文化到个性文化的转变，最有效的视角之一就是戴尔·卡内基推广开来的"自助传统"。自助励志类书籍在美国人看来一直就像一道心灵鸡汤。早期的这类行动指南多数都是宗教寓言，比如 1678 年出版的《天路历程》(The Pilgrim's Progress)，就是一本告诫读者要想进入天堂就要约束自己行为的宗教读物。到了 19 世纪，这种建议性的书籍少了几分宗教色彩，但仍然以对高尚品格的说教为主。人们的观念里最有代表性的例子还是那些历史上的英雄，比如亚伯拉罕·林肯，但这些人物并不是单单作为一个天才传播者而受人尊敬，同时人们还推崇他们身上那种谦逊的品格，就像拉尔夫·沃尔多·爱默生说的那样，这些人身上并不存在所谓的"优越感"。19 世纪的人们也会赞颂那些道德高尚的普通人。1899 年美国流行一本名为《品德：世界上最伟大的事情》(Character:The Grandest Thing in the World) 的小册子，讲述了一个胆小的女售货员把她微薄的收入全数给了一个在路边冻僵的乞丐，在别人发现她这样做之前，这个女孩就匆匆离开了。从中我们都能明白，这个女孩的美德不仅仅表现在她的慷慨上，还表现在她做好事不留名的品格上。

但到了 1920 年，流行的自助指南书籍就把人们的注意力从内在的美德转移到了外在的吸引力上，如一本书提醒人们"要学习说什么和怎么去表达"，另一本书则强调"形成自己的个性就是力量"，还有一本书说要"想尽一切办法让别人觉得你是一个不可一世又招人喜欢的家伙"。与此同时，《成功》杂志和《周六晚邮报》专门成立了旨在教授读者谈话的艺术的部门，并指出："这是'个性为王'时代的开始。"于 1899 年撰写《品德：世界上最伟大的事情》一书的作者奥里森·马登 1921 年时写了另外一本很流行的册子，题为《大师级个性》(Masterful Personality)。

这些小册子有相当一部分都是为商人而写的，但那时妇女们也在竞相追逐一种名为"魅力"的东西。相比于她们祖母辈生活的年代，20世纪20年代俨然已经成为一个竞争更加激烈的时代。一本教女性如何变美丽的指南警告说，女性必须有相当有魅力的外表："人们从我们身边经过时，不会知道我们有多聪明、多有魅力，除非我们看起来就是聪明、有魅力的。"

正是这些表面上是为了提高人们生活品质而给出的建议，让那些即使有足够理由自信的人也变得不安起来。萨斯曼统计出在20世纪初为人们在性格方面提出建议的书籍中出现频率最高的词语，然后与19世纪品格方面的词汇做比较。那些19世纪的指南里强调的人们可以努力去改善的方面包括：

公民权

责任

工作

光荣事迹

荣誉

名声

道德

礼数

正直

但在20世纪新的指南中，你会发现人们称颂的那些品质更难获得，无论戴尔·卡内基声称培养这些品质是多么容易的一件事。这些东西要么是你本身就具有的，要么就是你永远得不到的：

  有磁性的

  迷人的

  惊人的

  有魅力的

  热情洋溢的

  主导性的

  有说服力的

  充满活力的

  20世纪二三十年代，美国人普遍对电影明星表现出极大的狂热，这并不是巧合。谁能比一个让人倾倒的偶像更能展现个人魅力呢？

* * *

  美国人也会从广告中得到关于自我展示的建议——不管他们喜欢与否。那些早期的印刷广告只是简单直白地刊登产品信息（比如，"伊顿的高原亚麻：最漂亮的、字迹最清晰的书写纸张"），而那些新的基于个性宣传的广告，则把消费者影射为怯场的演员，只有广告商宣传的产品可以拯救其怯场问题。这些广告热衷于把注意力聚焦在公众所不喜欢的观念上。"你周围的人都在默默评判着你"，这是一则1922年伍德伯里香皂的广告语；"批判的目光正在审视着你"，这是威廉斯剃须膏公司的广告。

而麦迪逊大道则直接道出了男性推销员和中层管理者的忧虑。在一则韦斯特大夫牙刷的广告中，一个富态的家伙坐在一张桌子后面，他的胳膊自信地放在屁股后面，漫不经心地问你："有没有尝试过向自己推销自己？良好的第一印象是在商务或社交活动中成功的最重要的因素。"而威廉斯剃须膏公司的广告则描绘了一个头发光滑、留着大胡子的男人，他告诫读者："让你的脸而不是你的焦虑来反映你的自信。别人评价你的标准往往是你的'外表'。"

其他的广告则提醒女人在约会中取胜的因素不光是长相，个性也同样重要。1921年伍德伯里香皂的一则广告反映的是一个年轻女子经历了一场令人失望的约会后，独自回家时垂头丧气的样子。她"渴望成功、快乐、胜利"——广告中的文字满是对她的怜悯和同情，然而，因为没有选择正确的香皂，女人成了在社交中失败的代表。

10年之后，力士洗涤剂设计了一则平面广告，刊登了一封写给妇女专栏编辑多萝西·迪克斯的凄婉信件。信上写道："亲爱的迪克斯小姐，我怎样才能让自己变得受欢迎呢？我相貌姣好，也不是闷葫芦，可是我跟人相处的时候有点儿胆小，还有点儿难为情。我总觉得他们都不会喜欢我了……——琼。"

迪克斯的回信清晰明了，她说只要琼用力士洗涤剂洗她的内衣、窗帘和沙发垫，她很快就会对自己"变得魅力无穷深信不疑"。

将求爱事件作为高风险事件，体现了个性文化中大胆的新风俗。在品格文化的社会规范限制（有时甚至是镇压）下，男女在两性关系上都要保持矜持。女人聒噪一点儿或是和陌生人眉来眼去都会被视为无耻的表现。上层女性通常比下层妇女有更多的言论自由，但对上层女性的评价从某种程度上讲，也基于她们在交谈中表现出的诙谐和机智的程度，即便如此，面对夸奖时，她们还是要做出红着脸、低垂眼帘的害羞模样。那些行为指导手册告诉她们，"冷冷地矜持"会"让一个女人魅力加倍，远比那些不适当的亲近更能让一个男人渴望你成为他的妻子"。而男人可以通过他的翩翩风度来暗示他的财富和权力，完全没有必要去标榜自己，因为那样只会让自己掉价。虽然羞涩不被认可，但是矜持却是良好修养的一个标志。

然而随着个性文化的到来，对于人们来说，礼节的价值开始渐渐崩塌。如今，男士们已经不会像从前那样给自己心仪的女子打几通礼貌的电话，严肃地向对方宣告自己追求的意图，而是都变成了情场高手，口头上随便说说就开始调情。在女人面前表现得太过沉默的男人，极有可能被认为有同性恋倾向——1926年流行的一本关于性的书中指出："同性恋者往往都胆小、腼腆、不善交际。"而女人也是如此，她们需要把握好礼仪和冒失的尺度。如果在一段浪漫的求爱序章里表现得太过腼腆，那么别人很有可能会叫她"冰山"。

心理学领域同样也开始致力于研究消除压力、建立信心的问题。20世纪20年代，影响深远的心理学家戈登·奥尔波特创建了一项名为"支配–顺从"的诊断测试，用来考察社交中的主导因素。奥尔波特本身就是一个腼腆而矜持的人，他在研究中发现："我们现在的文化价值观，似乎在给那些有着咄咄逼人性格的人、那些'拼命三郎'太多的褒奖。"1921年，荣格发现了内向的新型不稳定状态。荣格本人向来把内向者视为"教育家和文化的推动者"，他认为内向者展现的是"我们的文明传统中迫切需要的内在品格"。同样，荣格也承认，正是这些内向者的"矜持和明显毫无根据的尴尬,引起了现今对这种性格类型的偏见"。

但你并不是无时无刻都要表现得自信大于自卑。自卑情结,一个心理学的新概念,随着大众媒介的传播广为人知。20世纪20年代,来自维也纳的心理学家阿尔弗雷德·阿德勒发展了这个概念,他认为"自卑"是一种对自己不足的感受,以及这种感受带来的后果。阿德勒的畅销书《理解人性》的封面上提出了这样几个问题:"你会觉得没有安全感吗?""你畏首畏尾吗?""你逆来顺受吗?"阿德勒解释说,所有的婴儿和儿童都会觉得自卑,觉得他们生活在一个大人和兄长的世界里。在他们正常的成长过程中,他们会学着把这些感觉融入他们对目标的追求中。但如果在成长的过程中走了弯路,他们就很有可能被可怕的自卑感缠身——这是竞争日益激烈的社会造成的沉重负担。

许多美国人把社交压力带来的焦虑感与这种心理情结联系起来。自卑成了人们面对所有生活问题——从恋爱到育儿再到工作——的借口。1924年,《科利尔》杂志连载了一个故事,那是关于一个女人不敢嫁给自己所钟情之人的故事,原因很可笑,就是她觉得他是个自卑的人,他以后可能不会有出息。另一家热门杂志则刊登了一篇名为《你的孩子与那些流行的情结》的文章,解释了在孩子们之间,自卑是如何产生的,以及如何预防和"治疗"自卑。每个人似乎都有自卑情结,然而很矛盾的是,对一些人来说,自卑有时却是杰出人士的标志。1939年,《科利尔》杂志的一篇报道称,林肯、拿破仑、西奥多·罗斯福、爱迪生和莎士比亚都曾经受到自卑的困扰。"因此,"

该杂志总结说,"如果在你的灵魂里,自卑感在悄无声息地不断疯长,只要你同它一样坚毅,那你也是幸运的。"

尽管希望的号角嘹亮,20世纪20年代的儿童教育专家还是开始帮助孩子们发展有竞争力的个性。当时,专家主要关注的领域集中在女孩性早熟和男孩有违法倾向的问题上,如今的心理学家、社会工作者还有医生关注的则是那些所谓的"个性失调"的孩子,尤其是那些腼腆的孩子。他们警告人们,羞涩可能会导致可怕的后果,例如酗酒,甚至自杀。相反,那些性格外向的孩子则更有可能获得社交和经济上的成功。专家还建议家长关注孩子的社会化问题,建议学校改变其只重视书本教育的模式,"帮助和指导孩子们发展他们的个性"。教育工作者也热情百倍地参与其中。1950年"世纪中叶白宫儿童与青少年会议"的标语就是"为每个孩子营造健全的人格"。

20世纪中叶的大部分家长都认为无论是男孩还是女孩,沉默都是不被认可的,孩子们最理想的状态就是合群。有些家长甚至还会劝阻自己的孩子远离那些个人主体性过强或过于严肃的爱好,比如古典音乐,因为他们觉得那些东西会让自己的孩子变得不合群。孩子上学的年纪越来越低,上学的主要任务就是学着接受社会化。内向的孩子经常会作为典型的问题案例被挑出来(那种情形跟如今那些内向孩子的家长很相似)。

威廉·怀特在1956年的畅销书《组织人》(*The Organization Man*)中,描写了家长和老师怎样合作去彻底扭转那些沉默孩子的性格。"约翰尼在学校的表现不尽如人意,"怀特复述了一位母亲告诉他的故事,"老师说他在课堂上表现得很好,但是他的社会适应能力就差一些。他只会跟一两个朋友一起玩儿，还常常一个人待着。"怀特说那时家长们都乐于接受这样的干涉："除了一部分固执的家长之外，大多数家长对于学校乐此不疲地抵制内向和其他不合群的习惯表示感激。"

父母们陷入这样的价值体系中不能自拔，这并不能表明他们无情或者愚钝，他们只是在为孩子进入"真实的世界"做准备。随着孩子年龄的增长，到申请进入大学，再到他们的第一份工作，他们都要面对同样的合群准则。大学的招生人员看重的不是那些卓越的申请者，而是那些最外向的学生。哈佛大学的教务长保罗·巴克称，在20世纪40年代末，哈佛大学拒收那些"敏感、神经质"的学生和"过激的书呆子"，而中意那些"健康的外向型"男孩。1950年，耶鲁大学校长阿尔弗雷德·惠特尼·格里斯沃尔德则宣称，理想的耶鲁人不是那些"眉头紧锁只会搞学术的书呆子，而应该是一个成熟的人"。另外一位院长则告诉怀特，他认为："从各个高中里选拔的学生，不应该只是大学想要的那种类型的人才，而应该是4年后，那些公司的招聘人员想要的类型。而公司通常中意那种很合群、很主动的人，因此我们发现，在学校里平均分为80~85分、课外活动丰富的学生是最佳人选。我们并不倾向于选择那些'聪明'的内向者。"

这位院长准确地道出了20世纪中叶的招聘法则：即使是那些很少会与公众接触的职业，比如在公司实验室里做研究的科学家，也都不是深刻的思想者，而是有着推销员性格的外向者。"习惯上，每当'才华横溢'这样的词出现时，"怀特解释说，"后面不是跟着'但是'（比如，'我们都想要有才华的人，但是……'），就是伴随着类似'古怪、飘忽不定、内向、神经兮兮'之类的话。"一个20世纪50年代的公司总裁提及公司里那些倒霉的科学家时说："这些搞科研的家伙不可避免地要与公司的其他人接触，如果他们给人的印象好一点儿的话，对他们自己和公司都会很有帮助。"

科学家的工作不仅仅是做研究，还要协助销售，这就要求他们有一副非常友好的神情。IBM（国际商业机器公司）就是一个完全体现了"组织人"概念的公司，每天早上，营销人员要集合起来唱公司的主题歌《勇往直前》，还要合唱《IBM营销之歌》，甚至手机铃声都要设为《在雨中高歌》。"营销IBM，"歌曲开始了，"我们销售IBM。这是多么光荣的感觉，世界是我们的朋友。"接下来曲子进入激动人心的高潮："我们时刻准备着，我们精神百倍地工作着。我们在营销，售出的正是IBM。"

之后IBM的员工就要去处理他们的营销电话，这似乎证明了哈佛和耶鲁招生的准则是正确的：只有具有某种性格的人，才可能会对这样的早晨感兴趣。

公司里别的员工同样要表现出他们最好的一面。如果药物的消费史能说明问题，那就可以证明很多人都在这样的压力之下喘不过气来。1955年，一家名为卡特–华莱士的制药公司研发了一款抗焦虑的药物眠尔通，重新构建了焦虑是社会自然产物的概念，因为当时的社会已经呈现出一种自顾自且冷漠无情的状态。社会史学家安德烈亚·托恩称，眠尔通自上市以来，迅速成为美国历史上最热销的药物。截至1956年，每20个美国人中就有一人在服用眠尔通；而到了1960年，美国医生所开的处方中，有1/3含有眠尔通或者有相同药效的甲丁双脲。甲丁双脲的广告语是这样写的："焦虑和紧张是这个时代的通病。"20世纪60年代，安神药物达嗪应运而生，在那场广告大战中，它以一种更为直接的带有同情色彩的方式，呼吁改善社会工作环境，广告上写道："焦虑源于不适。"

* * *

当然，外向理想型并不是现代新生事物。部分心理学家称，外向的因子真切地存在于我们的基因之中。研究发现，这种特质在欧洲人和美国人中表现得要比在亚洲人和非洲人中普遍，因为大部分美国人是世界各地移民的后代。学者称这是有道理的，那些周游世界的人往往要比那些"御宅族"外向，而这些外向的特征就会遗传给他们的后代，以及后代的后代。心理学家肯尼思·奥尔森认为："由于性格特征是可遗传的因素，随着时间的推移，每当一波移民成功到达一个新大陆时，这部分人就会比移民前更关注自我特征。"

我们对外向者的尊崇可以追溯到希腊时期，对于希腊人而言，演说是一种高超的技能，而对于罗马人来说，最糟糕的情况就是被赶出城市，那意味着丰富的社交生活的终止。同样，我们对于开国元勋的尊敬，也恰恰是因为他们对自由高声疾呼："不自由，毋宁死！"就连基督教在美国的复兴，追溯到18世纪的第一次大觉醒，也是取决于牧师们的宣传技巧，如果他们能够成功地让那些矜持的人放声痛哭或者欢呼雀跃，将以往的礼数全部抛诸脑后，那他们就是成功的。"没有什么比我看到一位牧师呆呆地杵在那里，满脸冷漠而沉重得像一个数学家计算月球与地球之间的距离那样，更让我感到痛苦和沮丧的了。"1837年一家宗教性报纸对此抱怨道。

正如这些不屑的言辞所表明的，早期的美国人崇尚行动、怀疑智慧，他们认为从事脑力劳动是懒惰的表现，那都是英国贵族留下的毫无建树的行为。1828年总统大选之争聚焦在前哈佛大学教授约翰·昆西·亚当斯和铁腕军事英雄安德鲁·杰克逊身上。安德鲁的一则竞选标语道出了两人之间的差别："约翰·昆西·亚当斯可以写字，而安德鲁·杰克逊可以征战。"

大选之战的胜利者是谁呢？"战士战胜了作家。"文化历史学家尼尔·加布勒如是说。值得一提的是，政治心理学家称，约翰·昆西·亚当斯是美国总统候选人中为数不多的内向者之一。

但是，个性文化的兴起加深了这种偏见，其影响不仅体现在政治家和宗教领袖身上，在大众身上也开始凸显。即使肥皂制造商们从这种对魅力和号召力的推崇中获利不少，也并不是每个人都对这种发展感到满意。1921年，一位知识分子观察道："对于个人性格的尊重在此时跌落至最低点，然而既令人兴奋又讽刺的是，没有一个国家会像我们一样乐此不疲地谈论性格这个问题。我们有'自我营销'和'自我发展'的学校，虽然那看起来更像是培养成功的房地产营销商的地方。"

另一位评论家则叹息盲从的美国人开始为"表演者"埋单，他抱怨说："这个舞台以及舞台上的故事，居然可以引起媒体如此的关注，真是太不可思议了。"仅在12年前——还在品格文化主导下的社会里，这样的主题还是不合礼数的，而今，它们变成了"社会生活中极其庞大而重要的一部分，甚至变成了所有阶层茶余饭后的谈资"。

T. S. 艾略特在1915年的诗作《J. 阿尔弗雷德·普鲁弗洛克的情歌》(The Love Song of J. Alfred Prufrock)里感叹，需要"准备好一副面容去迎接你要会见的那些面孔"，看起来像表达了一种面对新观念下自我表达需要而无声哭泣的心情。尽管那些早年的诗人也曾好似一朵流云独自穿过乡村的小径（华兹华斯，1802年），或者在瓦尔登湖修复自己的孤寂（梭罗，1845年），但艾略特的普鲁弗洛克最怕的就是自己被"那些用程式化的言辞盯住你的眼睛"笼罩，然后被钉住，再然后是挣扎，最终成为墙上的标本。

* * *

镜头快进100年，如今，普鲁弗洛克的抗争已经成为美国高中教学大纲的一部分，在青少年日益熟练地能够在线上和线下构建自己不同人格的时代，那种抗争变成了为应付考试而不得不记忆的东西，但随后就会被抛诸脑后。这些学生处在一个社会地位、收入和自尊都要建立在迎合个性文化需求之上的时代。不得不讨人喜欢的压力、自我营销的压力乃至掩饰焦虑的压力都在不断滋长。在美国人中间，自我感觉羞涩的人数占比从20世纪70年代的40%上升到了90年代的50%，也许这是因为美国人的衡量标准已经到了前所未有的高度。"社交焦虑症"本质上意味着羞怯，这如今被认为是一种疾病，每5个人中就有一人受此困扰。被誉为心理医生治疗精神障碍"圣经"的新版《诊断与统计手册》(DSM-IV)指出，惧怕公开演讲是一种病症——不是烦恼，不是缺点，而是一种疾病，如果它妨碍到了患者的工作表现。柯达公司的一位高级经理告诉丹尼尔·戈尔曼："如果你只是坐在电脑前，对着一个出色的回归分析兴奋不已，而在要把这个分析结果讲解给你的执行小组成员时手足无措，那么你的能力是远远不够的。"（显然，如果你对如何做回归分析毫无头绪，可是对演讲很在行，在他看来你就是合格的。）

然而，似乎检测新世纪个性文化的最好方式，就是回归到自助的领域中。如今，戴尔·卡内基的时代已经过去整整一个世纪了，他的畅销书《人性的弱点》依然是机场书架上和商务类畅销书单上的主打书目。戴尔·卡内基学院仍在提供卡内基原版课程的更新版本，而且培养顺畅的沟通能力依然是学院的核心特色课程。国际演讲会（Toastmasters）是1924年成立的非营利性组织，其成员每周都会碰面，一起练习演讲技巧。创始人宣称"所有的交谈都是营销，而所有的营销中都包含着交谈"，这个理念现在依然存在，它被113个国家超过12 500个分支机构的成员奉为准则。

国际演讲会的网站上有一个宣传视频，是一个发生在两个同事之间的小品：爱德华多和希拉坐在"全球第六届商务会议"的观众席上，听着一个紧张不已的演讲者在进行一次糟糕的演说。

"我真庆幸我不是他。"爱德华多小声说。

"你在开玩笑吧？"希拉脸上带着满意的微笑回复道，"难道你不记得上个月向新客户做的营销展示了吗？我觉得你都快晕倒了。"

"我没那么差吧？"

"嗯，你真的很差，真的很糟，甚至比他还烂。"

爱德华多觉得羞愧不已，而神经大条的希拉浑然不觉。

"不过，"希拉说道，"你是可以克服这一点的。你可以做得更好……你听说过'国际演讲会'吗?"

这个年轻的、深色皮肤的魅力女子希拉,把爱德华多拉去参加国际演讲会的一次活动。在那里,希拉作为志愿者参加了一个名为"真话还是假话"的练习,她负责告诉 15 人一组的参与者一则她生活中的小故事,然后让他们选择是否相信她。

"我敢打赌我可以骗过所有人。"希拉一边对爱德华多低声说着,一边走向讲台。她杜撰了一个故事,说早年间自己是一名歌剧演员,最终为了家庭放弃了这份事业。她的故事讲完了,国际演讲会的负责人询问小组成员相不相信希拉所说的。所有人都表示相信她的故事,协会负责人转过头问希拉这个故事到底是不是真的。

"这完全是个杜撰的故事啊。"希拉得意扬扬地揭晓答案。

希拉给人留下了不真诚的印象,但引起了奇特的共鸣。就像 20 世纪 20 年代那些面对个性指南而焦虑万分的读者一样,她只是希望在工作中走在前面而已。"在我的工作环境中,我要面对如此多的竞争,"希拉对着镜头吐露心声,"正因为如此,让我的工作技能时刻保持犀利,就变得无比重要。"

可究竟什么才是"犀利的技能"呢? 我们应该在自我表现方面做到可以欺骗任何人吗? 我们必须学着去控制我们的声音、仪态和肢体语言,直到我们可以任意编造能让别人相信的故事吗? 这些看起来就是急功近利的愿景,一个我们时至今日所期望的标志,从戴尔·卡内基的童年时期开始,我们就走上了这么一条不归路。

戴尔的父母都是品德高尚之人,他们希望儿子从事宗教或教育事业,而不是做营销。他们似乎并不赞同这种名为"真话还是假话"的所谓自我提升技法，也不赞同卡内基最为人称道的"如何让他人崇拜你并为你出高价"的建议。但《人性的弱点》一书中却充斥着这样的标题："让人们高兴地为你效力"以及"如何让人们一眼就喜欢你"。

这些事件引发了许多发人深省的问题。我们是怎样从"品格为上"走向"个性为上"的道路，一边走一边丢弃了那些意义重大的东西的呢？

第二章

魅力领导的迷思

---------- * ----------

百年之后，个性文化

这个社会自我施教于外向价值观，而且很少会有一个社会系统如此强调这一传统。社会中没有人是一座孤岛，但当约翰·多恩听到他的诗句被一遍遍重复，而且重复的原因并非如他本意时，他会有多么苦恼呢？

——威廉·怀特

推销术是种美德：安东尼·罗宾的演讲现场

"你激动吧？"年轻的斯泰西在我递交登记表时喜极欲泣。这句话伴着她甜美的声音，显然听起来是个感叹句。我一边点头一边尽可能让自己笑得灿烂些。在亚特兰大会议中心的大厅里，我听到了此起彼伏的尖叫声。

"那是什么声音？"我问道。

"他们正在给人们打气呢！"斯泰西兴奋不已，"这是整个UPW（激发潜能）培训的一部分。"她递给我一条紫色螺旋状的带子和一张压层的姓名牌，让我挂在脖子上。那条带子上印着：激发潜能，欢迎来到安东尼·罗宾的入门级研习班。

根据宣传材料上所写，我支付了895美元去学习如何变得更有活力，如何在生活中获得动力，以及如何战胜我的恐惧。事实上，我到这里来不是为了激发我内在的力量（虽然我很乐意学到点儿什么），而是因为参加这次研习班是我探索外向理想型征途的第一步。

我曾经看过安东尼·罗宾的资讯型广告节目，我觉得他是这个世界上最外向的人之一。但他并不仅仅是一个外向者，他还是那些心理自助者心中的王者，他的客户有克林顿总统、泰格·伍兹、纳尔逊·曼德拉、撒切尔夫人、戴安娜王妃、戈尔巴乔夫、特蕾沙修女、小威廉姆斯、唐娜·卡兰等名人，此外还有5 000万人。每年都有成千上万的美国人倾心倾力地投入心理自助产业中，每年流入该行业的资金可达110亿美元。我们对心理自助的定义揭示了我们心中的理想自我——那种仅靠遵循这七项原则和那三条规定就能达成的自我。我很想知道到底这个理想的自我是个什么模样。

斯泰西问我有没有带便当来。这个问题听起来有点儿奇怪：谁会从纽约带着晚餐到亚特兰大来呢？她看我一脸疑惑便对我解释说："你会不愿离开自己的座位，即使在吃饭的时候也不愿离开。在接下来的4天里，从周五到下周一，你们每天会学习15个小时，从上午8点到晚上11点，下午只休息一个小时。安东尼会一直在讲台上，你会不舍得错过每一分钟。"

我环顾了一下前厅。其他人似乎都有备而来，他们都兴高采烈地拖着塞满了能量棒、香蕉和玉米片的购物袋朝讲堂走着。我从小吃店里随便抓起几个不算新鲜的苹果就走进了讲堂。接待员在入口处站成一排，他们身穿UPW的T恤衫，脸上带着狂喜的笑容，又蹦又跳，你不和他们击掌就别想进去。我深知这一点，因为我试过。

宽敞的讲堂里，一队舞者正在热场，比利·爱多尔的《莫尼，莫尼》(Mony Mony) 被一个世界级的音响系统放大，舞者的身影也被讲台侧面的巨大屏幕放大。他们步调一致，就像"小甜甜"布兰妮在视频中的伴舞一样，只是他们都打扮成中层管理者的模样。领舞的是一个40多岁秃顶的家伙，他身穿一件白色的领尖有纽扣的衬衫，系着一条保守的领带，卷着袖子，向人群抛去"友好"的笑容。从这期间传递的信息来看，似乎我们都可以在这里学会保持这般旺盛的精力，并带着这种精力开始每天的工作。

事实上，这些舞蹈动作都非常简单，我们在自己的座位上就可以模仿：跳起来拍两次手——左边一次，右边一次。当歌曲播放到《给我你的爱》(Gimme Some Lovin) 的时候，很多听众站到自己的金属折叠椅上，继续呐喊、拍手。起初，我有些烦躁地交叉双臂站着，可

第二章 魅力领导的迷思

是后来我发现我真的别无他法，只能加入疯狂的人群，和我邻座的人一起跳上跳下。

我们一直等待的那一刻终于到来了：安东尼·罗宾站到了讲台上。罗宾原本就有近2米高，在那个巨大的屏幕上他更是显得有足足30米高。他帅气如电影明星，有着一头浓密的棕色头发、白速得（Pepsodent）牙膏广告式的笑容，还有轮廓分明的颧骨。"体验与安东尼·罗宾在一起的生活"，正如研习班广告所说的那样，现在他就在这儿，和亢奋的人群一起翩翩起舞。

讲堂内的温度大概只有10摄氏度，而安东尼却只穿了短袖衬衫和短裤。许多听众都随身带来了毛毯，不知为什么，他们竟知道这里的温度会低得像在冰柜里一样，我想这大概是为了适应安东尼兴奋点较高的新陈代谢。这将需要另外一个冰河时代来冷却这个男人的热情。他跳跃，他兴奋，而且不知怎的，他已经开始与3 800双眼睛交流起来。那些接待员满心狂喜地跳到了过道上。安东尼张开双臂，做了一个拥抱所有人的动作。如果耶稣现世，并把第一站定在亚特兰大会议中心，只怕也很难想象出更喜庆的接待仪式了吧。

我所描述的这个场景毫不夸张，即使是在后排的我与那些只愿意支付895美元成为"普通学员"的人，也被卷入了这场狂欢之中。与"普通学员"相对的是"钻石学员"，他们要支付2 500美元，但是可以坐在最前排，近距离地接触安东尼。当我打电话订票时，业务员一再建议我买前排的票，说在前排"可以直接看到安东尼"而不需要依赖大屏幕，这样通常会使我"更能取得成功"。"那些坐在前排的听众会获得更多的能量，"她建议说，"坐在前排真的会让你尖叫。"我无法判断坐在我旁边的人会有多么成功，但可以肯定的是，他们很高兴到这里来。安东尼就在他们的视线里，精致的讲台衬托着他的脸庞，他们尖叫着，挤进摇滚音乐会风格的过道里。

很快，我就加入了他们的行列。我一直喜欢跳舞，而且不得不承认，一群人的狂欢确实是一种很好的消磨时间的方式。根据安东尼的理论，激发能力要从高能量开始，我想我能理解他的观点了，难怪人们大老远跑来想亲眼见见他（有一个可爱的来自乌克兰的女孩在我旁边坐着，哦不，应该是跳着，她看起来是那么兴奋）。看来我回到纽约之后得重新开始做有氧操了。

* * *

当音乐终于停下来的时候，安东尼用一种刺耳的声音开始介绍他的"实用心理学"理论，那种声音带着一半提线木偶的感觉，又带着一半卧室里性感的慵懒。他的理论要点是，除非应用到实践中，否则任何知识都是无用的。他的说话方式很诱人，语速又偏快，这让威利·洛曼（阿瑟·米勒的小说《推销员之死》的主人公）都自叹弗如。为了用行动说明实用心理学的理论，安东尼让我们各自找一个伙伴，并且想象在遭到社会排斥时的自卑和恐惧，并带着这种情绪相互问候。我与一名来自亚特兰大市中心的建筑工人组队，我们试着握手，背景音乐《我想你要我》(I Want You to Want Me)响起的时候，我们都羞怯地看向地面。

接下来安东尼问了一系列巧妙而简短的问题：

"你的呼吸是平稳还是急促？"

"急促！"听众一起喊道。

"面对你的队友你犹豫了吗？"

"犹豫了！"

"你现在是紧张还是放松？"

"紧张！"

安东尼让我们重复这个练习，但是这一次问候增加了一个条件：我们要在第一次见面三五秒以后，根据第一印象让搭档决定会不会与我们建立商业关系。如果他们不愿意，那"你关心的人都会变得非常凄惨"。

安东尼对商业成功的强调令我很惊讶——这是一个关于个人潜能的研习班，而不是营销研习班。随后我才想起，安东尼不只是一个人生导师，还是一个出色的商人。他以营销起家，如今已是拥有7家私人控股企业的董事长。《商业周刊》曾经估计过他的年收入约为8 000万美元。今天，他似乎正在用他强大的人格力量努力传授他的营销经验。他希望我们不仅能够感受到这种力量，还能将其传播出去，不仅要让别人喜欢，还要让人们情不自禁地喜欢；他想让我们知道怎样自我推销。此前我已经得到了安东尼·罗宾公司的建议，为准备周末的培训而参加了一次在线性格测试，生成了一份45页的报告，上面建议"苏珊"应该在如何阐述她的想法上下功夫，而不是在营销她的想法上动脑筋。（那份报告是用第三人称写的，就像是一些虚拟的管理人员通过测试来评价我的人际交往能力。）

听众再一次被分成一个个小组，大家都热情洋溢地进行自我介绍并与队友击掌。我们做完这些之后，安东尼的问题又来了：

"这一次感觉好多了，是不是？"

"是！"

"你身体感知的方式不同于上次了，是不是？"

"是！"

"你们动用了更多面部肌肉，是不是？"

"是！"

"这一次你们毫不犹豫直接握住了对方的手，是不是？"

"是！"

这项练习似乎旨在表现我们的生理状态是如何影响我们的行为和情绪的，但这同样说明营销甚至控制了最中性的互动。这意味着，每一次邂逅都是一次高风险的博弈，是赢是输取决于对方的喜好。这就告诫我们，要克服社交恐惧就要尽可能表现得外向些。我们必须时刻保持活力和自信，我们必须抛弃犹豫的外衣，我们必须保持微笑，这样与我们交谈的人才会对我们笑脸相对。按照这些步骤来，我们会感觉好一些——感觉越舒服，我们就能越好地推销自己。

安东尼认为完美的人就要表现出这些技能。他给我的印象是个情感增盛的人，所谓"情感增盛"是一种"升级版"外向型性格。一位心理学家称，拥有这种特质的人通常具有"生机勃勃、乐观、精力无比充沛以及过分自信等性格特征"，这种性格被视为商业中的资本，尤其是在营销方面。拥有这些性格特征的人，往往可以创办卓越的企业，就像安东尼这样。

可是，如果你既欣赏我们中间的那些情感增盛的人，又喜欢那些安静而善于思考的人呢？如果你只是为了自身需要而求知若渴，而不是为了某项宏伟目标去汲取知识呢？如果你希望这个世界能有更多那种勤于默默思考的人出现呢？

安东尼似乎早就预料到了诸如此类的问题。"但你可能会说'我不是一个外向者'，"他在研习班一开始的时候就这么对我们说，"会怎样呢？那你们就不用努力去变成一个外向者，来表明你们的存在了！"

确实如此。但依安东尼所见，事情似乎是这样的：如果你不想搞砸你的销售电话，也不想眼看着你的家人穷困潦倒，那你最好就按照他的方式去做。

* * *

那天晚上的高潮伴着"火中行走"而到来，这是UPW研习班上最有特色的项目之一，参加者们要挑战的是走过一个约3米长的点着炭火的火床，同时双脚不被火舌烧到。很多人参加UPW就是因为他们听闻了"火中行走"这个项目，想亲身一试。这个项目就是设法让你进入一种无畏的心理状态，甚至可以承受600多摄氏度的高温。

那一刻到来之前，我们花了数小时来反复练习安东尼的技巧——角色扮演、舞蹈动作，以及想象力训练。我注意到听众开始模仿安东尼的每一个动作、每一个面部表情，甚至是他的招牌动作——像棒球运动员一样甩胳膊的姿势。晚上的热度一直持续到最后，就在午夜前，我们手持火把，整齐列队前往停车场。将近4 000人的队伍一边前进一边高喊着"Yes! Yes! Yes!"，像极了某种部落重拍节奏。这就像是给我那些UPW的伙伴通了电一样：Yes！吧——嗒——嗒——嗒，Yes！咚——咚——咚——咚，Yes！

吧——嗒——嗒——嗒……对我而言，这伴着鼓点的呼号听起来真像罗马人在宣告他们即将攻城。先前在白天时，那些站在门口用击掌和笑容迎接我们的接待员，此刻化身"火中行走"的把关人，伸出双臂把我们引向火焰之桥。

据我所知，成功完成"火中行走"并不取决于你的信念，而是看你的脚底板够不够厚，因此我站在一个相对安全的距离静观。但我似乎是唯一一个退缩的人，几乎全部的UPW成员都一边高喊着一边完成了这个项目。

"我做到了！"他们走到火床的另一边时高兴地哭喊起来，"我做到了！我成功了！"

毫无疑问，他们已经进入了"安东尼·罗宾精神状态"。但是，这种状态究竟包含什么呢？

首先，它是一种优越的信念——这是对抗阿尔弗雷德·阿德勒的自卑情结的一剂良药。安东尼使用的词语是"力量"而非"优越"。（如今，我们都已经变得太过谙于世故，以至于无法单纯地根据自己的社会位置来建构对自我提升的需求，就像在个性文化诞生之初人们所做的那样。）但是从安东尼的一切来看，从他偶尔称呼听众为"孩子们"，从他关于他的大房子和强势朋友们的故事中，以及他高高在上的姿态来看（他的确在物理上就处于人群之上），他就是一个优越感丛生的上佳例子。另外，他超凡的身材应该是其个人品牌很重要的一部分，在他的畅销书《唤醒心中的巨人》中也提到了这一点。

他的才智同样让人印象深刻。虽然他认为大学教育有些有名无实（他说因为大学里并不会教你如何控制你的情绪和身体），而且他已经放缓了写作下一部书的计划（他说已经没有人读了），但他努力吸收一些专业心理学家的成果，并把这些包装成了一场秀，那些真正有洞察力的受众同样可以做到。

安东尼的另外一个天才之处在于，他并没有事先告知我们，他会跟我们分享自己从自卑到满是优越感的历程。他告诉我们，他并不是一直都这么辉煌的。当他还是个孩子的时候，他是一个默默无闻的小虾米；在健身之前，他还是个大胖子；在住进加利福尼亚州德尔马的城堡之前，他也只能租一间小到只能把餐具放在浴缸里的公寓。他的言外之意是，我们可以克服任何让我们处于低谷的困难，即使是内向者也可以一边大声喊着"Yes"，一边走过燃烧着的火床。

安东尼精神状态的第二个部分是好心肠。如果他没有让人们感受到他是真心想要帮在座的每一个人唤醒心中的巨人，他就不会鼓舞那么多的人。当安东尼站在舞台上，你会感受到他在用他全部的精力和内心唱着、跳着、表现着。很多时候，当人们也开始齐歌共舞的时候，你会情不自禁地爱上他，就像人们第一次听到奥巴马超越了红、蓝两营之争的演说时，带着一丝喜悦的震撼，然后情不自禁地爱上他一样。重点是，安东尼谈到了人们不同的需求——爱、肯定、变化等。他传递给我们的这一切都是源于爱，而他更厉害的地方在于，他让我们毫无保留地相信了。

但问题是，在整个研习班上，他不断对我们做上行营销，他与营销团队利用UPW活动来获利。在这次活动中，参与者们已经支付了一笔非常可观的费用，但借着UPW活动的噱头，安东尼还是在研习期间安排了更多明码标价的活动，这些活动的名称也更诱人："与命运约会"，约 5 000 美元；"征服大学"，约 10 000 美元；"白金会员"，这个价格非常高昂，达 45 000 美元一年，这笔钱买到的是你和另外 11 位白金会员与安东尼一起去国外度假的权利。

下午休息的时候，安东尼没有离开讲台，与他一起留在上面的还有他甜美的金发妻子塞奇。安东尼凝视着她的眼睛，抚摸着她的秀发，在她的耳边低语。我的婚姻非常幸福，但是此时此刻，我的丈夫肯在纽约，而我人在亚特兰大，即使是我看到这样一幕都会觉得孤独。试想，如果我单身或者婚姻不幸，那又会是怎样一种心情呢？那么这个场面必将唤起我内心的渴望，就像多年前戴尔·卡内基建议营销人员用建立未来的愿景来销售商品一样。果然，休息结束的时候，屏幕上开始放映一部长片，宣传安东尼关于如何建立亲密关系的研习班。

这个研习班还有另一个出色的构思：安东尼用一部分时间来解释为自己营造对的人际圈子可以给你带来经济和情感利益，而接下来的时间，就该用来推销 45 000 美元的白金项目了。购买这个项目的 12 个人将进入"终极同行组"，安东尼告诉我们，这些人是"百里挑一"的，是"精英中的精英的精英"。

我不禁怀疑，为什么其他的 UPW 成员都没有意识到甚至是注意到，这些都是上行营销的计谋呢？现在，他们中的很多人脚边的购物袋已经被他们从大堂买来的东西塞得满满的——DVD、书籍，甚至是 8cm×10cm 大小的安东尼的照片，准备回家后用相框装起来。

然而，问题在于，是什么促使人们竞相购买他的产品——同所有推销员一样，安东尼清楚自己用的是什么招式。他显然认为在帮助别人和自己住进豪宅之间不存在什么矛盾。他灌输给我们的想法是，他在用他的营销技能尽可能多地帮助他所能帮助的人，而不是为了他的个人利益。事实上，我认识一个很有想法的性格内向的成功推销员，他在一次个人举办的销售研习班上信誓旦旦地说安东尼·罗宾不仅帮他提高了业务水平，还使他变得更好。当他最初参加类似 UPW 的活动时，他说他全神贯注于他想成为的那个人，而现在，当他开办他个人的研习班时，他真的变成了那个人。"安东尼给了我能量，"他说，"现在，当我站在讲台上的时候，我也可以为其他人带来能量。"

* * *

　　从个性文化发端起，我们就出于种种自私的原因，陷入了被迫发展成外向性格的境地——为了在一个全新的带有匿名性且竞争激烈的社会中脱颖而出。但如今，我们总认为变得外向些不仅能让我们更加成功，还会让我们变成更好的人。我们把营销手段当成向世界宣告一个人天赋的方式。

　　这就是安东尼一次性面向这么多人的营销手段不会被视为某种自恋情结或者强制营销，反而被看成最高级别的领导行为的原因。如果说亚伯拉罕·林肯是品格文化中美德的代表，那么安东尼·罗宾就是个性文化中可以与之争锋的人物。事实上，当安东尼提到他曾经想要竞选美国总统的时候，观众中间爆发了热烈的掌声。

　　但是，把领导力与超外向的性格等同起来是不是可行呢？为了一探究竟，我走访了哈佛商学院这个一直以培养各个时代中最杰出的商业和政治领袖为傲的地方。

魅力领导的迷思：哈佛商学院与卓越

在哈佛商学院里，首先引起我注意的是人们走路的方式。没有一个人优哉游哉，没有一个人闲逛，也没有一个人四处徘徊。他们大步走着，充满一往无前的气势。我走访哈佛的那一周刚好是9月初秋时节，学生们提前返校，每个人都显得精力十足。当他们遇到熟人时，不是简单地点头致意，而是热情地相互问候，询问对方在摩根大通度过的夏天，或者在喜马拉雅山跋涉的经历。

他们在装饰豪华的学生活动中心——斯潘格勒中心的社交区，也表现得同样热情。斯潘格勒中心装饰着海绿色的绸缎落地窗帘，摆着豪华皮革沙发、播放校园新闻的特大号三星高清电视，高瓦数的吊灯装点着高高的天花板。桌子和沙发沿着房间四壁摆放，形成了一个灯火通明的中心秀场，学生们旁若无人地聊着天，炫耀着，全然不觉别人对他们的注视。我真的很佩服他们对于他人目光的无动于衷。

学生们的表现甚至比四周的环境还耀眼。没有一个人超重多于5磅，没有一个人皮肤不好，也没有一个人佩戴过气的首饰。女士们都是介于啦啦队队长与成功人士之间的模样，她们穿着合身的牛仔裤、薄薄的衬衫，露趾的高跟鞋踩在斯潘格勒中心光亮的木地板上，发出嗒嗒的声音。有些人走起路来像模特一样，只是她们脸上挂着社交和愉快的笑容，而非模特脸上的孤傲和冷漠。男士们则都留着利落的发型，体格健壮；他们看起来很像那些负责的管理人员，但他们表现得十分友善，像鹰级童子军那样。看到他们你会有一种这样的感觉：如果你向他们中任何一个人问路，你一定会得到一个大大的"我可以"的微笑，然后他们会全力投入帮你指路的任务中——不管他到底知不知道路。

我坐在一对正计划一次旅行的学生旁边——哈佛商学院的学生永远都在协调酒吧活动、举行晚会或者描述一场他们刚刚完成的极限旅行。当他们问我为什么要到校园中来时,我说我在为一本关于内向和外向的书进行采访。我没有告诉他们我有一个从哈佛商学院毕业的朋友,他曾称这片土地为"外向的精神圣地"。而事实证明,我压根儿不需要告诉他们。

"在这里很难找到一个内向者,祝你好运。"其中一个学生说道。

"进入这个学校的前提就是外向,"另一个学生补充道,"你的成绩和社会地位都取决于此。这是这里不成文的规定。你身边的每一个人都在开口讲话,都在变得社会化,变得外向。"

"这里就没有人是偏沉默的吗?"我问道。

他们吃惊地看了我一眼。

"那我就不知道了。"第一个跟我讲话的学生淡淡地说。

***

无论从哪个角度讲,哈佛商学院都不是一个普通的地方。哈佛商学院创建于1908年——那时戴尔·卡内基刚刚走上推销员之路,距离他首次开设公开演讲的课程还有3年时间——学院自誉为"致力于教育那些可以改变世界的领导者"。前总统小布什是商学院的毕业生,此外,毕业生名单中还有一些人们熟悉的名字:世界银行行长、美国财政部部长、纽约市市长,以及各种公司的总裁,比如通用电气、高盛、宝洁,当然也有声名狼藉的,比如杰弗里·斯基林——那个安然丑闻的主角。2004—2006年,《财富》世界500强企业里位列前三的高管中,有20%毕业于哈佛商学院。

哈佛商学院的毕业生可能在以一种让你毫无察觉的方式影响着你的生活。他们决定了谁将奔赴战场,决定了何时爆发战争,决定了底特律汽车行业的命运,在每一次撼动华尔街、平民阶层以及宾夕法尼亚大道的危机中起着主导作用。如果你在一家美国企业工作,那么很有可能哈佛商学院的毕业生也为你打造了你的日常生活:决定了你在工作中享有多少隐私权,一年要参加几次关于团队建设的活动,甚至还决定了获得创造力的最佳方式是头脑风暴还是独立思考。鉴于其影响力的范围之广,在这里求学的人都是谁,以及他们毕业时的价值观,都是很值得一探究竟的。

那个祝我在哈佛商学院找到一名内向者的学生,毫无疑问认定了那里没有一个这样的人存在。但是很显然,他并不认识他一年级的同学——陈唐。我第一次在斯潘格勒中心见到陈唐的时候,他就坐在计划旅行的那两个学生不远处,只隔了一个位子。他看起来是一个典型的哈佛商学院的学生,身材高大,谈吐亲切文雅,颧骨轮廓分明,微笑十分迷人,而且还留着一个时髦的波浪发型,看起来有点儿花花公子的模样。他希望毕业的时候能进入一家私人控股的企业工作。可是,你跟陈唐交谈一段时间之后,就会发现他的声音要比他的同学们更柔和一些,他的头总是微微歪向一侧,他的笑容透露着一丝不确定。陈唐自嘲是一个"心酸的内向者",因为在商学院待得越久,他就越觉得应该改变自己的性格。

陈唐喜欢有些属于自己的时间,但是对于一个哈佛商学院的学生而言，这不太现实。他每天清晨有一个半小时的时间要与他的学习小组一起度过，这是一个由学院预先分配的强制性的学习小组（哈佛商学院的学生几乎连洗澡都是以小组为单位的）。上午的其他时间他还要上课——90个同学一起坐在一个镶木板的"U"形、带着阶梯座位的教室里。教授通常会以引导学生描述当天的案例分析来开始一天的课程，案例学习则是基于现实中的商业场景，比如说，一家公司的总裁正在考虑改变公司的薪酬结构。人物是案例学习的核心部分，在这个案例中，总裁就是其中的"主角"。"如果你是这个主角，"教授会这样问——当然，你很快就会成为一名总裁，这是暗示——"你会怎么做？"

哈佛商学院教育的精华之处，在于领导者在工作中要表现出自信，并能在信息不完整的情况下做出裁决。这种教学方法引出了一个老生常谈的问题：如果你没有完整的事实——通常情况下会是这样——你会等到收集到尽可能多的信息之后再开始行动吗？或者说，你是否会冒着失去他人信任、丧失自己优势的风险迟疑犹豫？答案没有定论。如果你只是基于那些不好的消息就妄下定论，你可能会让你的员工陷入灾难之中。但如果你流露出不确定，士气就会受到影响，出资者会不再投资，你的公司就会面临倒闭。

哈佛商学院的教学方法其实暗示了，你应该表现出果断与确定。这位执行总裁也许并不知道最佳的解决方式是什么，但是无论如何他都必须采取行动。而对于哈佛商学院的学生来说，他们要轮流发言了。理想的情况是，那位被叫起来发言的学生已经与学习团队讨论过这个案例，也已经准备好阐述这位总裁的最佳做法是什么。他的发言结束之后，教授还会鼓励其他学生就这个问题各抒己见。学生们一半的成绩和决定其社交地位的主要因素，都取决于他们在这个环节中的表现。如果一名学生经常发言，而且观点很有力，他就会成为班上强有力的竞争者；如果不经常发言，他就会不受待见。

许多学生轻轻松松就适应了这种教学方法。但是，陈唐却不是他们中的一员。他总是不敢举手参加班级讨论，在某些课上，他甚至没有发过言。他只会在觉得自己深思熟虑后的观点可以作为补充时，或者全然不赞同他人的观点时才愿意发言。这听起来似乎并无不妥，但是陈唐觉得自己应该更积极地发言，这样他才能填补自己那些宝贵的发言时间。

陈唐在哈佛商学院的朋友，也是想法细腻、思想成熟、跟他性格相似的人，他们经常会探讨学校这种发言型的课堂模式。课堂参与怎样就是过多？多少就算太少？什么时候公开反驳一位同学的观点可以形成一种良性的辩论，什么时候这种辩论则是偏激而武断的？陈唐的一位朋友有些担心，原因是她的教授群发了一封邮件，大意是让那些对于每日的案例学习有过实际工作经验的学生提早告诉他一声。她很清楚，教授这样做是为了减少像她上周那样的愚蠢言论。而另一位同学则担心自己的声音不够洪亮："我天生就是这种偏柔的声音，所以当我的声音听起来属于正常音量的时候，我就感觉自己是在大喊了。我不得不在这方面努力一下。"

学校也在努力把那些沉默的学生培养成滔滔不绝的演说者。教授们也有自己的"学习小组"，在这些小组里，成员之间会怂恿对方用科学的方法找出那些沉默寡言的学生。当学生们未能在课堂上发言时，这并不只是他们自己的损失，同样也是教授的损失。"如果到了学期末还有人没有发言，那就成问题了，"米歇尔·安特比教授对我说，"那意味着我的工作没有做好。"

学校甚至举办线下的信息会议，并在网上发布"如何成为一名优秀的课堂参与者"的文章。陈唐的朋友们认真记下了那些步骤：

用一种坚定的方式讲话。即使你对某些事情只有35%的把握，你在讲话的时候也要表现出对其100%的肯定。

如果你是一个人准备这门课程，那你就错了。因为在哈佛商学院，永远没有让你一个人单独完成的任务。

不要苦思冥想那些所谓的完美答案。你最好走出自己的世界并把你的想法说出来，永远不要让那些想法和观点只停留在你的脑子里。

哈佛商学院的刊物《哈佛巴士》(Harbus)上也会刊登一些这样的建议，发表一些类似题材的文章，例如《如何想得更好，说得更好——现场秀》、《开发你的舞台表现力》以及《傲慢还是自信？》等。

这些要求完全超出了课堂范畴。课后，大多数人都会到斯潘格勒食堂吃午饭，一个毕业生形容该食堂"比高中食堂更像高中食堂"。陈唐每天都在纠结：是要回到公寓里享受一顿安静的午餐——这是他渴望已久的——还是和同学们一起去食堂呢？即使他强迫自己去了食堂，也并不意味着社交压力就可以止于此。随着时间的流逝，类似的困境会越来越多。是傍晚和同学一起去喝酒，还是参加一次闹腾到很晚的晚会？陈唐说，哈佛商学院的学生们每周都会有好几个晚上成群结队地出去玩。这些都不是强制参加的，但是对于那些并不热衷于集体活动的人来说，却像是被迫的一样。

"这里的应酬就是一种极限运动，"陈唐的一个朋友说，"他们总是出去玩儿。如果有一天晚上你没有去，第二天就会有人追问你昨晚去哪儿了。晚上跟他们出去似乎成了我的工作。"陈唐注意到，那些组织去酒吧喝酒、晚宴、酒会等社交活动的人，往往都是社交等级里的"上层人士"。"教授告诉我们，我们的同学都是要参加我们婚礼的人，"陈唐说，"如果你从哈佛商学院毕业的时候还没有建立起广泛的社交网络，那你就荒废了你在哈佛的经历。"

陈唐每天晚上上床睡觉的时候，都会觉得筋疲力尽。有时他也会迷茫，他究竟是为了什么，要这么努力地让自己变得外向起来。陈唐是一名美籍华裔，最近他在中国做暑期工。他为中国不同的社会规范所吸引，这里让他觉得更舒服。在中国，倾听被视为一种很重要的美德，中国人更注重倾听，注重询问，而不是把滔滔不绝地讲话作为美德，中国人还注重以他人的需求为主。而在美国，他觉得，对话往往围绕着有效地把你的经历变成故事讲述出来——对于中国人来说，他们担心的可能是自己无效的信息会占用对方太多的时间。

"夏天的时候，我对自己说：'现在我才明白为什么他们才是我的同胞。'"陈唐这样说。

但那是在中国，而这里是马萨诸塞州剑桥市。如果你以培养学生与现实世界接轨的程度来评价哈佛商学院，很显然哈佛商学院确实做得很成功。斯坦福商学院的一次调查研究显示，在一个以商业文化为主导的社会中，口头表达的流畅性和社交技巧是成功的两大法宝。毕竟，陈唐毕业之后还是要进入这样一个社会的。通用电气的一位中层管理者曾经告诉我，世界的现状是这样的："如果你没有准备好演示文稿或者演讲要点，很多人甚至都不愿跟你会面。即使你拿到了学校的推荐信，你也不能坐在对方的办公室里谈你的想法。你必须要做一个报告，内容要涵盖你的优势和劣势，以及你的纪律性。"

除非是自由职业者或者可以远程办公，否则很多坐办公室的白领都需要不断留心从走廊经过的同事，并热情而自信地向他们问好。2006年，沃顿商学院课程里为专业人士撰写的一篇文章中指出："这个商业化的世界被那种办公环境所充斥，一位亚特兰大地区的企业讲师对此做过很恰当的描述：'在这里，每个人都很清楚做一个外向者有多么重要，以及做一个内向者会有多么糟糕。因而人们都在努力让自己看起来更像一个外向者，不管那样做自己到底舒不舒服。这和你要确保自己和总裁喝的是同一款苏格兰威士忌、去的是同一家健身会所一样重要。'"

即使很多公司雇用了艺术家、设计师或者其他创新型人才，这些人也同样需要表现得外向。"我们想吸引一些富有创造性的人才。"一位主流传媒公司的人力资源负责人这么告诉我。而当我问到她所谓的"富有创造性"是什么意思时，她脱口而出："那样的人应该是外向而幽默的，还应该在工作中活力十足。"

威廉斯高档剃须膏广告如果出现在今天，当代广告为商业服务的性质会对其构成极大的威胁。美国消费者新闻与商业频道（CNBC）播放了一则电视广告，刊登了一个上班族在一次任务分配中被他人取代的故事：

> 泰德和艾丽斯的老板：泰德，我决定让艾丽斯去参加这次营销会议，因为她反应比你快。
>
> 泰德：（沉默）……
>
> 老板：那么，艾丽斯，我们决定让你在周四去——
>
> 泰德：她并不比我反应快！

其他广告也明确表明其产品是外向性的催化剂。2000年，美国铁路公司（Amtrak）鼓励乘客们"从你的拘谨中解脱出来"。而耐克之所以能成为著名的品牌，一部分原因是公司的"Just Do It"（想做就做）的宣传语。在1999年和2000年时，抗抑郁药物帕罗西汀的一系列广告宣称，该药可以治疗被称为"社交焦虑障碍"的为人极度腼腆的问题，广告的说服效应通过讲述灰姑娘性格转变的故事而表现。有一则帕罗西汀的广告表现了一位衣着考究的经理与一桩生意握手，广告的标语是："我能品尝到成功的滋味。"另一则表现的则是没有使用这种药的情景：一位商人独自待在办公室里，沮丧地把额头靠在一只紧握的拳头上，这则广告的标语是："我应该多参加社交活动了。"

***

然而，即使是在哈佛商学院，也有迹象显示，那种看重快速而自信地做决定、否定三思而行的领导方式可能是错误的。

每年秋天正式上课前，学生们都要参加一个精心设计的角色扮演游戏，名为"亚北极生存训练"。"时间是10月5日下午两点半，"学生们被告知了这些信息，"你们刚刚随一架浮筒式水上飞机紧急降落在劳拉湖东岸。劳拉湖地处亚北极地区，在魁北克北部与纽芬兰交界处。"学生们被分成若干个小组，并被要求想象自己的小组如何打捞到飞机上的15件物品，包括指南针、睡袋、斧头等。接下来他们要根据小组的生存条件对这15样东西按照重要性进行排序。学生们先各自为这些东西排序，再以小组为单位进行整合，然后由一名专家对他们完成的情况进行评分。最后，他们要观看自己团队讨论过程的录像，来分析自己哪里做得对、哪里做得不对。

这个训练的核心就是团队协同。成功的协同意味着整个团队获得较好的名次，而不是让团队中的某个人获得名次。如果团队失败了，即使团队中的某些成员取得了好成绩，团队整体的失利局势也不会因此而改变——这种失败恰恰会在某些学生过分自信的时候出现。

陈唐的一位同学所在的小组恰好有一名拥有在北方荒野丰富生活经历的年轻人，他对于这15样东西怎么排序有很多很好的想法。但是他的小组并没有听取他的意见，因为他在表达自己观点的时候表现得太过沉闷而且不自信。

"我们的行动计划是依照小组发言中最健谈的人的意见而定的，"那位同学回忆起当日的情景，"那些声音微弱的人即便表达了自己的想法，也没有被采纳。也许那些被我们拒之门外的观点，可以让我们生存下去并走出困境，但是这些想法被忽略了，因为那些声音洪亮的人是那么坚信自己的想法。事后，当他们给我们回放这段录像的时候，场面显得很尴尬。"

"亚北极生存训练"听起来就像一个在象牙塔里的无害游戏，但是，如果想想你曾经参加过的会议，你可能会回想起一些场景。很多时候，那些表现得最活跃、最健谈的人的观点往往会占上风，并且最终成为决定性意见。比如，低风险的情境也许是学生家长和教师联谊会（PTA），要决定是在周一晚上还是周二晚上举行会议。但是在下面的例子里，意见可能就变得很重要了：安然公司的一次高层紧急会议，决定是否要对外披露公司内部的财务问题（关于安然公司的信息详见第7章）；或者一个陪审团决定要不要将一位单身母亲送进监狱。

我与哈佛商学院的奎因·米尔斯教授讨论过这个"亚北极生存训练"的问题。米尔斯教授是领导风格研究方面的专家，是一位彬彬有礼的绅士。我们见面那天，他身穿细条纹西装，系着一条黄色的斑点领带。他的声音洪亮而富有磁性，他还能将声音运用得恰到好处。他告诉我说，哈佛商学院的教学方式就是"假设这些领导者都是声音高亢有力的，而在我看来，这只是现实的一部分"。

然而，米尔斯还指出了一个被称为"赢家诅咒"的普遍现象，这是指两家公司在为收购另一家公司而竞标时会高估商品价值，直到价格攀升到某种高度，竞标就不再是一种经济行为了，而变成了一种自我的战争。赢得项目的一方会被"诅咒"，因为他们会以一个虚高的价格收购目标公司。米尔斯说："通常那些性格张扬的人会陷入这样的问题之中。你会发现这样的事情一直在发生。总有人会问：'怎么会这样？我们怎么会付这么多钱？'通常的解释是，他们被那时的情境牵着鼻子走了，但是也未必。应该说，牵着他们鼻子走的，是他们的自负和霸气。而对于我们的学生而言，虽然他们在自我定位方面做得很好，但这并不意味着他们的定位就是准确的。"

我们假设那些沉默和喧闹的人，心里的想法（包括好的想法和不好的想法）大致在数量上相同，那么我们就该担心那些聒噪和强势的人会在各种决策中占据主导地位了。因为这就意味着那些不好的想法可能成为准则，而好的想法却遭到排挤，这将是多么糟糕的一件事！然而小组学习的实例说明了这是会真实发生的事情。我们认为那些健谈的人往往要比沉默寡言的人更聪明些，即使平均学分绩点（GPA）、SAT（美国学术能力评估测试）以及智力测试均显示这种看法是不正确的。在一项实验中，两个陌生人被安排打电话，讲话多的一方通常会被认为更聪明、长得更好看，也更加讨人喜欢。我们还会视讲话者为领导者。一个人讲得越多，小组的其他成员就会将越多的注意力集中到这个人身上，这也就意味着这个讲话多的人会随着会议的进行而在小组中变得越来越有分量。加快语速也能起到作用，因为我们总是认为那些语速快的人会比那些语速慢的人更有能力，也更有号召力。

如果讲话多与洞察力强之间存在相关性，那也未尝不是一件好事，可是研究表明这两者之间并不存在这种关联。在一项研究中，几组大学生以小组为单位共同解答数学题，然后互相评价智力和判断力。那些首先发言和发言次数最多的人获得了最高的评价，但他们的意见（和SAT数学成绩）并不比那些发言较少的学生好。同样是这些发言较多的学生，在另外一项独立的为新成立的公司提供发展策略意见的实验中，在创造力和分析能力方面也获得了很高的评价。

一项由组织行为学教授菲利普·泰特洛克牵头，在加州大学伯克利分校进行的著名研究发现，电视行业所谓的权威（不过是那些靠着有限的信息自信地侃侃而谈来维持生计的人），在政治和经济领域做出的预测甚至比随机猜测的结果还糟糕。而那些最糟糕的所谓"预言家"，往往都是那些最有名和最自信的人——就是哈佛商学院的课堂上那些被视为"天生的领导者"的人。

美国陆军将这种类似的现象称为"通往阿比林的巴士"。2008年，斯蒂芬·杰拉斯上校（现已退役）——一位曾任职于美国陆军军事学院（Army War College）的行为科学家，曾对《耶鲁校友杂志》的记者说："每一个陆军长官都能告诉你'通往阿比林的巴士'是什么意思。故事说的是在一个炎热的夏天，一家人坐在得克萨斯州的一处门廊里，其中有一个人说：'我觉得很无聊。我们为什么不去阿比林呢？'当他们到达阿比林的时候，又有人说：'你知道，我本来并不想来这里。'另一个人说：'我本来也不想来，我以为你想来的。'只要你在军队里听到有人说'我觉得我们要上通往阿比林的巴士了'，这就是个危险信号，意味着你要停止你的话题了。这是我们文化中一件非常强大的武器。"

"通往阿比林的巴士"揭示了我们的一种倾向：通常我们都愿意听从那些首先提出某种行动计划的人——无论是什么计划。同样的道理，我们也倾向于赋予那些活跃的讲话者某种权力。一位风险投资家经常被视为成功典型来激励年轻企业家，他告诉我，他因为同事在区分良好的临场表现能力和真正的领导能力上的不足而感到万分沮丧："我担心的是有些人因为口齿伶俐而被重用，可是他们又缺乏好的想法。闲聊的能力与真正的工作能力很容易混淆。有的人看上去像是一个很好的演说者，很好相处，而这些特点在当今都是被嘉奖的。好吧，为什么会这样呢？他们看重这些东西，但是我们对于表现——这个花里胡哨的问题——看得太重了，相反，对于实质性的和批判性的思考却不够重视。"

在《孤星叛逆者》(*Iconoclast*) 一书中，神经经济学家格雷戈里·伯恩斯探索了当企业太过看重临场表现技巧，而指望毫无成功希望的人提出好的想法时，将会发生什么。他描述了一家名为"礼仪解决方案"的软件公司，该公司成功地让其员工通过在线的"概念市场"来分享各自的主意，通过这种方式展示了公司重视的是本质而非形式。公司董事长乔·马里诺和总裁吉姆·拉沃伊创建了这个系统，以解决之前经历过的一些问题。"在我以前的公司里，"拉沃伊对伯恩斯说，"如果你有一个好主意，我们会告诉你：'好的，我们来开个会让你说服项目审查委员会。'"也就是说会有一群人来负责审核你的新想法。马里诺描述了接下来发生的事情：

几个技术人员带着自己的新想法走进了会议室。当然，提问的人与他们互不相识。审查人员提出的问题有："这个市场有多大？你的营销方式是什么？你的策略和计划是什么？产品成本是多少？"这其实很令人尴尬。大部分人都答不出这样的问题，那些能答出这些问题从而通过审查的人，通常不是这些有想法的人，而是那些会表现的人。

与哈佛商学院推崇的自我展示型领导力模型相反，那些榜上有名的、最有领导手段的总裁都是些内向者，包括查尔斯·施瓦布、比尔·盖茨、莎莉集团总裁布伦达·巴恩斯以及德勤会计师事务所前总裁詹姆斯·科普兰。"半个世纪里，在我所遇到的或者共事过的最高效的领导者中，有的喜欢把自己锁在办公室里，有的则极爱交际。他们有的做事果断而冲动，有的则审时度势，要花很长时间才能做一个决定……他们在性格特征上的唯一共同点，恰恰是他们不具备的东西，即他们都没有所谓的'魅力'，也不会去利用这种所谓的魅力。"管理大师彼得·德鲁克这样写道。无独有偶，对于德鲁克的观点，杨伯翰大学管理学教授布拉德利·阿格尔调查了128家大型公司的总裁，发现对于他们来说，那些在高管看来有魅力的人通常是有高薪水的人，而不是有高绩效的人。

　　我们总是高估领导者的外向程度。"在公司里，大部分的领导工作都是通过小型会议来完成的，而且这些会议都是远程的，比方说采用书信或者视频会议的形式。"米尔斯教授告诉我，"这些领导层管理会议的规模不用太大，你不需要召集太多人参加，但是你必须能应付这种场面；如果你走进一间满是分析师的会议室，紧张得脸色煞白然后仓皇而逃，那你必然成不了一家公司的领导。不过事实上，你也不会总是面对这样的事情。我认识的很多企业领导都是那种高度内向的人，他们确实需要锻炼一下自己应对公开场合的能力。"

　　米尔斯教授提到了IBM的传奇董事长郭士纳。"他曾经来这里求学，"米尔斯说，"我不清楚他到底是怎么评价自己的。他要做很多大型演讲，实际上他也做过很多次大型演讲，在演讲的时候，他看起来也很平静。可是我感觉他在小型团队中工作会觉得更舒服一些。其实，很多企业的领导者都是如此。当然，这不代表所有人。可显而易见，很多人都是这样的。"

事实上，颇具影响力的管理理论家吉姆·柯林斯在一项著名的研究中发现，20世纪末很多最出色的公司都是由那些他称之为"第五级领导者"的人运作的。这些杰出的总裁并非因他们的光彩或是魅力而闻名，相反，他们为人称道的正是他们极其谦逊的品格与强烈的专业意志。柯林斯在《从优秀到卓越》一书中为我们讲述了达尔文·史密斯的故事，史密斯在金佰利任负责人的20年间，成功地将金佰利打造成为世界造纸业的一流品牌，其股票收益高于市场平均水平4倍以上。

史密斯是个腼腆而举止温和的人，喜欢穿着彭尼西装，戴着书生气十足的黑边眼镜，他喜欢在威斯康星州的农场里独自消磨假期。当一名《华尔街日报》的记者让他描述一下自己的管理风格时，他盯着记者看了很久，然后说了两个字："古怪。"但他温润如玉的风度下却隐藏着雷厉风行的态度。在他被任命为总裁后不久，他就做了一个大胆的决定，出售了公司核心业务——生产铜版纸的米尔斯公司，并投资耗材类的纸制品，他认为在这个领域里会获得更好的经济收益，有更好的发展前景。所有人都认为这是一个天大的错误，那时华尔街甚至把金佰利的股票降了级。尽管如此，史密斯依然不为他人的意见所动，坚持做着自己认为正确的事情。结果，金佰利公司不断发展壮大，很快就将竞争对手甩在身后。事后，当史密斯被问及他的战略时，他只是淡淡地说，他从来没有停止过让自己成为一名合格总裁的脚步。

柯林斯起初并没有打算把史密斯平和的领导方式纳入研究之中，而当他开始研究之后就发现，自己想研究的一切都可以归结到一个问题上，那就是：究竟什么样的特质能让一个企业在竞争中一枝独秀？他选择了11家优秀的企业作为深入研究的对象。最初，他忽略了领导方面的问题，因为他想避免简单化的回答。但当他分析这些最优秀的公司有什么共同点时，那些杰出的总裁就跳了出来。每一家优秀的公司都是由处事低调的、像达尔文·史密斯那样的绅士领导的。与这些领导者一起工作的员工形容他们的词语有：平静、虚心、谦逊、矜持、腼腆、亲切、温和、不爱出风头、低调……

柯林斯说，这项研究告诉我们的道理是显而易见的：我们不需要什么大人物来改造公司；我们需要的领导不仅要能建构自我，还要能建构他们所运营的机构。

＊＊＊

那么内向的领导者与外向的领导者有什么不同呢？或者说，内向者为何有时会优于外向者呢？

沃顿商学院管理学教授亚当·格兰特给出了一个答案，他曾花了大量的时间来咨询那些《财富》世界500强企业的首席执行官和军事领导人——从谷歌到美国陆军再到美国海军。我们第一次交谈的时候，格兰特正在密歇根大学罗斯商学院任教，就是在此期间，格兰特证实了现有的研究结果——外向性与领导力之间存在一定的关系，但这一假设并不完全成立。

格兰特给我讲了一个关于一位美国空军中校的故事。中校比上将军衔低，这个故事的主人公可以指挥数千人，负责保护一个高度机密的军事基地。他是典型的内向者，同时也是格兰特见过的最优秀的领导者之一。中校与其他人接触太多之后，就觉得迷失了方向，所以他经常空出一些时间来思考和充电。他说话从容，没有太多音调上的起伏，也没有太多面部表情的变化。比起表达自己的意见或者主导谈话，他对倾听别人的意见和收集信息更感兴趣。

他非常受人尊敬，在他讲话的时候，所有人都会聆听。当然，这并不算是一个典型的例子——如果你在军事机构的上层任职，人们当然都得听你的。但是在这位中校的案例里，格兰特说，人们对中校的尊敬并不仅仅出于他的权力，此外还有他的领导方式：通过鼓励下属努力来获得主动权。他给予下属参与重要决策的机会，采纳合理的意见，自然，他会明确地告诉他的手下，最终的决定权还在他。他并不担心所谓的名誉，也不关心自己的领导身份，他只是简单地把工作分配给那些他认为能够出色完成的人。这就意味着他将一些最有趣、最有意义，甚至最重要的任务分配了下去，而其他的领导者或许会把这些任务留给自己处理。

但为什么许多研究并没有反映出像中校这样的人的才华呢？格兰特认为他能参透其中的玄机。首先，当他进一步查阅现有的对于性格和领导力之间关系的研究时发现，外向性与领导力之间的相关性并不大。其次，这些研究通常都是基于人们对于谁是一个优秀领导者的主观看法，而非实际的结果，但个人观点往往是文化偏见的简单反映。

然而，最让格兰特觉得值得玩味的是，现有的研究并没有将一个领导者要面临的各种情境进行区分。他认为，对于某些组织来说，或者在某些情境下，内敛的领导模式更合适，而对于其他企业来说，外放的方式更有效，只是那些研究中并没有做出这种区分。

格兰特提出了一个关于哪些情境下需要内向型领导者的理论。他的假设是外向型领导者可以在员工们情绪消极时改善团队的表现，而内向型领导者则对那些积极的员工更有效。为了印证这一想法，格兰特与他的两个同事——来自哈佛商学院的弗兰切斯卡·吉诺和北卡罗来纳大学克南–弗拉格勒商学院的戴维·霍夫曼教授——展开了一系列的研究。

在第一项研究中，格兰特及其同事分析了来自美国最大的五家连锁比萨店之一的数据。他们发现那些由外向型领导者管理的门店的周利润，比那些由内向型领导者运营的门店要高16%，但前提是，那些员工都属于消极的性格类型，往往不会主动去工作。而对于内向型领导者来说，情况恰恰相反。当内向型领导者雇用的员工积极努力地改善工作程序时，他们门店的利润就会比那些外向型领导者管理的门店多出14%。

在第二项研究中，格兰特研究小组将163名大学生分成几个小组进行比赛，看哪个小组在10分钟内叠好的T恤数量最多。参与者互不相识，每个小组中有两名演员。在某些小组里，这两名演员只会很被动地听从小组领导的指示。而在其他小组里，其中一名演员会说："我觉得应该会有更有效率的办法来叠好更多的T恤。"另外一名演员就会接他的话，说他的一位日本朋友有一种更快速的叠T恤的方法。"这可能要花费一两分钟的时间来教你们，"演员向小组的领导者建议，"我们要试试吗？"

结果显而易见。那些内向型的领导者接受建议的可能性比外向型领导者高20%，而他们的小组成绩要优于其他组24%。当小组成员表现得并不积极的时候，也就是说他们只是简单地听从小组领导者的指示，并未提供他们自己的方法时，那些外向型领导者带领的团队要比内向型领导者带领的团队成绩好22%。

为什么这些领导者的工作成效与其员工的工作态度相关呢？格兰特认为，内向型人才在领导原创性工作方面有着独特的优势。他们倾向于倾听他人意见，而且对于主导社交情境兴趣不大，因而更乐于倾听并执行他人的建议。从追随者的才能中获益后，他们就更愿意激发对方，使其在工作中更加主动。换句话说，内向型领导者创造了一个积极的良性循环。在叠T恤的实验中，团队成员们在反馈中表示，他们觉得那些内向型领导者更开放也更善于采纳他们的意见，这会激励他们加倍努力地工作。

而从另一个方面来说，外向型领导者可能会在处理事情时过于坚持己见，这样可能会在工作过程中失去很多来自他人的宝贵意见，并让他们的员工变得越来越消极。"通常，这样做的结果是，领导者要做很多很多的动员工作，"弗兰切斯卡·吉诺说，"却不会听取员工们试图提供的任何意见。"但是外向型领导者天生具有鼓舞人心的能力，这种能力往往能在那些偏消极的员工身上产生更佳的效果。

这些研究还处于起步阶段，但是在格兰特的努力下——他本人也非常主动——这方面的研究也许会迅速发展起来。（格兰特的一位同事形容他是"可以把时间表上规定的事情提前28分钟开始"的人。）格兰特对于这些研究发现非常兴奋，因为那些能抓住瞬息万变的商业环境中的机会，而不需要等待领导告诉他们要做什么的主动的员工，对于一个企业的成功尤为重要。因此，了解如何将这些员工的贡献最大化，就成为所有领导者的一件关键武器。对于企业而言，提拔倾听者来担任领导者也变得与提拔那些演说家一样重要。

格兰特称，大众媒体提供了很多针对内向型领导者如何锻炼公开演讲和微笑示人的建议。但格兰特的研究显示，至少有一样重要的发现要引起重视——激发员工的工作主动性，这是内向型领导者要始终坚持去做的。对于外向型领导者而言，从另一个角度讲，他们"应该试着采取一种更为持重从容的领导方式"，格兰特写道。他们或许应该学着坐下来聆听，这样其他人才有可能站起来发言。

这也许同罗莎·帕克斯的所作所为是同样的道理。

***

1955年12月，罗莎·帕克斯在蒙哥马利的公交车上拒绝让座，此前几年，她曾经在美国全国有色人种协进会（NAACP）从事幕后工作，当时也接受了非暴力抵抗的培训。很多事件激发了她政治上的主张：儿时，三K党在她家门前行进；她哥哥从"二战"的战场上返回故乡，他是一名美国陆军二等兵，在战争中挽救了很多白人士兵的性命，如今却遭人唾弃；一名18岁的黑人邮递员因被诬告强奸而被送上了电椅。帕克斯整理美国全国有色人种协进会的记录，跟踪会员的会费缴付情况，为邻居家的孩子们讲故事。她既勤奋又可敬，但是没有人觉得她会是一个领导者。看起来，帕克斯更像是一名默默无闻的普通员工。

很少有人知道，在她于蒙哥马利的公交车上与司机叫板的12年前，她也曾遇到过这名司机，也许就是在这辆车上。那是1943年

11月的一天下午，由于公交车后门太过拥挤，帕克斯就从前门上了车。那个带有严重种族歧视思想的司机詹姆斯·布莱克让她从后门上车，并试图将她推下车。帕克斯从容地对他说不要碰她，她会自己下去，而布莱克却气急败坏地吼道："从我的车上滚下去！"

帕克斯答应了，但她在下车的途中故意弄掉了钱包，并坐在一个"白人专属"的座位上把它捡了起来。"直观地看，那是一次消极抵抗的行为，'消极抵抗'是列夫·托尔斯泰提出的，也是圣雄甘地所信奉的训诫。"历史学家道格拉斯·布林克利在帕克斯的传记中如是写道。"消极抵抗"理念的提出早于马丁·路德·金宣扬的"非暴力"概念10多年，也远早于帕克斯的非暴力抵抗，但是布林克利同样也提到，"这些原则完美地匹配了帕克斯的性格"。

帕克斯对布莱克厌恶至极，所以在此后的12年间都拒绝搭乘他开的车。直到后来有一天她坐上了他开的车，也就是那一天，帕克斯成了"民权运动之母"，布林克利称，帕克斯之所以会搭乘那辆公交车，完全是一时疏忽。

帕克斯那天的行为勇敢而杰出，但后续的法律流程，才是她从容沉默的力量发光的地方。当地的民权领袖把她视为挑战城市公交法的实验案例，鼓动她提起诉讼。这并不是一个简单的小决定。帕克斯有一位年迈多病的母亲需要赡养，起诉意味着她将失去工作，连她的丈夫也不能幸免。她的母亲和丈夫也担心，这意味着她在冒着被人用私刑"吊死在镇上最高的电线杆上"的危险。"罗莎，那些白人会杀了你的。"她的丈夫恳请她屈服。布林克利在书中写道："对于这件事情，因为一件单纯的公交事件被捕是一回事，但是，就像历史学家泰勒·布兰奇说的那样,'主动退回禁区'就是另一回事了。"

然而,由于她的天性使然,帕克斯是一个出色的原告。这不仅因为她是一名虔诚的基督教徒,还因为她是一位坚毅的公民,而且为人温和。"这次他们招惹错人了!"那些联合抵制的黑人在步行数英里上班、上学的路上高喊着。这句话也成了他们的战斗口号。它的力量在于自身的矛盾性。通常,这样的句子意味着你同当地的打手结下了梁子,或者和强势的人闹了别扭。但也正是帕克斯这种从容的力量使她无懈可击。"这个口号告诉人们,那个激发了这场联合抵制行动的女人,是那种柔声细语的战士,这样的人,上帝永远不会抛弃。"布林克利写道。

帕克斯想了很久,最终同意上诉。在她被审判的当晚,她还出席了一个集会,而新上任的蒙哥马利市权利促进协会负责人、年轻的马丁·路德·金激起了蒙哥马利市全体黑人联合抵制公交车的斗志。"既然事情发生了,我很高兴它发生在帕克斯太太这样一个人身上,因为没有人怀疑她无比高尚的品格,没有人怀疑她崇高的人格。帕克斯太太是谦逊的,但是她的品格和人格永存!"

同年,帕克斯加入了马丁·路德·金与其他民权领袖巡回演讲筹款的队伍中。一路上,她饱受失眠、溃疡和思乡之苦。她遇到了她的偶像埃莉诺·罗斯福,埃莉诺将她们相遇的情形写进了自己的专栏里:"她(帕克斯)是一个很安静、很文雅的人,真的很难想象她是怎样确定了一个这么积极而独立的立场的。"当联合抵制运动落下帷幕的时候,一年过去了,公交系统交由最高法院立法管理,而帕克斯也渐渐淡出了媒体的视线。《纽约时报》刊登了两个头版消息来庆祝马丁·路德·金的胜利，但丝毫没有提及帕克斯。其他的报刊刊登了联合抵制行动领导者坐在公交车前面的照片，而帕克斯甚至都没有被邀请参加。但她对此毫不在意，全城公交车被整合的那天，她宁愿待在家里照顾自己的母亲。

* * *

帕克斯的故事生动地告诉我们，那些低调的领导者的光辉照亮了整条历史长河。比如摩西，根据对他事迹的解读，他并不属于性情急躁而健谈的类型——那些能组织旅行，还能在哈佛商学院的课堂上滔滔不绝的人。相反，以如今的观点来看，他是极其胆小的人。他讲话有点儿口吃，而且还自我感觉口齿不清。《民数记》中描述他"非常温和，比地球上的其他男人都要温和"。

当上帝在燃烧的灌木中现形时，摩西还只是被自己的岳父雇用的牧羊人，他甚至都没有想要拥有属于自己的羊群。当上帝启示他是犹太人的解放者时，摩西有没有抓住这个机会呢？"让别人去做吧。我是什么人，我怎能去见法老呢？"他诚恳地说，"我素日不是能言的人，我向来都是笨嘴拙舌的。"

直到上帝让他与外向的哥哥亚伦一起完成这项使命，摩西才同意接受这个任务。摩西准备他们当说的话，充当幕后英雄，如同"大鼻子情圣"西哈诺，亚伦则充当面对公众的台前英雄。"打个比方，这就好比他是你的嘴巴，而你是他的上帝。"上帝这么对摩西说。

在亚伦的帮助下，摩西带领希伯来人离开了埃及，带领他们经历40年的艰难跋涉，前往一处富饶之地，并从西奈山上带来了"十诫"。

推动他完成这一切的力量是典型的与内向相关的东西：艰难攀登以寻求智慧和真理，在两块石板上仔细记录沿途所领悟的一切。

我们想写出《出埃及记》故事之外摩西的真实性格。（塞西尔·德米耶的经典之作《十诫》中，将摩西描绘成一个虚张声势的人物，影片中的摩西自己完成了所有的演说，并没有出现亚伦的角色。）我们不去问上帝为什么要选择一个又口吃又有公开演讲恐惧症的人来充当先知，但也许我们应该问问。《出埃及记》中并没有做过多解释，但这个故事说明了内向表阴、外向表阳，而媒介也并不总是信息；人们之所以跟随摩西，并不是因为他讲得多好，而是因为他的一言一行都是深思熟虑的产物。

***

如果说帕克斯用行动来说话，摩西通过他的兄弟亚伦发言，那么今天，另外一种模式诞生在那些内向型领导者身上，就是通过网络来公开表达意见。

马尔科姆·格拉德威尔在《引爆点》一书中探讨了"联系员"的影响，所谓"联系员"是指那些"能将世界联系在一起的有特殊才能的人"，他们"拥有连接社会关系的本能和天赋"。在书中，他描写了一个名为罗杰·霍肖的"典型联系员"。霍肖是一个魅力非凡而且成功的商人，也是百老汇剧目如《悲惨世界》等的赞助人，他可以"像收集邮票一样把人们都聚集起来"。"如果你在乘飞机飞越大西洋的旅途中恰好坐在罗杰·霍肖的旁边，"格拉德威尔这样写道，"在飞机滑行到跑道的时候，他就会开始同你交谈，当你系好安全带的时候你就会大笑起来，而当你降落在目的地的时候，你会发现你的时间就这么过去了。"

我们普遍认为的"联系员"就像格拉德威尔描写的那样：健谈、外向，甚至令人着迷。可是，再让我们看看一个叫克雷格·纽马克的谦逊而聪明的男子。纽马克矮小、秃顶、戴着眼镜，在IBM做了17年的系统工程师。在此之前，他对恐龙、象棋和物理学有着浓厚的兴趣。如果你同他乘坐同一班飞机，并且就坐在他旁边，他大概会一直埋头看一本书。

而纽马克正是"克雷格列表"（Craigslist）分类资讯网站的创始人和大股东，克雷格列表是一个允许用户之间交互联系的网站。截至2011年5月28日，它已经成为全球第七大英文网站，用户遍及70多个国家的700多个城市，人们通过网站找工作、约会，甚至有人在这上面联系肾脏捐献。他们加入歌唱团体，他们阅读对方的俳句，他们忏悔自己的风流韵事。纽马克形容这个网站已经失去了商业性，而变成了一个公共社交网站。

"随着时间的推移，通过将人们联系起来以修复世界，你便可以得到最深刻的精神价值。"纽马克如是说。"卡特里娜"飓风过后，克雷格列表帮助那些受困家庭找到了新的家园。在2005年纽约市公交大罢工期间，克雷格列表是寻找拼车者的首选之地。"在另一场危机中，克雷格列表充当了社会的指挥员。"一位博主在博客中提到克雷格列表在罢工中起的作用时写道："克雷格列表为何能够影响那么多阶层的人，克雷格列表的那么多不同阶层的用户又是怎样渗透到对方的生活中的？"

答案是：社交媒体为大量的不适合哈佛商学院模式的人创造了一种全新的、可能实现的领导形式。

2008年8月10日，畅销书作家、演讲家、企业家、硅谷传奇人物盖伊·川崎发推特说道："也许你觉得难以置信，但我是个内向者。我有'角色'要去扮演，但事实上我是一个孤独的人。"川崎的话引发了全世界范围内社交媒体的广泛转发。一篇博客中这样写道："那时，川崎的头像是一张他在派对中戴着粉色围巾的照片。盖伊·川崎是个内向者？开玩笑的吧！"

2008年8月15日，新闻博客、社交媒体的在线指南Mashable的创始人皮特·凯什摩尔也加入了这场讨论。"这像不像是一个巨大的讽刺呢？"他问道，"那些高喊着'这是与大众切身相关'的人原来并不喜欢在现实生活里参与大型集体活动！也许社交媒体为我们提供了我们现实生活中缺乏的社交控制能力：屏幕就像是隔在我们与世界之间的一道屏障。"然后凯什摩尔在自己的社交网站上发布了这么一条状态："请果断地将我扔进盖伊的'内向'阵营。"

研究显示，事实上，内向者比外向者更愿意通过网络来表达自己较为私密的事实，他们的家人和朋友都会对此感到惊讶，实在想不到他们会在网络上如此开放地表达一个"真我"，而且相对外向者来说，内向者会花更多的时间在某些网络讨论上。他们很喜欢这种数字化的交流方式。对于同一个人来说，也许他永远不会在一个200人的课堂上举手发言，但他却可能不假思索地发一篇受众可能达到2 000人甚至200万人的博客；或者他会觉得向陌生人介绍自己是一件非常困难的事情，但他却可能通过网络与他人建立某种关系，并把这种关系带进现实世界中。

※ ※ ※

如果"亚北极生存训练"这个项目是在网络上完成的，那些内向者（像罗莎·帕克斯、克雷格·纽马克、达尔文·史密斯这样的人）的意见可能会让小组获益，那又会发生什么呢？如果小组成员都是些积极型的人，负责人却是一位能够从容地鼓励成员们各抒己见的内向领导者，结果又会怎样呢？如果这个小组由一名内向者和一名外向者共同执掌，就像罗莎·帕克斯和马丁·路德·金一样，那么结果又会怎样，他们能获得最佳的效果吗？

这真的很难说。据我所知，没有人曾经做过这样的研究——这真让人羞愧。哈佛商学院的领导模式将自信和快速决策摆在一个如此之高的位置上，这一点是可以理解的。过于自信的人往往会按照自己的方式行事，那么这对于那些职责是影响他人的领导者而言，也是一项有用的技能。毕竟，果断能激发信心，而动摇（甚至是表现出动摇的迹象）则会打击士气。

然而，有的人却正好相反。在某些情况下，从容、温和的领导方式可能同样有效，甚至更得人心。在我离开哈佛商学院时，我在贝克图书馆大厅里著名的《华尔街日报》漫画展前停了下来，其中一幅漫画描绘的是一位憔悴不堪的总裁看着急剧下跌的利润表黯然神伤。

"这都是因为弗拉德金，"总裁告诉他的同事，"他是一个有着极高领导才能但是商业头脑差到极点的人，每个人都毅然决然地跟着他走了绝路。"

上帝爱那些内向者吗？福音派的困境

如果说哈佛商学院是全球精英在东海岸的一块飞地，那我的下一站就是全然不同的一处地方。它地处加利福尼亚州，占地约 48 公顷的校园坐落在森林湖市的远郊，这个地方曾经是一片沙漠。与哈佛商学院不同的是，这个学校允许任何人进入。一家几口在被棕榈树环绕的广场上漫步，人行道都保持着天然的模样。孩子们在人造的溪流和瀑布中嬉戏。工作人员面带笑容，坐在高尔夫球车上慢慢驶过。随便你想穿什么都可以，穿双运动鞋或者拖鞋都是完美的搭配。这所学校的管理者并不是那些挥舞着诸如"领导者"或者"案例分析法"的大旗、穿戴整齐考究的教授，而是些和蔼如圣诞老人，身着夏威夷 T 恤，留着棕色头发、山羊胡的人。

每周出席人次可达 22 000 人的马鞍峰教会（Saddleback Church）是美国最大的也是最有影响力的福音派教会。该教会的领导人里克·沃伦是著名畅销书《标杆人生》(*The Purpose Driven Life*) 的作者，也是在奥巴马总统的就职典礼上做祷告的人。马鞍峰教会并没有采用哈佛商学院那样培养顺应时代的伟人的方式，但其在社会中起到的作用却是无与伦比的。福音派的领导人消息极为灵通，他们主宰着数千小时的电视时间，运营着价值数百万美元的企业，拥有最杰出的为自己产品做宣传的公司、录音棚、发行渠道，甚至可以与传媒巨头时代华纳分一杯羹。

马鞍峰教会有一点倒是与哈佛商学院相同，那就是对个性文化的贡献以及宣传。

那是 2006 年 8 月的一个周日，我站在马鞍峰教会校园人行道交会的中心地带。我试图从路标上找到目的地，路边就有你在迪士尼看到的那种带着一个可爱箭头的指示标：礼拜中心、客房、露天咖啡厅，以及海滩咖啡馆。而附近张贴的海报上是一名微笑的年轻男子，穿着亮红色的马球衬衫和运动鞋，标语写着："想找一个新的方向吗？那就给交通部一个机会吧！"

我在找一家露天的书店，我与当地的一位福音派牧师亚当·麦克休约好在那里见面。麦克休是一位众所周知的内向者，我们谈话的主题就是：在福音派运动中，作为一名内向而善思的人，尤其还是一位领导者，他的感受是什么。同哈佛商学院相似，福音派教会通常也将外向性格作为选择领导者的一个先决条件，有时会有明确的要求。"牧师必须是外向者，能够同成员和新人热情地打成一片，就像球队的球员一样。"一则招聘有1 400人的教区副校长的广告上这样写道。另外一个教会的一名高级牧师曾在网络上承认，他曾建议教区在招聘校长的时候，要询问其心理测试成绩。"如果第一题表明他不是外向者，"他对他们说，"那就要三思了……我确信我们的上帝一定是个外向的人。"

麦克休显然不符合这样的描述。他在克莱尔蒙特·麦克纳学院读大三的时候发现了自己内向的性格特征，因为他每天早上早起的动力就是享受一段独处的时光，自己喝一杯热气腾腾的咖啡。他喜欢晚会，可是每次都会提前离开。他告诉我："其他人总是会变得越来越吵闹，而我却会越来越沉默。"他做了迈尔斯–布里格斯性格测试，发现有一个词对应的是像他那样分配自己时间的人，那就是"内向者"。

起初，麦克休觉得给自己留下一些时间独处是惬意而舒服的。可是，在他活跃于福音派之后，他就开始为自己的这种孤僻感到内疚。他甚至觉得上帝会不同意他的选择，推而广之，他甚至觉得上帝会对他不满。

"在福音派的文化中，忠诚往往与外向紧密相连。"麦克休解释说，"福音派文化的重点在于大众，在于参与到越来越多的项目和活动中，在于接触越来越多的人。对于很多内向者来说，他们在生活中表现出的远远不够张扬的性格是件长久困扰他们的事情。在宗教世界里，当你觉得紧张或不安的时候，你要面临的问题更大。那种感觉不是简单的'我没有做到自己希望的那样'，那种感觉简直就是'上帝对我不满了'。"

从一个福音派的局外人角度来看，这样的自白还真是惊人。从什么时候开始，孤单也变成"七宗罪"之一了？但是从福音派教徒的角度来看，麦克休的精神挫败感却非常合理。当代的福音派称，每一个你未能认识的、未能使他归附的人，都原本可以被你拯救。它还强调在信徒间建立团体，每一个教会都鼓励（甚至是要求）其成员参与到其他领域的团体中，这些团体的主题范围非常之广，如烹饪、房地产投资还有滑板等。因此，麦克休的每次提前结束社交活动、每个独处的清晨、每个未参与其中的小组，都意味着对与他人相处机会的浪费。

但讽刺的是，麦克休不知道，其实他并不孤独。只要环顾四周，他就会发现很多在福音派社团里的人同他有相同的矛盾情绪。后来他被任命为长老会牧师，并与一组克莱尔蒙特学院的学生领导一起工作，这些人中有很多内向者。这个团队成了研究内向领导和牧师的"实验室"。他们把研究的重点放在一对一和小型的小组互动中，而非大型的群体互动，麦克休帮助这些学生找到了他们的生活节奏，承认他们对于孤独的需要和享受孤独的主张，同时对保留社交能量以领导他人的主张也予以肯定。此外，他还敦促学生们勇于发言，并鼓励他们去结识新的朋友。

数年之后，社交媒体迎来了一次空前的大爆发，福音派开始以博客的形式发表他们的经验，福音派内部对内向者与外向者的不同看法也最终浮出水面。一个博客中写出了博主内心的彷徨："作为一个内向者，不知要如何适应以外向价值为傲的福音教会。很可能有很多人，每一次在教堂里听人布道的时候，就会开始一次内疚的旅途。在上帝的王国里，总有一块土地是为那些敏感、沉思的人而准备的。想承认这一点不容易，但它确实是存在的"。另外一篇博客则表达了博主最简单的愿望："为上帝服务，而不是为教区社团服务。在普世教会里，应该有一处是为那些不合群的人准备的。"

麦克休也在这次为内向发声的"合唱"中添加了自己的唱段，他首先发表了一篇呼吁加强对宗教习俗中独处与沉思的重视的博客，接下来他写了一本书，书名为《教会的内向者：在外向型文化中找到我们的位置》。他认为，福音意味着倾听与高谈阔论同样重要，福音派教会应该将沉默和神秘感纳入宗教信仰之中，还应该在领导层中给内向者留一席之地，因为也许他们会证明沉默的人同样有一条朝圣之路。毕竟，祈祷不就与沉思和群体都有关吗？那些宗教领袖，还有那些鲜为人知的圣人、僧侣、巫师和先知，都独自离开了这个世界，也许他们会在未来与我们分享这些孤独的经历。

***

当我最终找到那家书店的时候，麦克休已经在等我了，他脸上带着一种平淡的神情。他 30 岁出头，高个子、宽肩膀，身穿牛仔裤、黑色的马球衫和一双黑色的拖鞋。麦克休留着棕色的短发、红色的胡子和鬓角，看起来就像一个典型的 X 世代人（指出生于 20 世纪 60 年代中期至 70 年代末的一代人），但是他讲话的语调舒缓，像极了大学教授。麦克休并不在马鞍峰教会讲道或主持礼拜，我们之所以在这里见面是因为这里是福音派文化的一个重要标志。

由于书店就要开始营业了，我们没太多时间做深入交谈。马鞍峰提供了 6 个不同的"敬拜场所"，位于不同的建筑或帐篷中，并且有严格的顺序：礼拜中心（Worship Center）、传统地点（Traditional）、过载岩石（Overdrive Rock）、福音（Gospel）以及家庭（Family），还有一种名为欧哈纳岛屿风格的礼拜。我们直接前往礼拜中心，沃伦牧师正在那里布道。这里有着极高的天花板与纵横交错的强弧光灯，使得整个场馆像极了摇滚音乐会场地，一个并不算显眼的木质十字架挂在房间的另一侧。

一个名为斯基普的男子正在用歌声调节会众的气氛。在 5 个超大屏幕上，歌词与波光粼粼的湖面、加勒比日出的图片穿插播放。负责技术的人员坐在房间中的一个王座样式的高台上，将他们的摄像机对准了人群。镜头流连在一个少女身上，她有柔顺的金色长发、迷人的微笑，还有双闪亮的蓝眼睛，正在唱着她的心声。此情此景，使我不由想起了安东尼·罗宾主持的那个"激发潜能"的研习班。安东尼是以像马鞍峰这样的大教堂为原型选择项目场地的吗？还是以其他的什么方式？

"大家早上好！"斯基普一脸高兴地对我们说，然后让我们向坐在旁边的人问好。大多数人都对身边的人报以大大的笑容，并向对方伸出了手，包括麦克休在内，但我能感觉到，在他微笑的背后，带着一丝紧张。

沃伦牧师登台了。他穿着一件短袖的马球衫，留着他那标志性的山羊胡。他告诉我们，今天布道的内容基于《耶利米书》。"没有商业计划的商业是愚蠢的，"沃伦说，"但是大部分人并没有人生规划。如果你是一名商界的领导者，那你就要反复去读《耶利米书》了，因为耶利米真是一位天才般的首席执行官。"我们的座位上没有《圣经》，只有铅笔和几张印着今日传教要点的卡片，卡片上还有些填空要听众在沃伦的演讲过程中完成。

与安东尼·罗宾一样，沃伦牧师看起来也是绝对的和善之人，他不求回报地创建了这个庞大的马鞍峰教会系统，他在全世界人的眼里都是无比优秀的。但与此同时，我知道，对于那些马鞍峰教会里的内向者来说，在这个卢奥①式的礼拜和通过超大屏幕祈祷的世界里，想让他们自我感觉良好，是多么困难的一件事。随着传教的进行，我感受到了麦克休曾描述过的那种疏离感。这类活动并不会带给我其他人似乎很享受的那种合一的感觉；能让我感觉到这个世界上悲喜的往往是那些私人一点的场合，通常以同作家和音乐家交流的方式。普鲁斯特称这些读者与作家交流的时刻为"在孤独中的一种充满奇迹色彩的

---

① "卢奥"指夏威夷的一种庆典文化，在卢奥式宴会上，人们会伴着音乐、舞蹈与众人分享食物，是一种外向文化。——编者注

交流"，他对于宗教语言的使用必然已熟稔于心。

麦克休就像会读心术一样，在这些程序结束之后，他转过脸，用一种既绅士又愤懑的口吻对我说："这里的每一次传教都会包含这些交流的部分。寒暄，冗长的说教，还有唱歌。丝毫没有对宁静、礼仪、仪式的强调，更不会给你任何沉思的时间。"

麦克休的不舒服其实倒不如说是一种痛苦，因为他是真正地信仰着马鞍峰教会及其代表的一切。"马鞍峰一直在自己的社区乃至世界范围内做着了不起的事情，"他说，"这是一个友好、好客的地方，会真正地试图与新人建立联结。你真的很难说这个教会究竟有多大，这里的人有多么容易就会与其他人彻底失去联系。友好的相互问候、非正式的气氛、结识你周围的人，这一切都是源于那么美好的愿景。"

然而，麦克休发现有的仪式，比如在传道开始前这种强制性的微笑问安的方式，确实有点儿让人痛苦——虽然他个人是愿意去接受的，甚至也能看到其中的价值，但他担心会有许多内向者不能接受。

他解释说："这样一来就营造了一种外向型氛围，让那些像我一样的内向者觉得很难继续下去。有时我觉得自己就像在走过场一样。把这种外向的热情和激情作为马鞍峰教会文化的一部分似乎并不合适。并不是说内向者就不虔诚、不热情，只是我们并不会像外向者那样明显地表达出来罢了。在马鞍峰这样的地方，你可能会质疑你朝圣的体验——难道真的只有表现得像其他人那样强烈，才能算是一名虔诚的信徒吗？"

麦克休告诉我们，现在福音派已经把外向理想型作为一种极符合逻辑的表现。如果你不大声喊出你对耶稣的爱，这种爱定然不是真正的爱。仅仅将你的精神朝向神圣的殿堂是远远不够的，你必须把你的虔诚摆在公众面前。像麦克休牧师这样的内向者，会不会因此开始质疑他们虔诚的内心呢？

麦克休承认他的自我怀疑，这着实是勇敢的，他的精神和专业取决于他与上帝的联结。他这样做是因为他想与其他人分享他内心激烈的挣扎，因为他深爱着福音派，并且希望福音派能够通过倾听内向者的心声来不断发展壮大。

但是他明白，宗教文化会慢慢迎来一些意义非凡的变化，外向型已经不只是一种简单的个人特征了，它也渐渐成为一种美德的指标。我们关起门来行善，没有人会称颂；正义的行为就是我们"拿出来给别人看的"。安东尼·罗宾的那些让人招架不住的上行营销在他的粉丝看来是合适的，因为他传播的那些有用的想法已经让他站进了好人的队伍；哈佛商学院希望自己的学生能成为演说家，因为这似乎是成为领导者的一个先决条件；同理，那么多福音派教徒把虔诚与社交能力联系在一起就不难理解了。

第三章

当合作扼杀了创造力

新群体思维的兴起和独行侠力量

我单枪匹马,不成群也不结对……
因为我知道,要达到既定的目标,
必须要有一个人来思考、来指挥。

——阿尔伯特·爱因斯坦

时间：1975年3月5日，一个冷雨霏霏的晚上。
地点：加利福尼亚州门洛帕克。

30名其貌不扬的工程师聚集在失业同事戈登·弗伦奇家的车库里。他们自称"家庭自酿（Homebrew）计算机俱乐部"，这是他们的第一次聚会。他们的使命是让计算机"飞入寻常百姓家"。这在当时可是个不小的任务，因为当时计算机还都是不稳定的大型机器，只有大学和企业可以负担得起。

车库通风良好，但是工程师们依然开着门，好让夜间潮湿的空气散出去，因此人们可以自由进出。有一天，惠普公司的一位24岁的计算器工程师走了进来。他戴着眼镜，留着及肩的长发和棕色的胡子，看起来有些严肃。他找了把椅子坐了下来，静静地听其他人对一台全新的名为"牛郎星8800"的计算机惊叹不已。那时"牛郎星8800"刚刚登上《大众电子》的封面。"牛郎星"并不能被称为一台真正的个人计算机，它使用起来很困难，似乎只对那种会在一个小雨淅沥的周三夜晚出现在这个车库里，并且津津乐道地探讨微晶片的人有吸引力。然而，这却是具有里程碑意义的第一步。

这个年轻人名为史蒂夫·沃兹尼亚克，听到"牛郎星"的消息时他很兴奋。他从3岁起就对电子学痴迷不已。11岁那年，一个偶然的机会，他在一本杂志上看到了一篇关于第一台计算机ENIAC（电子数字积分计算机）的报道，从那时起，他的梦想就是制造一台小巧方便的机器，可以在家中使用。如今，在这个车库里，他听到了关于他的梦想在未来的某一天也许会成真的消息。

后来沃兹尼亚克在他的回忆录《沃兹传》中将整个故事基本重现，他回忆说，那时他同样因为自己被一群志趣相投的人所围绕而兴奋至极。对于计算机俱乐部的成员来说，计算机是实现社会公平的工具；而对沃兹尼亚克来说，意义也正是如此。在第一次聚会上，他没有跟任何人说过一句话——他实在是太腼腆了。但是那晚他回到家中，画了他的第一幅个人电脑的设计草图，并设计了一个键盘和一个屏幕，就像我们现在使用的电脑那样。3个月后，他制造了这台机器的原型机。10个月之后，他与史蒂夫·乔布斯共同创建了苹果电脑公司。

如今，史蒂夫·沃兹尼亚克在硅谷颇受人尊敬——加利福尼亚州圣何塞市有一条沃兹街，就是以他的名字命名的，有时人们也会称他为苹果的书呆子灵魂。他曾经花了很长时间学习开口讲话和公开演讲，甚至作为一名参赛者出现在《与星共舞》的比赛中。在这场比赛中，他表现得像刚毅和快乐的混合体，受到了人们的一致喜爱。我曾经见过沃兹尼亚克在纽约一个书店里演讲。在一个拥挤得只能站立的房间里，人们手里拿着20世纪70年代苹果的操作手册，向他为人们所做的一切贡献致敬。

*　*　*

但是这份荣誉不光属于沃兹尼亚克一人，它同样属于家庭自酿计算机俱乐部。沃兹尼亚克认为，俱乐部的第一次聚会是计算机革命的开始，也是他生命中最重要的一个夜晚。如果你想要复制让沃兹尼亚克产生创造力的条件，那就无法越过"家庭自酿"，还有那些志同道合的灵魂。你可能会认为，沃兹尼亚克的成就正是合作产生创造力的鲜活例子。你可能会得出结论：如果想要创新，就要在高度社会化的地方工作。

但你很可能错了。

想一下沃兹尼亚克在参加门洛帕克的聚会之后做了什么。他有没有同俱乐部成员们一起设计计算机呢？没有。（虽然他每个周三都会出席聚会。）他有没有找一间宽敞、开阔、充满愉悦气氛却又纷乱的办公室，让各种思想"交叉授粉"呢？也没有。当他描述自己制造第一台个人电脑的经历时，最让人震惊的是，他竟然独立完成了全过程。

沃兹尼亚克大部分的工作是在惠普的办公室里完成的。他通常在早上6点半到达办公室，在早晨的时间里独自一人，读一份工程杂志，研究芯片手册，活动他的大脑，为设计做好准备。下班回家后，他会做一份简易的意大利面或者加热一份速食晚餐来吃，之后会再回到办公室，一直工作到深夜。他形容宁静的午夜和孤独的清晨为"最让我兴奋的一段时光"。而在1975年6月29日晚上10点左右，他的努力得到了回报——沃兹完成了他的原型机。他敲击了键盘上的几个键，随后字母在他面前的屏幕上显示了出来。这是一个突破性的时刻，我们大多数人梦寐以求的时刻。而这一刻，他是独自一人。

他说他是故意为之。在他的回忆录里，他给那些想要获得伟大创造力的孩子提出了建议：

> 我见过的多数发明家和工程师都是我这样的——他们很腼腆，他们活在自己的思想里。他们很像艺术家。事实上，他们中

间最优秀的人都是艺术家。艺术家工作的时候，最好能够保持独处，这样他们可以控制一项新发明，而不被那些要把这个东西市场化的人或组织的想法所干扰。如果你是那种罕见的既是发明家又是艺术家的工程师，那我就要给你一点可能很难做到的建议了。这个建议就是：独立工作。如果你一个人工作，那你最有可能设计开发出革命性的产品和功能——不是在一个组织里，也不是在一个小组中。

* * *

1956—1962年是一个社会僵化统一的时代，加州大学伯克利分校的个性评价与研究学会开展了一系列关于创造力本质的研究。研究人员试图找出那些最有创造力的人，然后再找出是什么让其与众不同。他们列出了一个名单，上面有建筑学家、数学家、科学家、工程师还有作家，这些人都在各自从事的领域中有过突出贡献。研究人员邀请他们在周末到伯克利分校做性格测试、问题解决方面的实验，并探讨一些相关问题。

之后，研究人员又找了一些与受试者专业相同，但是并没有做出突出贡献的人来进行同样的测试。

其中一个被后来的研究再次验证的有趣发现显示，那些创造力更强的人往往在社交活动中扮演内向者的角色。他们往往具有人际交往的技能，"却不热衷于社交或参与活动"。他们称自己独立且有些个人主义。在青少年时期，他们往往是腼腆而孤独的。

这些发现并不意味着内向者比外向者更富有创造力，却说明了那些一生都有源源不断创造力的人中，有很多内向者。这是为什么呢？难道沉默的性格中有一些难以言说的品质，可以不断激发一个人的创造力吗？也许是这样的，你会在第6章中找到答案。

然而，对于内向者的创造性优势，有一个并不明显却有着强大影响力的解释，而且是每个人都能从中获益的解释：内向者喜欢独立工作，而孤独是创新的催化剂。心理学大师汉斯·艾森克曾指出，内向者"会全神贯注于手头的任务，防止一切与工作无关的社交和两性问题的干扰"。换句话说，如果你在后院的一棵苹果树下坐着，而其他人在院子里举杯畅饮，那你就更有可能成为被苹果砸中的人。（牛顿是世界上伟大的内向者之一，威廉·华兹华斯曾这样称颂他："一个永恒的精神／在思想的海洋里独自邀游。"）

*　*　*

如果孤独是创造力的关键所在，那么所有人可能都想要尝尝孤独的滋味。我们会教自己的孩子独立工作，会给员工们更多的隐私和自主权。但事实上，我们正朝着相反的方向渐行渐远。

我们大概总觉得自己生活在一个创造性个人主义的伟大时代。回顾20世纪中叶，那个伯克利分校的研究者们开展创造性研究的时代，我们会产生优越感。不同于20世纪50年代那个墨守成规的年代，现在我们在墙上挂着爱因斯坦的海报，海报上的他伸出舌头，一副打破旧习的样子。我们听着独立音乐，看着独立电影，在网络上发布着我们自己的故事。我们"不同凡'想'"（即使这句话是从苹果电脑著名的广告语中学来的）。

但是，我们在建构那些最重要的机构（如学校、工作场所）的方式上，就完全不同了。这是一个关于当代现象的故事，我姑且称之为"新集体思维"。该现象有可能扼杀生产力，并剥夺学童的某些技能，而这些技能是他们在这个竞争日趋激烈的世界里成就卓越的必备条件之一。

新集体思维将团队工作视为重中之重，它坚持的观念是，创造力和智力成果来源于群居之地。这种观念有着众多著名支持者。"创新——知识经济的心脏——从根本上说是带有社会性的。"杰出的记者马尔科姆·格拉德威尔如是说。组织顾问沃伦·本尼斯则宣称"个人的智慧永远不及集体的才能"，在他的著作《组织天才》（Organizing Genius）的第一章里，开篇就预示了"大集团"以及"伟人时代的终结"。克莱·舍基在《未来是湿的》一书中写道，"许多我们眼中的个人性的工作，实际上也需要团队来完成"，即使是"米开朗琪罗也有助理来帮忙粉刷西斯廷教堂的天花板"。（他没有考虑到的是这些助理的工作可能会互换，而米开朗琪罗却无可替代。）

新集体思维为众多企业所青睐，在这些公司里，把劳动力整编成工作小组的做法越来越流行，并在20世纪90年代得到了普及。据管理学教授弗雷德里克·摩根森统计，到2000年，美国企业中约有一半在运用团队管理体系，而今天，几乎所有的企业都在使用这种管理方式。一项调查显示，91%的高管人员认为团队是成功的关键。顾问斯蒂芬·哈维尔告诉我，在2010年与他合作的30家主要机构中，包括彭尼公司、富国银行、戴尔电脑以及保诚集团，他甚至找不出一家没有使用团队管理的公司。

在这些团队中，有一部分是远程工作的，他们在相距甚远的地方与其他人共事，还有一些团队则需要大量面对面的互动，包括团队建设和团队静修等，团队成员须在线分享日程安排以确定能否参加会议，其工作场所为员工提供的私人空间也非常有限。如今，员工都在开放式环境中办公，在这样的环境里，他们没有自己的房间，唯一的墙壁就是那些起着支撑整个大厦作用的主墙，高管则在开放式办公区的中心与其他人一起工作。事实上，如今超过70%的雇员都在开放式工作环境中办公，采用这种办公环境的包括宝洁公司、安永会计师事务所、葛兰素史克公司、美国铝业公司和亨氏公司等。

每个员工的工作空间，由20世纪70年代的人均46平方米，减少到了2010年的18平方米。这个数据来自彼得·米斯科维奇，他是仲量联行的总经理。斯蒂尔凯斯的首席执行官詹姆斯·哈克特对《快公司》杂志的记者说："如今，工作中出现了一个从'我'到'我们'的转变。过去，员工通常是在'我'的话语环境下独立工作的；现在，小组协作或者团队合作被大家广泛认可并提倡。我们的产品就是为了方便小组作业而设计的。"而斯蒂尔凯斯的竞争对手，同为家具制造商的赫曼米勒公司不仅引进了为顺应"走向合作和工作区域的团队化"发展的新设计，还将公司的高管人员由私密的办公室转移到开放式办公空间。2006年，密歇根大学罗斯商学院拆除了一座教学楼，部分原因就是这座教学楼没有为大规模群体互动而设置的设施。

新集体思维同样也在学校里有所体现，具体表现即"协作"或"小组学习"教学模式的日益普及。在很多小学里，传统的面对老师的排座方式已经被豆荚形的排座方式取代，这种排座方式是将4张或者更多的课桌摆在一起，以促进各种各样的小组学习活动。就连数学、写作这样本应独立完成、独自思考的科目，也以小组学习的形式来教授。有一次我参观了一个四年级的教室，那里有一个很大的提示牌写着"小组作业规定"，其中包括"你只能向老师询问小组内所有成员都有疑问的问题"。

2002年一次对1 200多名四年级和八年级老师的全国性调查显示，55%的四年级老师更倾向于小组学习，只有26%的四年级老师认为教师主导的方式更好。仅有35%的四年级老师和29%的八年级老师会用一半以上的课堂时间进行传统的授课，而42%的四年级老师和41%的八年级老师会分配1/4的课堂时间用于小组学习。在较年轻的老师中，小组学习的模式更普遍，这就意味着这种趋势会在未来的一段时间内持续下去。

这种合作方式有着进步的政治根源——理论上讲，学生们在从别人那里学到一些东西的时候就会将其内化为自己的知识。此外，根据我在纽约、密歇根和佐治亚采访的公立小学和私立小学的老师的反馈，这种模式也会训练孩子们在典型的美国企业中进行有效的自我表达的能力。"这种教学风格反映了商界所带来的影响。"一位曼哈顿公立学校的一年级老师告诉我，"在商界，人们对其他人的尊重不是基于他们的创造力和洞察力，而是源于他们的语言表达能力。你要做一个会讲话的人，还要能引起别人的注意。这是一种以非成绩标准来衡量的精英主义。"一位佐治亚州迪凯特的三年级老师解释说："如今，商界流行团队作业，因此在学校孩子们也应如此。"教育顾问布鲁斯·威廉斯则称："合作学习可以提升孩子们的团队工作技能，这种技能在工作领域是必备的。"

威廉斯同样认为领导力训练是合作学习中的一个主要亮点。事实上，我遇到的老师似乎都更关注培养学生的管理技能。我参观位于亚特兰大市中心的一所公立学校时，一位三年级的老师举了一个安静的学生的例子，他喜欢"做自己想做的事"。"但我们让他在早晨负责学校的安全巡逻，这样他也有了做领导者的机会。"她这样向我保证。

不可否认，这位老师和蔼而充满善意，但我不知道如果我们能够意识到，并不是所有人都渴望成为传统意义上的领导者，那么对于这个要负责安全巡逻的学生以及与他相似的孩子而言，他们的状态会不会因此而有所改善——要知道，有的人希望和谐地融入集体，也有一部分人希望独立于集体之外。通常情况下，那些创造力非凡的人都是后者。正如珍妮·法拉尔和莱奥妮·克龙堡在《领导力发展的资优与才干》一文中所写：

> 虽然外向者通常会在公共领域获得领导权，但内向者则会在理论和美学领域获得话语权。那些出色的内向型领导者，比如查尔斯·达尔文、玛丽·居里、帕特里克·怀特以及亚瑟·博伊德，都曾在思想界开拓了新的领域或者重塑了已有的知识框架，他们生命中很长的一段岁月都是在孤独中度过的。因而，领导力并不只诞生于社交情境下，同样会在孤独情境中产生，比如在艺术领域发展新技法、创造新哲学、撰写深刻的书籍，以及在科学领域有所突破。

新集体思维的出现时间并没有一个定论。合作学习、企业团队作业以及开放式办公环境均在不同的时间出现，而且出现的原因也不尽相同。但是，推动这些潮流整合成巨大浪潮的强大力量是互联网，它为"协作"这个概念增添了冷静和庄严的气息。在互联网上，那些令人震惊的创造是通过群体智慧的碰撞而诞生的，比如 Linux 资源开放式操作系统、维基百科、在线百科全书、MoveOn.org、草根政治运动。这些集体的大制作产生的效果呈指数增长，远远大于各个部分相加的总和，它们是如此让人心生敬畏。正因如此，我们开始崇拜这种蜂群意识、集体智慧，以及集思广益的奇迹。"协作"从此变成一个神圣的概念，成为成功的关键要素。

　　然而，让我们更进一步地探讨这个问题。我们只重视透明度的价值，并且推翻了那些挡住视线的墙——不仅仅是在网络上，也在个人生活中。但我们没有意识到，那些在网络条件下对异步性和相对匿名性的互动起作用的因素，可能在面对面的、政治味十足、有噪声限制的开放式办公空间里起不到任何作用。我们没有区分网络互动和面对面互动，因为我们总是用其中一种经验来推断另一种情况。

　　这也就解释了为什么当人们谈论新集体思维的某些方面，比如开放式办公空间时，总是不自觉地提到网络。Mr.Youth（年轻人）社会营销公司总裁丹·拉方丹在接受美国国家公共广播电台采访时说："既然员工都会上脸书、推特以及其他一些网站，那么他们没有任何理由在上班时间藏在一堵墙后面。"另一名管理领域的顾问也对我讲了类似的话："办公室的墙，顾名思义，就是一种屏障。你的思维方式越新颖，你就越不想要界限。那些设置开放式办公空间的公司都是些年轻的公司，就像互联网一样，只是一个少年。"

互联网在促进面对面的小组工作上的作用，简直就是讽刺。因为早期互联网充当的是中介的角色，用以联系那些内向的人——例如法拉尔和克龙堡描述的那种享受孤独的领导者——让他们聚集在一起颠覆和超越那些寻常的解决问题的方式。一项1982—1984年的研究调查了1 229名美国、英国和澳大利亚的计算机专业从业者，结果显示，绝大部分早期计算机爱好者都很内向。"开放的资源会吸引内向者，这是一个从科学上讲得通的自明之理。"一位硅谷的顾问及软件开发商戴夫·史密斯说。他所指的是通过向网络公众开放源代码，并允许他人以复制、改进和传播的方式来生产软件。许多人的动力源于渴望投身于开发应用范围更广的产品，并希望他们的成就能够被自己看重的群体认可。

然而，最早的开放式源代码的创作者并不在开放式办公场所工作，他们甚至都不在同一个国家生活。他们的合作都发生在互联网上，这一点值得注意。如果你把那些创建了Linux的人聚集到一起，把他们安置在一个巨大的会议室里待上一年，并且要他们开发一个新的操作系统，那么我很怀疑像Linux这样具有革命性的系统还会不会产生——至于原因，我们将在本章其余部分进行探讨。

***

心理学家安德斯·埃里克森从15岁起学习国际象棋，他总是在午餐时间的象棋比赛中完胜其他同学，因此他认为自己棋艺精湛。直到有一天，班里棋艺最差的一个男孩开始场场告捷。

埃里克森对此感到很疑惑。"我真的想了很多,"他在与《一万小时天才理论》的作者丹尼尔·科伊尔的一次访谈中回忆道,"为什么那个我曾经可以轻易击败的男孩,如今会如此轻松地战胜我?我知道他在学习,他还会去国际象棋俱乐部,但是究竟发生了什么?真相又是什么?"

正是这个问题推动了埃里克森的整个职业生涯:那些精英如何在他们的专业领域中变得如此伟大?为了探寻这个问题的答案,埃里克森在多个领域进行了研究,包括国际象棋、网球和古典钢琴。

在一个著名的实验中,埃里克森及其同事比较了三组西柏林音乐学院的专业小提琴手。研究者让教授将学生分成三组:A组是"最棒的小提琴家",这一组学生最有可能成为国际小提琴独奏家,B组是"优秀的小提琴家",C组是要做小提琴老师而非演奏家的学生。然后,研究者采访了这些学生并要求他们详细记录其时间分配。

研究者在这三个小组之间发现了极大的差别。三个小组参与音乐相关活动的时间完全相同,即每周超过50小时,他们上课的时长也大致相同。但是,两个较优秀的小组将他们大部分与音乐相关的时间用于单独练习:相对于A组的每周24.3小时,或者说每天3.5小时,C组只有每周9.3小时,即每天1.3小时。A组将单独练习视为他们所有音乐活动中最重要的部分。与精英音乐家——甚至是那些在乐团里演奏的人——的独奏练习相比,小组练习简直可以称为"休闲"了。

埃里克森及其同事从其他的专业演奏者身上,也发现了"孤独"带来的类似效果。例如,"认真独立练习"是预测世界级棋手水平时最为重要的指标;而大师级的象棋选手,通常要在最初学习下象棋的

10年间花上5 000小时——几乎是中级选手5倍的时间——来独自钻研象棋。大学生当中，随着时间的推移，那些善于独立学习的学生要比那些利用小组学习的人能学到更多东西。即使是那些团体项目的精英运动员，也会花更多的时间用于单独练习。

孤独究竟有什么魔力？埃里克森告诉我，在许多领域中，只有当你是一个人的时候，你才能真正投入所谓的"刻意练习"中，他认为这正是取得杰出成就的关键。当你去刻意练习的时候，你会发现那些知识或者任务是超出你能力的，因此，你要努力去提升你的表现，监测你的进程，并且随时做出修正。练习如果未能按照以上的标准进行，那么不仅效用不大，甚至会适得其反，这样的练习会巩固现有的认知机制，而不会对此做出改善。

刻意练习最好独自进行，原因如下：它需要精神高度集中，身边若有其他人可能会分散掉一部分注意力；它有深度的动机，而这种动机往往是自我产生的；最重要的是，这包含着攻克对你最有挑战性的任务。埃里克森告诉我，只有当你是一个人的时候，你才能"直面让你觉得有挑战性的部分。如果你想在工作上有所突破，那你就要成为做出行动的人。想象在一个小组里，你即使做出了行动，也只能起微弱的作用"。

想要了解刻意练习的具体行动，我们只需要参看史蒂夫·沃兹尼亚克的故事就足够了。"家庭自酿"的聚会是激发他设计出第一台个人电脑的催化剂，但是知识的积累和工作习惯也从另一个角度让这个设计的出现变成了可能：沃兹尼亚克从孩提时代就已经开始了工程上的刻意练习。（他认为要想在某个领域成为真正的专家，就要花近

10 000个小时来进行刻意练习，因此，如果从小就进行这种训练，就会比较有效。）

在他的自传里，沃兹尼亚克说他在孩提时代就对电子学产生了强烈的兴趣，并且在无意中阐述了埃里克森强调的所有刻意练习的元素。首先，存在一个激发机制：他的父亲是洛克希德公司的一名工程师，他教育沃兹尼亚克工程师可以改变人们的命运，而且工程师是"世界上最重要的人物"。其次，沃兹尼亚克说，他在积累专业知识的过程中可谓举步维艰。由于他参观了无数的科技展会，他表示：

> 我从中获得了一个贯穿我职业生涯的最重要的核心能力——耐心。我说这些是很认真的。耐心往往会被人们低估。我的意思是，在各种项目中，从三年级到八年级，我明白了学东西要按部就班，也明白了如何把那些电子设备组装起来而不搞坏它……我学会了不要太在意结果，而是在我关注的步骤上专心致志，并且要尽我所能将手头上的工作做到最好。

最后，沃兹尼亚克通常是独自工作的。这一点不一定是出于个人选择。与很多喜欢技术的孩子一样，他在初中的时候，也曾经在社交问题上摔了一个大跟头。当他还是个小男孩时，人们都会称赞他在科学上的才能，但是上初中后，似乎没有人关注这一点。他讨厌闲聊，而且他的兴趣似乎与他的同伴都不一样。在一张上初中时拍的黑白照片上，沃兹尼亚克的头发剪得短短的，看上去愁眉苦脸，却自信满满地指着他在科学节上赢得的加减法计算器，那个计算器是一个盒子模样的小发明，缠满了电线，还带着按钮。然而那些年的尴尬处境并不能阻止他对梦想的追求，相反，也许正是这些挫折孕育了他的梦想。沃兹尼亚克说，如果不是因为太过内向而不愿意外出，他就不会有时间学到那么多电脑方面的知识。

没有人愿意选择这种苦不堪言的青春期，而事实是，沃兹尼亚克青少年时期的孤独，以及将自己专注之事转变为一生的事业的行为，正是创造力非凡之人的典型特征。心理学家米哈里·契克森米哈赖在1990—1995年做了一项研究，研究对象是91名在艺术界、科学界、商界以及政治界表现出卓越创造力的人，他们当中有很多人都在青春期阶段处于社交圈的边缘，从某种程度上讲，原因就是他们"非常感兴趣或专注的领域对于同龄人来说都太不可思议了"。那些在社交生活中如鱼得水的青少年往往不会花太多时间独处，也就很难培养自己的才能，"因为练习乐器或者学数学所需的那种孤独恰恰是他们最害怕的"。想必大家都很熟悉《时间的皱纹》一书的作者马德琳·英格，她有60余部作品流传于世。马德琳说，如果不是因为小时候把时间都用在阅读和思考上，她根本不可能成为一名如此大胆的思想家。当查尔斯·达尔文还是个孩子时，他很容易就能交到朋友，可相比于此，他更喜欢一个人散步。（他成年之后依然如此。他在婉拒著名数学家巴贝奇的晚宴邀请时说："亲爱的巴贝奇先生，万分荣幸收到您寄给我的晚宴邀请函，但恐怕我要让您失望了，因为在晚宴上我不得不面对许多人，而这些人中，有很多是我曾对其发誓说自己从不参加社交活动的。"）

这些杰出的表现并不仅仅源于我们通过刻意练习打下的基础，还需要合适的工作条件。而在当今的工作环境中，满足这些条件变得格外不容易。

＊＊＊

做顾问的好处之一就是可以近距离地感受许多截然不同的工作环境。汤姆·德马科是大西洋系统协会顾问团队的主要成员，在职业生涯中，他见识过的办公室不胜枚举，他注意到，有些办公场所格外拥挤。他很想知道，由此带来的社交活动会在工作中产生什么样的影响。

为了探寻答案，德马科与他的同事蒂莫西·李斯特设计了一项研究，名为"编码战争游戏"，目的是测定那些最佳和最差的计算机程序员的性格。来自92家不同公司的600多名程序开发人员参与了这项研究，每人都需设计、编码并测试一个程序，所有流程都在他们的办公场所及办公时间内进行。每一位参与者还被指派了来自本公司的同事作为伙伴。伙伴都是独立工作的，他们之间无沟通是这个游戏的关键所在。

结果出来的时候，他们发现这些程序开发人员之间存在着巨大的差异。最佳的与最差的之间，从比率分析数值上看结果为10∶1，顶尖程序员优于中游人员2.5倍。而当德马科和李斯特试图找出究竟是什么因素引发了这个巨大的差异时，那些你脑海中浮现的因素，诸如工龄、薪水，甚至是完成这项工作的时间，几乎都和这个结果没有必然联系。那些在这个领域工作了10年的程序员并不比那些只工作了两年的人做得好，那些中上游的程序员的薪水甚至比那些下游的程序员少了10%——即使他们的设计要好两倍以上。那些零瑕疵的程序员花的时间较少，而那些程序中错误不断的程序员却用了更多的时间。

这件事情依然是个谜，但有一个有趣的线索：同一家公司程序员的表现，或多或少处在同一个水平上，即使他们并没有在一起工作。这是因为，那些表现最佳的员工大部分都选择为那些能给他们提供最大限度的隐私、个人空间并能自主控制其工作环境的公司服务，而这些公司也能让其员工免于受到干扰。62%的表现最佳者称，他们的办公环境比较私密，而表现最差的那部分程序员中，只有19%的人认为他们的工作环境还算私密；76%的表现最差者称他们在工作中会被一些不必要的事情打断，而相同的情况在表现最佳者中只有38%。

"编码战争游戏"在科技界众所周知，然而德马科和李斯特的发现却超越了程序员这个小圈子。近期众多关于各个行业开放式办公室的数据均证实了他们的结论。研究发现，开放式办公室会降低员工的工作效率，也会弱化其记忆力。这种模式的办公环境也与员工的高流失率密切相关：开放式办公环境会让他们觉得难受、互相敌对、无动力以及缺乏安全感。在开放式办公室工作的员工患高血压的概率更高，同时压力也更大，并且更容易感冒；他们与同事发生争执的频率更高；他们担心同事会偷听他们的电话、窥视他们的电脑屏幕；他们与同事之间关于个人话题的交谈越来越少；他们时常要忍受难以控制的噪声，这会提高他们的心率，产生抗压激素——皮质醇，而这些还会让人们产生社交距离感以及易怒、好斗的情绪，甚至会弱化帮助他人的倾向。

事实上，过度的刺激似乎会妨碍学习：近期的一项研究发现，人们在一次安静的丛林漫步之后，学习效果远远优于穿过一条喧闹的城市街道。而另一项对 38 000 位来自多领域的知识工作者的研究发现，在工作中被打断是提高效率的最大障碍。而多任务的复杂行为，正如如今"办公室战士"们所重视的多任务处理，也变成了不可能的任务。科学家了解到，人的大脑是不能同时专注于两件事情的。看起来是多任务的工作，实质上也是在多个任务之间来回转换，这样一来就降低了效率，也会使失误率高达 50%。

许多内向者似乎本能地知道这些，因此会抗拒被聚到一起。主干娱乐（Backbone Entertainment）是一家视频游戏设计公司，位于加利福尼亚州奥克兰市，该公司最初采用的是开放式办公室，后来，公司发现游戏开发人员中有许多内向者，而他们对这种作业模式非常不满。前创意总监麦克·米卡回忆说："那是一个大型仓库，里面摆着桌子，没有墙壁，所有人都一览无余。之后我们调整为隔断式办公，我们起初还很担心，因为你想，在一个创意型环境中，人们应该会讨厌这样的隔断。而事实证明，他们更喜欢拥有可以躲藏的角落，这样他们就可以跟别人隔开了。"

类似的情况在锐步国际也出现了。2000 年，公司整合了 1 250 名员工到位于马萨诸塞州的总部。管理者认为鞋履设计师可能希望在自己的办公空间能有充足的接触他人的机会，以此来激发头脑风暴（这种想法大概来自他们的 MBA 课程）。所幸，他们先与设计师们进行了沟通，得知后者想要的是一个平和而安静的办公场所，这样他们才能全神贯注于设计之中。

这对于 37signals 网络应用程序公司的创始人贾森·弗里德来说

并不是什么新闻。从 2000 年成立以来，弗里德咨询了成百上千的人（主要是设计师、程序员以及作家），询问他们要完成某件事情的时候，最希望在什么样的环境下进行。他发现，这些人最反感的地点就是他们的办公室，觉得那里又吵又容易被打扰。所以弗里德的 16 名员工中只有 8 名在芝加哥（37signals 创建的地方），他们不需要在工作时间露面，甚至连会议都不用出席。尤其是会议，弗里德觉得那简直就是对员工的"荼毒"。弗里德并不反对合作，在 37signals 的主页中就宣称其产品有着让合作变得高效而愉悦的作用。但他更喜欢被动的合作形式，比如电子邮件、即时通信以及网上聊天工具。那他对其他员工有什么建议呢？他说："取消下一个会议，不要让这种事情再出现在你的日程表上，把它从你的记忆中抹掉。"他还建议设立"安静的周四"，这意味着每周的周四，员工之间是不允许交谈的。

弗里德采访的那些人道出的都是富有创造性的人深以为然的事情。比如，卡夫卡在工作的时候是不允许任何人接近的，即使是他深爱的未婚妻也不行：

> 你曾经说你想在我写作的时候坐在我旁边，可是，那样的话，我一个字也写不出来。写作意味着自我剖析，最大限度地自我启发和服膺，在这个过程中，对于一个人来说，一旦被牵引到别人的世界里，就会深感自我迷失，因此，只要他还沉浸在思想中，他就会蜷缩在自己的世界里……这也就是为什么一个人写作的时候，会觉得孤单永远不能填满自己的心，身旁的静谧永远不能满足自己的灵魂，连夜都不再是夜。

即使是普遍被人们认为性格开朗的西奥多·盖泽尔（即"苏斯博士"），也会躲在他的私人工作室里度过大部分的工作时间。他工作室的墙上贴满了各式各样的草图和工程图，而值得一提的是，这间工作室位于他在加利福尼亚州拉霍亚的一座钟楼里，就在他家附近。与他幽默诙谐的表述方式形成对比的是，盖泽尔其实是个安静的人。他很少到公共场合去见自己年少的读者，他担心孩子们期待的是一个快乐、坦率的"戴帽子的猫"似的人物，见到他之后，要是发现他是个羞涩的人，孩子们会觉得很失望。"在人群里，'孩子们'会让我害怕。"他坦言。

*　*　*

如果说个人空间是创造力的关键所在，那么自由就来自同侪压力了。想想看传奇广告人亚历克斯·奥斯本的故事。如今"奥斯本"这个名字已经不能震慑人心了，但在20世纪上半叶，他可是被同辈所铭记的、具有传奇色彩的文艺复兴式的人物。奥斯本是天联广告公司（BBDO）的创始合伙人，然而成就奥斯本的却是写作。他的作家生涯是从1938年的一天开始的——一位杂志编辑邀请他共进午餐时，询问他的爱好是什么。

"天马行空。"奥斯本回答道。

"奥斯本先生，"编辑说道，"那样的话，你应该写本书。这件事可是这些年来一直等着你去做的，没有什么事情比它更重要了。你必须得在这件事情上花一点时间和精力，这是完全值得的。"

然后，奥斯本果然就这样做了。20世纪四五十年代，他写作了数本书，每本书都解决了一个他作为天联广告公司的首席领导者面临的难题：他的员工所缺乏的正是创造性。奥斯本坚信他们有很好的想法，可他们由于担心同事的评判而不敢分享这些想法。

对于奥斯本来说，解决方式并不是让他的员工独立工作，而是在团队工作中消除他们对评判的恐惧。他发明了"头脑风暴"这个概念，指的是团队成员在一个没有对错评判的气氛中交换意见。头脑风暴有4条原则：

  1. 庭外判决原则。
  2. 畅所欲言，自由发言，想法越荒诞越好。
  3. 数量为上，想法越多越好。
  4. 结合他人的想法拓展思路。

奥斯本深信，小组只要从社会评判的桎梏中解脱出来，就会比那些独行侠创造出更多更优秀的想法，还能大胆主张自己最中意的方式。"集思广益所产生的定量结果毋庸置疑。"他写道，"一个小组为家电促销想出了45种方法，为善款募捐总结了56条建议，为增加毛毯销量提供了124种想法。15个小组同时针对一个问题进行了集体探讨，结果得出了800多种想法。"

奥斯本的理论产生了巨大的影响，许多企业的领导者开始欣然实行这种头脑风暴策略。如今，美国企业的员工经常与同事们置身于摆满了白板、标签的房间里，听一位精力充沛的主持人鼓励大家积极融入其中，这实在是太平常的事情了。

奥斯本这个突破性的理念也存在一个弊端：集体思维模式并非总是有效。1963年，人们进行了第一项证明这个弊端的研究。美国明尼苏达大学著名心理学教授马文·邓尼特组织了48位科学家和48位广告业高管（这些人都是3M公司的男性雇员），要求他们分别进行独立思考和头脑风暴。邓尼特深信那些高管会在集体活动中获益，他只是不清楚那些研究型科学家或那些他认为更内向的人，会不会从团队工作中获益。

邓尼特将两组男子分别分成12个小组，每组4人。每个小组会就一个特定的问题进行讨论，例如：如果出生时长了6根手指会带来什么样的困难或优势？而每个小组中的每个人也会有一个类似的问题要解决。邓尼特和他的研究小组统计了所有的想法，将那些小组讨论所得的想法与个人的思考结果进行对比。为了实现对照组的统一化，邓尼特将个人的想法同小组中其他三人的想法汇集起来，就像这些主意是他们通过正常的讨论得到的一样。研究者还对这些想法的质量进行测定，根据可能性量表对其打分，最不可能的想法为0分，最有可能的为4分。

结果非常明确。24个小组中有23个组显示，成员在独立工作时会比小组协作时得到更多想法。同时，他们在独立工作中得出的想法，在质量上等同于或高于小组协作共同得出的想法。而那些广告业高管在小组讨论中并不比那些邓尼特以为很内向的科学家做得好。

此后的40多年间，对这一问题的研究得到的结论极为相似。研究表明，随着小组规模的扩大，人们的表现越来越糟糕：同6人小组相比，9人小组得出的想法明显数量少而且质量差，而6人小组和4

人小组相比也相去甚远。组织心理学家阿德里安·弗恩海姆在研究报告中写道:"科学证明,商界人士如此热衷于头脑风暴实在是全无道理。如果你的员工才华横溢并且积极进取,那么在处理创造性和效率为上的任务时,你就应该鼓励他们独立工作。"

唯一的特例就是网络上的头脑风暴。研究显示,只要组织有序,网络上的集体讨论就会优于独立思考;研究还表明,参与讨论的成员越多,集体的表现就越好。学术研究也是如此,身处各地的教授通过在线讨论,往往会比独立或面对面的合作研究得出更有影响力的结论。

我们不必对此感到惊讶,正如我此前提到的,正是在线合作的奇妙力量首先激发了新集体思维。如果不是一次又一次有启发性的在线头脑风暴,怎么会有 Linux 系统或维基百科的出现呢?但是,也正是因为我们被网络上的合作深深震撼,我们高估了所有的小组协作,让独立思考变成了牺牲品。我们没有意识到的是,在线合作实质上依然是独立工作的一种形式。然而,我们认为这种在线合作的成功可以在现实世界里被复制。

事实上,现实证明,即使头脑风暴并没有奏效,也依然广为流行。头脑风暴的参与者往往高估集体的成果,这也就解释了为什么这种形式会持续流行——小组头脑风暴着实会给人带来一种联结感。在大多数人看来,比起创造力,社会凝聚力于集体更有益。

***

心理学家通常会为小组头脑风暴的失败提供三种解释。第一种解释为社会惰化（social loafing）：在一个小组中，有的人会袖手旁观，把所有的工作都丢给队友。第二种解释为产生式阻碍（production blocking）：小组中只有一位成员在滔滔不绝或者能迅速产生一种想法，而其他的小组成员则处于被动听取的状态。第三种解释则为评价焦虑（evaluation apprehension），指的是对在同伴面前出丑的恐惧。

奥斯本提出的头脑风暴的规则是为了消除这种焦虑，然而研究发现，对于当众出丑的恐惧是一股极强的力量。比如，在1988—1989年赛季篮球联赛中，由于麻疹疫情严重，学校隔离了所有的学生，两支NCAA球队在没有一个观众的情况下打了11场比赛。在没有任何球迷，甚至没有主场支持者让他们觉得紧张的情况下，两支球队都打得比往常精彩得多（高罚球命中率就能说明问题）。

行为经济学家丹·艾瑞里在一项对字谜游戏的研究中发现了类似的情况，39名参与者被要求独自猜谜和在有他人在场的情况下猜谜。艾瑞里预测，人们在公共环境下会表现得更好，因为有观众在场他们就会有较强的表现欲。事实却恰恰相反，观众在场确实会给参与者带来一定的激励情绪，但与此同时，也会给他们带来压力。

至于评价焦虑，事实上我们能做的很有限。可能你觉得这个问题可以通过意志、训练或者遵循亚历克斯·奥斯本的小组原则来克服，然而，最近的神经科学研究表明，这种对于评判的恐惧植根之深与影响之广远远超过了我们的想象。

1951—1956年，随着奥斯本的小组头脑风暴的不断发展，一位名为所罗门·阿施的心理学家进行了一系列著名的实验，以证实团体影响的危害性。阿施将大学生志愿者分成几个小组，并对他们进行了一次视觉测试。他让受试者们看一张画有3条不同长度线段的纸，并且用第四条线段来提问：这4条线段中哪一条最长？同一张纸上的3条线段从长度上来看哪一条和第四条相同？他的问题非常简单，95%的学生都给出了正确答案。

然而，当阿施在这些小组中安插了演员之后，演员们故意表现出相当的自信并给出相同的错误答案，此时，答案完全正确的学生比例陡降到25%。也就是说，有75%的参与者至少在一个问题上会被小组的错误答案牵着鼻子走。

阿施的实验证明了从众心理的力量，而奥斯本也试图将我们从从众心理中解放出来。但他们都未解释为什么我们这么容易迎合别人的观点。这些迎合众人的人究竟想了些什么？他们对于线段长度的判断是基于同伴压力而改变了，还是因为担心自己不合群而故意给出错误答案？数十年间，心理学家对此迷惑不解。

如今，在大脑扫描技术的辅助下，我们大概可以得出基本正确的答案。2005年，埃默里大学神经科学家格雷戈里·伯恩斯决定让阿施的实验更进一步。伯恩斯和他的团队总共招募了32名志愿者，志愿者中既有男性也有女性，年龄为19~41岁。这些志愿者也被分成若干小组，每位小组成员都会在电脑屏幕上看到两幅不同的三维物体图像，他们的任务就是看第一个物体能不能通过旋转成为第二个物体。实验者用功能磁共振成像（fMRI）扫描仪来拍摄受试者遵从或是反对团体意见时的脑部活动。

实验得到的结果既让人觉得困惑又带有启发性。首先，他们的结论再次证实了阿施的发现。当志愿者独立进行测试时，他们给出的错误答案只占到 13.8%；而当他们在一个小组中一起来做这个测试并一致给出错误答案时，他们对于小组结论的同意率高达 41%。

其次，伯恩斯的研究也揭示了人们迎合他人的原因。当志愿者们一个个做这项测试时，大脑扫描显示活动的大脑区域包括枕叶和顶叶，这两个区域与人的视觉和空间直觉密切相关，而额叶掌控的则是有意识的决策。但当志愿者迎合小组的错误答案时，他们的大脑活动就变得大不相同。

别忘了，阿施想要获取的信息是，人们究竟是即使知道小组结论是错误的也要迎合，还是人们的观念会在小组中发生潜移默化的改变。如果是前者，伯恩斯和他的研究小组认为，他们应该看到更多发生在额叶的决策类大脑活动。也就是说，在这种情况下，大脑扫描会显示志愿者有意识地决定放弃自己的主张来迎合小组的意见。但是如果大脑扫描显示的活跃区域是与视觉和空间直觉相关的，就说明小组活动的过程已经改变了人们的观点。

事实究竟是什么呢？在这种迎合的过程中，大脑活动并不主要集中在额叶部分，而是集中在控制个人观点的区域上。换句话说，同侪压力并不只是会让人觉得不愉快，还会真切地改变你对某些问题的看法。

这些早期的研究结果表明，小组是可以改变人们想法的。如果小组所得的结论是 A，那么你也会觉得 A 是正确的。这并不表示你会有意识地让自己听从小组的意见："呃，我不确定，但是他们都说是 A，那我也听他们的吧。"你也不会刻意地想："我希望他们都喜欢我，所以我就假装同意这个答案是 A 好了。"不，你会做一些意想不到的，甚至是危险的事情。伯恩斯实验中多数的志愿者之所以会跟着小组的意见走，是因为他们认为自己"无意中得到了相同的答案"。换句话说，他们是盲目的，其程度与同侪所带来的影响密切相关。

这与社交恐惧又有什么关系呢？不要忘了，阿施和伯恩斯研究中的志愿者并不总是从众的，有时他们即使受到同侪的影响仍会坚持己见。而伯恩斯及其同事又发现，在这些实验中，受试者观念发生的微妙变化与杏仁核的活动相关——杏仁核是大脑中的一个小器官，控制着人们的负面情绪，比如对于被排斥的恐惧。

伯恩斯称其为"孤立的痛楚"，它有着相当深远的影响。很多生活中很重要的公民机制，从选举到陪审团审判再到多数裁定原则，都取决于不同的声音。但是，如果小组确实能改变我们的观点，而孤立会激发起最原始而有力的无意识的被排斥感，那么这些机制的健全程度，就要比我们想象中的脆弱得多。

* * *

当然，我一直在列举反对面对面合作的案例，但这并不是说这种合作模式毫无益处。毕竟，没有史蒂夫·沃兹尼亚克同史蒂夫·乔布斯的合作，就没有今天的苹果公司。每一对父母的结合，每一对父母同孩子的组合，其实都是一种创造性合作。事实上，研究表明，面对面互动带来的彼此之间的信任感，是在线互动所不能及的。研究还显示，人口密度与创造性也存在相关性，尽管在丛林中安静地漫步有其独特的优势，但生活在喧嚣的城市中，人们同样也可以从人际互动中获益。

我个人就有过亲身经历。我在准备写作本书的时候，就开始给自己创造一个适合写作的环境：我建立了自己的家庭办公室，准备了一张整洁的写字台、几个文件夹，腾出了一部分抽屉空间，并且营造了充足的光线——之后我忽然觉得，这样一来似乎生活就只剩敲打键盘了，我几乎与世隔绝了。结果，我写作本书的大部分时间都是在一家我最喜欢的咖啡馆里，那家咖啡馆就在我家隔壁，而且每天顾客络绎不绝。我这样做的原因与人们从新群体思维中获益的原因相同：他人在场有助于让我的思维产生发散式联想。那家咖啡馆里的顾客都趴在自己的电脑上，从他们脸上全神贯注的神情来看，我想我应该不是唯一一个在这个环境中完成工作的人。

然而，咖啡馆之所以能够成为我的办公室，是因为它拥有那些现代化校园和办公室所没有的特定属性。这是个社交场所，却给人以休闲之感，来去自由，会让我彻底从不受欢迎的纠结中解脱出来，更重要的是，我可以"刻意练习"我的写作。我可以在观察者和社交实践者的角色之间自由转换，同时，我还可以控制自己的环境——每天我都要选择是坐在咖啡馆的中间还是靠边坐，这完全取决于我当天是想当个看客还是做个被看客看的人。而且，如果我想要一个安静点儿的环境来校对当天的文章，我还可以选择离开。通常情况下，我只在咖啡馆坐几个小时，而不必像坐办公室一样，一天要待上 8 个、10 个甚至 14 个小时。

对于今后的工作方式，我的建议不是停止面对面的合作，而是改善我们现行的工作模式。首先，我们应该积极探索内向者与外向者共生的关系，工作任务的分配应该依据个人的天生优势和性格特质。研究表明,那些效率高的团队,都是由内向者和外向者按恰当比例组合而成的,领导结构也是如此。

我们还要为员工创造一个良好的办公环境,既要让他们能够在互动中畅所欲言,又要让他们在想集中精力独自工作时安静地工作,给他们留出私人空间。学校应该教给孩子们协作技能,这项技能是可以在强化练习和自我调节中掌握的,而与此同时,学校还应该刻意去强化孩子们独立完成任务的技能。认识到有些人——尤其是那些像史蒂夫·沃兹尼亚克那样的内向者——在努力工作时需要安静和私密的环境,是一件尤为重要的事情。

有的公司已经开始认识到安静和孤独的价值,从而营造了灵活的开放办公空间,提供了独立办公场所、静音区、休闲会议区、咖啡区、阅览室、计算机中心,甚至还设计了"街道"供人们闲聊以免打断他人的工作。在皮克斯动画工作室,近6.5万平方米的园区围绕一个足球场大小的中庭而建,那里有邮箱、自助餐厅,甚至还有浴室。这样做是为了创造更多的偶遇机会。同时,他们还鼓励员工们打造自己的办公室、小隔间、办公桌甚至办公区域,并且可以任由自己的喜好进行装饰。与之类似,在微软公司,很多员工也拥有自己的私人办公室,办公室是推拉门、移动墙,以及其他可移动设施,以便让员工自主决定何时加入到集体合作中,何时在私人空间中思考。系统设计研究员马特·戴维斯告诉我,这种多元化的办公环境既可以让内向者受益,又可以让外向者充分发挥才能,因为比起传统的开放式办公室,它提供了更多独处的空间。

我猜想,沃兹尼亚克本人也一定会支持这种办公场所的发展。在发明苹果个人电脑之前，沃兹在惠普做计算机设计，那是一份他相对比较喜爱的工作，因为惠普的办公环境让人与人之间的闲谈变得简单起来。每天上午10点和下午2点是公司的咖啡时间，大家在一起一边吃着甜甜圈喝着咖啡，一边交谈并交换想法。这种休息时段是为了让员工放松心情而设的。沃兹尼亚克在自传中称惠普是一个任人唯贤的地方：在那里，你的长相不重要；在那里，你不需要去玩一些社交游戏；在那里，没有人会逼你从你喜欢的工程师职位调换到管理层。这就是沃兹尼亚克眼中合作的真谛：悠闲地同别人一起分享一个甜甜圈，交换一下思路，不带任何偏见，同事们都衣着随意，也没有人会在意今天穿什么，他们可能会随时消失在自己的小隔间里去把工作做完。

第二部分

真实的自我与生理自我

Part
Two

第四章

性情=天生的命运?

———— * ————
先天、后天以及新基因假说

有些人对于一切都是确定的,而我对什么都不确定。

——罗伯特·鲁宾,《不确定的世界》

大约是 10 年前的一天。

凌晨两点钟，我还难以入睡，连想死的心都有了。

当然了，我不是有自杀倾向的人，但那是一场大型演讲前一天的夜晚，我的脑海里挥之不去的是对第二天会有什么意外的恐惧。万一我口干舌燥说不出话怎么办？万一听众觉得我的演讲太无聊怎么办？万一我晕场怎么办？

我当时的男朋友肯（如今已是我的丈夫）看着我辗转反侧不能入睡，对我的苦恼表示难以理解。作为一名前联合国维和人员，他曾在索马里遭遇伏击，但我觉得他那时的恐惧也不能与我此刻的担忧同日而语。

"想想那些开心的事情吧。"他一边说着，一边抚摸我的额头。

我直勾勾地盯着天花板，眼泪像断了线的珠子。什么是开心的事情呢？谁能在满是讲台和麦克风的世界里高兴起来呢？

"世界上有数十亿人不会关心你的演讲。"肯带着同情说。

这句安慰让我好过了大约有 5 秒钟。我回头看了看表，好不容易熬到了 6 点半。至少，最糟糕的部分——前一夜，已经挨过去了；明天这个时候，我就解放了。但是，首先我还要熬过今天。我换上正装，又加了一件外套。肯递给我一个装着百利甜酒的运动水壶。我很少喝酒，但是我很喜欢百利，因为它尝起来很像巧克力奶昔。肯叮嘱我在上台前 15 分钟喝完，然后跟我吻别。

我乘电梯下楼，钻进了车里，它将把我载往当天的目的地——位于新泽西郊区的一家大公司的总部。这段车程给了我足够的时间来进入状态。那时，我刚刚辞去在华尔街律师事务所的工作，开办了自己的咨询公司。大多数情况下，我只是跟客户单独打交道，或者跟一个小组的人一起工作，这种小场面让我觉得很舒服。可是，当一个在一家大型传媒公司做法律总顾问的朋友邀请我为他的整个团队做一场讲座时，我居然答应了，而且还是热情百倍地答应了——到现在我都不清楚自己当时为什么会这样。一路上，我祈祷发生一点儿小小的灾难，比如洪水或是轻微的地震，如此一来我就不用去做这次讲座了。想到这儿，我又觉得很内疚——凭什么要把整个城市卷进我自己的剧本呢？

车子在客户的办公大楼前停了下来，我走下车，努力让自己看起来精神抖擞，摆出一副信心百倍的姿态。活动组织者把我带到大礼堂。我询问了洗手间的位置，躲在没有人的地方，将瓶子里的百利甜酒一饮而尽。我在原地站了几分钟，等待酒精发挥它的魔力，但是我依然没有什么变化，我还是紧张得要命。可能我应该再喝一杯。不行，这才刚刚上午9点钟，如果他们闻到我口中有酒精的气味怎么办？我重新擦了一遍唇膏，原路返回了活动室。我调整了一下过会儿演讲时要用到的提示卡，此时活动室里已坐满了商界精英。我告诉自己，无论做什么，千万不要吐出来。

有几个高管看了我一眼，而大部分人都在目不转睛地摆弄着自己的黑莓手机。很显然，我把他们从繁重的工作中拉了出来。那我要怎样才能吸引他们的注意力，让他们停下手中的活儿呢？我发誓，从此之后，我再也不去做什么演讲了。

＊＊＊

而事实是，从那之后，我做了无数次演讲。我并没有完全克服我的焦虑，但是经过这么多年的摸索，我发现了一些可以克服怯场的方法。我将会在第五章详细说明具体的策略。

现在，我已经向你讲述了我对于公开演说赤裸裸的恐惧，因为那是深深印刻在我心底的，是内向者最迫切、最渴望解决的问题。从某种更深层意义上来说，我对于公开演说的恐惧与我性格中某些我欣赏的部分密切相关，尤其是我对于一切和善和理智的事情的热爱。我觉得这在众人之中并不是罕见的特质。但是这些特质确实是真实相关的吗？它们之间的关系又是怎样的呢？这些特质是像我一样后天养成的吗？我的父母都是轻言细语而思想深沉的人，我的母亲与我一样非常讨厌公开演讲。还是说，这些特质就是天生存在于我基因深处的？

从我成年以来，这些问题就一直困扰着我。所幸，一些哈佛大学的学者对此也颇感兴趣，他们正在探索人类的大脑，试图发现个人性情的生物学基础。

哈佛大学有一位82岁的科学家——杰罗姆·卡根[①]，是20世纪最伟大的发展心理学家之一。卡根的职业生涯致力于研究儿童的情感和认知发展。在一系列具有开创意义的纵向研究中，他跟踪记录了一些孩子从婴儿期到青春期生理和性格的变化。这种纵向研究往往既耗时又昂贵，因而这类调查少之又少，但当结果呈现在人们面前时，就如同卡根所展现的，收获也是很大的。

在这一系列纵向研究中，有一项开始于1989年而且至今还在进行。卡根教授和他的研究团队以哈佛大学儿童研究实验室的名义招募

---

① 本书英文版首次出版于2012年，杰罗姆·卡根教授已于2021年离世。——编者注

了 500 名 4 个月大的婴儿，他们认为通过一个 45 分钟的评估，就能预测这些孩子将来会成为内向者还是外向者。如果你最近接触过 4 个月大的孩子，那你会觉得这个结论太过大胆了。然而，卡根研究个人性情已经有很长一段时间了，他自然有自己的理论依据。

卡根及其团队精心选择了一些新鲜的体验，让这些 4 个月大的婴儿去经历。他们让这些婴儿听录音和气球爆炸的声音，看彩色的风铃在他们眼前晃动，闻酒精棉签的味道。婴儿们对这些新刺激有不同的反应。有 20% 的婴儿一边号啕大哭，一边用力蹬着双腿并挥舞着胳膊。卡根称这部分婴儿为"高度应激群体"。约有 40% 的婴儿依然保持安静，偶尔动动胳膊动动腿，完全没有过度的反应。这类婴儿被卡根称为"低度应激群体"。而其余约 40% 的婴儿的表现介于这两种极端情况之间。卡根提出了一个令人吃惊的有悖常理的假设，预测那些挥舞胳膊的高度应激的婴儿，在未来最有可能成长为性格安静的青少年。

当这些婴儿长到 2 岁、4 岁、7 岁和 11 岁时，其中很多人会回到卡根的实验室来接受对于陌生人和新鲜事物刺激的反应的后续实验。2 岁的时候，这些孩子被安排遇到一个戴着防毒面具、身穿白大褂的女士，一名穿着小丑服装的男子和一个无线电控制的机器人。7 岁那年，他们又被要求同一些从未谋面的孩子一起玩。而 11 岁时，一名陌生的成年人对他们的个人生活进行了采访。卡根的研究小组观察这些孩子如何应对这些奇怪的情境，注意他们的肢体语言，记录他们自发大笑、讲话和微笑的频率。研究小组还就这些孩子在实验室外的日常表现，采访了这些孩子和他们的父母。他们是喜欢只和一两个亲密伙伴在一起还是喜欢热闹？他们喜欢参观新的地方吗？他们讲话的时候是口无遮拦还是小心翼翼？他们认为自己是害羞还是大胆？

其中许多孩子果然如卡根所料，表现出了或内向或外向的性格特质。那些高度应激的婴儿，也就是那20%会对风铃声做出反感表现的婴儿，更有可能成长为严肃、谨慎的人。而那些低度应激的婴儿，即那些相对安静的孩子，则可能成为自信而悠闲的类型。换句话说，高度应激群体和低度应激群体分别对应的性格类型便是内向型和外向型。正如卡根在1998年出版的著作《盖伦的预言》(*Galen's Prophecy*) 中所写："75年前，荣格对内向者和外向者进行了描述，但不可思议的是，他的描述与高度应激和低度应激的青少年的特质高度吻合。"

卡根对其中的两名少年进行了描述：内向的汤姆和外向的拉尔夫，这两人的性格可谓大相径庭。汤姆从孩提时代就表现出了腼腆的性格特质，在学校里表现优秀，善于观察且安静，一门心思都在自己女朋友和父母身上，容易忧虑，喜欢独立学习和思考问题，他希望成为一名科学家。卡根写道："他与其他著名的内向者一样，在孩提时代很腼腆。"这里，卡根将汤姆与T.S.艾略特以及数学家、哲学家阿尔弗雷德·怀特海相比，指出汤姆选择的人生是思维层面的。

而拉尔夫则恰恰相反，他放松而自信。他与卡根的研究小组之间的交流就像与同龄人一样，丝毫不把对方当成年长自己25岁有余的权威人士。拉尔夫虽然非常聪明，但是最近却在英语和科学考试里拿了不及格，原因是他一直吊儿郎当地不好好上课。可这丝毫没有困扰拉尔夫，他欣然承认了自己的缺点。

性情（temperament）和性格（personality）之间的区别是心理学家们一直关注的问题。性情通常是与生俱来的，从生物学角度讲是基于行为和情绪的，而这些是可以从婴幼儿时期就观察到的；性格的形成则是一个复杂的酝酿过程，是文化熏陶和个人经历共同作用的结果。有人将性情比喻为地基，性格则是建筑。卡根的工作就是把某些婴儿的性情同其在青少年时期的性格特质联系起来。

* * *

但卡根又是怎么知道那些挥舞手臂的婴儿可能会长成像汤姆那样谨慎、敏感的人呢？或者那些安静的孩子为什么会成为像拉尔夫那样性格豪爽，对学校不屑一顾的少年呢？这个答案其实就存在于他们的生物学本质中。

除了观察孩子们在陌生情境下的行为反应，卡根的研究小组还测量了他们的心率、血压、手指温度，以及一些其他的神经系统指标。卡根之所以测量这些数据，是因为他认为这些都由大脑内一个重要器官控制，这个器官就是杏仁核。杏仁核位于大脑边缘系统中较深的部位，这是一个古老的脑部组织，即使在那些较为原始的动物（如小白鼠）体内也存在着。这个脑部组织有时也会被称为"情绪脑"，我们很多同动物相似的基本欲望都是受其控制的，如食欲、性欲、恐惧等。

杏仁核是大脑的情绪交换机，接收感官信息，然后将信号传递到大脑的其他部分以及神经系统，从而做出反应。其职能之一，就是即时检测环境中出现的新的或带有威胁性的事物——从飞盘摩擦空气的声音到蛇吐芯子的嘶嘶声——并且将这些信号迅速传递给人体，以使人做出应对或逃离的反应。当飞盘直冲你的鼻子飞来时，杏仁核就会告诉你闪避；当响尾蛇蓄势待发准备咬你时，杏仁核就会通知你快跑。

卡根假设，杏仁核天生就异常兴奋的婴儿在面对陌生对象时，会摆动身体并号啕大哭，这类人长大后，在遇到陌生人时更有可能会产生警惕情绪。而这个假设也恰好在卡根的实验中得以证实。换言之，那些婴儿像摇滚明星一样挥舞自己的手臂，并不能说是外向性情引起的，只是因为他们小小的身体在面对新的视觉、听觉和嗅觉冲击时反应过激，他们就是高度应激群体。而那些安静的婴儿之所以表现得很安静，也不是说他们将来会成为内向者，事实恰恰相反——只是因为他们的神经系统在面对新鲜事物时会不为所动。

对于一个孩子来说，其杏仁核越活跃，心率就可能越高，瞳孔扩张得越大，声带收缩得越紧，唾液中皮质醇（一种压力荷尔蒙）的含量越高，也就是说，他在面临新事物或刺激时，紧张感越多。高度应激婴儿在成长过程中会继续面临不同的未知情境，从第一次去游乐园到第一天上幼儿园认识新同学。我们通常会把更多的注意力放在他们面对陌生人时的反应上，比如第一天入学，他会怎么做呢？当她在生日会上看到满是不认识的小朋友时，她会不知所措吗？但我们观察到的只是这种孩子在面对新事物时的普遍情况，他们对于新鲜事物的敏感程度，不单单针对陌生人。

高度应激和低度应激可能并不是内向性格和外向性格唯一的生物学表征。很多内向者并不属于所谓的高度应激群体，而一小部分高度应激的孩子长大后却成为外向者。尽管如此，卡根历经数十年的一系列研究发现依然标志着我们在解读性格类型方面的巨大突破——这其中包括我们某些价值判断。外向者有时被认为是"亲社会的"(pro-social)群体,这意味着他们关心他人;而内向者往往被贬低为不合群。然而,在卡根的实验中,这些婴儿的反应跟人与人之间的交往没有任何关系。那些让孩子们哭号(或者不作声)的只是一些物品而已,他们舞动的四肢(或者他们的冷静)是对气球爆炸所做出的回应。那些高度应激的婴儿并没有厌世的情绪,他们只是对周围的环境更加敏感而已。

事实上,这些孩子神经系统的敏感性似乎不仅与能注意到可怕的事物有关,也与平常的事物有关。高度应激的孩子对于人和事物所持的态度被心理家称为"警觉注意力"(alert attention)。他们在做决定之前一定会比其他人斟酌更久,在选择前,会来回打量对比很久。他们似乎觉得——有时是有意的,有时是无意的——观察越深入,他们从这个世界上获取的信息量就越大。在卡根的一项早期研究中,他曾让一组一年级的孩子来玩视觉匹配游戏。他先给每个孩子看一张坐在椅子上的泰迪熊的照片,然后又给他们看了6张类似的照片,其中只有一张是与第一张完全相同的。那些高度应激的孩子要比其他人花更多时间观察所有的备选图片,而他们选择正确的概率也更高一些。之后,卡根又让这组孩子玩文字游戏,他发现这些高度应激的孩子同样比那些冲动的孩子读得更准确。

高度应激的孩子也会对他们注意到的事物有深刻的思考和感受,并且总能在每天的经历中发现更深层次的差别。这一点表现在不同的方面。如果这个孩子是社交导向的,那么他可能会花很多时间来思索他眼中的他人——为什么贾森今天不愿意同别人分享自己的玩具？为什么尼古拉斯不小心撞到了玛丽会让她如此生气？如果他有某种特定的爱好，例如猜谜、画画、建造沙堡，那么他在做这些事情的时候，通常精神会格外集中。研究同样表明，如果一个高度应激的孩子不小心弄坏了别人的玩具，他会比低度应激的孩子感受到更为强烈的内疚和懊悔。当然了，所有的孩子都会感知周围的环境和情绪，但是，那些高度应激的孩子似乎能够感知得更多一些。科学记者温妮弗雷德·加拉格尔在一篇报道中提到，如果你问一个7岁左右的高度应激的孩子应该如何与朋友分享一个梦寐以求的玩具，他通常会给出一个复杂的策略，比如"按照姓氏的首字母排序"。

"对他们来说，把理论应用到实践中就难多了，"加拉格尔写道，"因为他们敏感的特质和精心的安排，对于严苛的校园生活来说并不适用。"在下一章里，我们就会看到这些特质——警觉、对细微之处的敏感、复杂的情绪等，这一切都可能成为被我们低估的力量。

* * *

从卡根的苦心记录中可以看出，高度应激性是内向性格的一种生物学基础（我们将在第7章探讨另外一种可能的模式），然而他的发现之所以令人信服，主要是因为它们证实了人们一直以来的感受。卡根的某些研究甚至涉足了文化迷思（cultural myth）。例如，他认为，基于他的数据，高度应激性与部分身体特质也存在关联，比如蓝眼睛、过敏、花粉症等；高度应激群体通常也比其他人群在体形上要偏瘦，而且面部较窄。这样的结论主要基于推测，不禁让人想起了19世纪从人的头盖骨形状来占卜其灵魂的做法。但不管这究竟准确与否，它确实是个有趣的现象，我们在构想或安静、或内向、或智慧的人物形象时，都会在其身体特征上予以表现，似乎这些生理倾向都已经深埋在我们文化的潜意识之中了。

以迪士尼电影为例，卡根及其同事认为，迪士尼动画的制作人在创作动画人物时，不知不觉领悟到了高度应激性的真谛。他们创造的敏感的人物形象，如灰姑娘、匹诺曹和小矮人糊涂蛋都是蓝眼睛的，而那些傲慢的角色，像灰姑娘继母家的姐姐们、小矮人爱生气以及彼得·潘则都有深色的眼睛。在很多图书、好莱坞电影，甚至是电视节目中，那些声音尖细、情绪敏感的角色往往遭遇不幸，但他们思想深刻、怀才不遇，在偏内敛的领域，比如吟诗作赋或天体物理学等方面天赋斐然（就像伊桑·霍克在《死亡诗社》中的角色）。卡根甚至认为有些男人喜欢皮肤白皙和蓝眼睛的女人，是因为他们潜意识里就把这种形象定义为了敏感的类型。

另外一些关于性格的研究同样认为外向性格和内向性格是有生理基础的，甚至是由基因决定的。而最常见的一种分析性格究竟是天生的还是后天养成的方式，就是比较同卵双胞胎和异卵双胞胎的性格特质。同卵双胞胎是由同一受精卵分裂而来，因而具有完全相同的基因，异卵双胞胎则是来自不同的卵细胞，因而平均只有50%的相同基因。因此，如果你通过测量双胞胎的内向或外向水平，发现同卵双胞胎比异卵双胞胎存在更多的相关性——这也正是科学家们在一次又一次的研究中证实的，即使这对双胞胎在不同的家庭环境中长大——你就有理由说明这种特质是受基因控制的。

这些研究中没有一个是完美的，可结果却始终表明，内向和外向就像其他主要的性格特质，如随和和自觉性，确实有40%—50%是由基因决定的。

然而，生理学对于内向的解释真的是充分的吗？当我第一次读到卡根的《盖伦的预言》时，我激动得难以入眠。从这部书中，我看到了我的朋友、我的家人，还有我——事实上，简直就是整个人类——通过静/动态神经系统反应这面镜子，被整齐有序地一一划归。这仿佛就是几个世纪以来对于人类性格之谜的哲学探究，点亮了如此清晰的科技之光的时刻。最终，关于这个先天与后天的问题有了一个简单明了的解答——我们先天预设的性情，强有力地塑造了我们成年之后的性格。

可事实真的就这么简单吗？我们真的可以将内向和外向性格简单归结到天生的神经系统上吗？我认为我是继承了高度应激神经系统的人，可我的母亲却说我小时候是一个很安静的小孩，不是那种会因气球爆炸哭号不止的类型。我是个极度自我怀疑的人，可我却有一股深埋在我信念之中的勇气。每当我初次走进一个陌生的城市，我都会感到莫名的恐惧和不安，可是，我却对旅游痴迷不已。当我还是个孩子的时候，我非常羞涩，可是如今我已经走出了那个困境。还有，我不认为这些矛盾是不寻常的。很多人的性格中都有着不和谐之处，而人们都随着时间的推移发生了深刻的变化，不是吗？再来看看自由意志，是的，我们不能控制我们是谁，可是我们能决定我们要成为谁。

我决定私下拜访卡根教授来搞清楚这些问题。我对卡根教授的尊敬不仅因为他的研究发现令人信服，还因为他在先天/后天这个论题上的分量。他的职业生涯开始于 1954 年，那时他所持的观点是"后天养成性格"，这是当时随着针对性格的科学研究的开始衍生出来的观点。当时，"性情天生"的观念是一颗政治炸弹，引发了纳粹优生学的恐怖和白人至上的种族观念。相比之下，孩子就像白纸一样有无限可能性的观念，适应了民主国家理念的需求。

然而随着研究的进行，卡根也改变了自己的观点。"我得出的数据使我陷入挣扎、震惊，"他说，"性情这个东西，要比我想象中的，比我情愿相信的还要强大。"他将早期对于高度应激儿童的研究发现发表在了 1988 年的《科学》杂志上，并使"性情天生"这种观念得以广泛流传，部分原因就是他"后天养成家"的声誉很高。

如果有人可以帮我解答"先天/后天"这个问题，我希望那个人是卡根。

* * *

卡根带我去了他在哈佛大学威廉·詹姆斯大厦的办公室，我刚坐下来，他就先问了我几个问题，态度虽不至于说是不友好，但绝对百般挑剔。我以前想象中的他是彬彬有礼的，像是从动画里走出来的穿着白大褂的科学家，手里拿着装有化学试剂的试管，把试剂从一个试管倒进另一个，直到发出"嘭"的一声。现在，苏珊，你该从你的梦境里醒来了。这个人可不是我脑海里温文尔雅的老教授。讽刺的是，他的书中充满了人文关怀，并自我描述为一个焦虑、容易受到惊吓的男孩，而事实上我发现他简直就是咄咄逼人！我用一个他所反对的假说作为背景问题，拉开了访谈的序幕。"不是，绝对不是！"他暴跳如雷，好像我没坐在他对面一样。

这样一来，我性格中高度应激的那一面被他激发了出来。我向来是轻声细语的，可此时此刻，我不得不提高我声音的分贝。（在我们谈话的录音中，卡根慷慨激昂，而我的气势明显弱了很多。）我意识到我开始退缩了，这就是高度应激的一种表现。当我发现卡根也意识到这一点时，我觉得有些不安——他一边说，一边点头示意，他指出，很多高度应激的人都成了作家，或者从事一些知识性工作："你的职责就是关上门，拉上窗帘，然后做你的事情就是了。你把自己包裹起来，就不会遇到那些无法预测的事情了。"（出于同样的原因，卡根说，那些受教育程度较低的人就成了档案管理员或者卡车司机）。

然后，我又提到了一个我认识的性格慢热的小女孩。她遇到陌生人时并不会上前与他们攀谈，而是静静地观察他们；他们一家每个周末都会去海滩，可是她却用了几年的时间才敢把脚趾伸进大海里。我认为这个女孩就是个典型的高度应激者。

"你错了！"卡根教授表示反对，"任何一种行为都不只有一个起因。这一点永远都不要忘记！对于那些慢热的孩子来说，不错，从数据上看，他们中间确实有更多的高度应激者，但同时，这种慢热也有可能是3岁半之前的生活方式造成的。对作家和记者来说，他们想看到的就是一对一的关系——一种行为，一个原因。可是，你要意识到有一点非常重要，任何行为，比方说慢热、害羞、冲动等，都是由多种因素造成的。"

他举了很多可能由于环境单一或神经系统敏感造成内向性格的例子，比如某个孩子可能喜欢对这个世界有些新的认识，那么她就有可能花很多时间来思考。健康问题也可能造就一个孩子的内向性格，他会去考虑自己的身体里发生了什么。

我恐惧公开演讲的原因大概也是如此复杂。我的恐惧是因为我是一个高度应激的内向者吗？或许不是吧。很多高度应激者热衷于公开演讲和演出，又有很多外向者会怯场；公开演讲在美国的"可怕事物排行榜"上位居榜首，比起对死亡的恐惧更甚。造成公开演讲恐惧症的原因有很多，其中包括在幼儿教育中所受的挫折，这跟我们的个人经历紧密相关，而与先天的性情毫无瓜葛。

事实上，这种对于公开演讲的焦虑或恐惧，可能是人性中最原始而典型的部分，并非仅源于我们这种与生俱来的高度应激神经系统。基于社会生物学家 E. 威尔逊的观念，人们提出了一种理论，认为当我们的祖先还生活在大草原上的时候，被凝视就只意味着一件事情：我们被某个野生动物盯上了。当我们想到自己要被吃掉了，我们还会自信地站在原地吗？不会，我们会逃跑。换句话说，千百万年的进化让我们本能地远离伤害，也正因为如此，我们才会错把观众的目光当成捕食者眼中明显的欲望。不过，观众们期待的可不只是让我们站在原地，而是希望我们能表现得更轻松自然一些。这种生物本能和社会准则之间的冲突，也是演讲会变得如此困难的一个因素。这也就是为什么把观众想象成一丝不挂也不能消解演讲者的紧张情绪——因为一头不穿衣服的狮子和一头穿着华丽的狮子一样危险。

但是，即使所有人都可能把观众错当为捕食者，人和人之间触发战斗或逃跑反应的阈值也不尽相同。观众眼神中的威胁性要到什么程度才会让你觉得像是要对你发起突袭了？这种感觉是在你登台之前就有,还是刚好有些好事者的捣乱行为触发了你肾上腺素的分泌？如果你是个高度应激者,那么在你讲话的时候,听众无聊的叹息和玩手机的情景,就会很容易让你皱眉。不过如你所料,研究证明,内向者的确要比外向者更惧怕公开演讲。

卡根告诉我,他看过一位科学界的同行在会上做了一次很棒的演讲。事后,这位发言者邀请卡根一起用餐,卡根欣然接受了。这位科学家告诉卡根他每个月都有一次演讲,尽管他有能力在讲台上侃侃而谈,可他还是很紧张,正是因为读了卡根的文章才让他有了一个巨大的提升。

"是你改变了我的生活,"他对卡根说,"我一直都在埋怨我的母亲,而现在我觉得自己天生就是高度应激的人。"

* * *

那么,我内向的性格是遗传了父母的高度应激性,还是效仿了他们的行为,抑或两者兼而有之？之前对于双胞胎的遗传数据研究已经证明,内向/外向这一特质只有40%~50%是由遗传因素决定的。这就意味着,在人群中,平均有一半人的内向/外向倾向是由基因控制的。说得再复杂一点,可能会有很多基因共同决定了这个特质,卡根的高度应激理论可能只是引发内向的多种生理过程之一。同样,"平均来说"这种说法也是不准确的。50%的遗传率并不意味着我内向的性格就是一半遗传了我的父母,或者我跟好朋友之间一半的外向性差异就是基因决定的。我的内向可能完全来自基因,或者与遗传没有任何关系——更有可能是一些深不可测的基因和经历组合的结果。卡根说，要问这种特质究竟是先天还是后天，就如同问暴风雪究竟是温度引发的还是湿度引发的一样。正是这两者之间复杂的相互作用，才有了如今的我们。

我想，大概是我问了一个荒唐的问题。可能先天和后天因素在性格的形成中所占比例这个谜团，远不及像"你先天的性情是如何同环境和你的个人意志相互作用的"这类问题来得重要。那么到底是不是性情决定命运呢？

一方面，根据基因–环境作用理论，那些遗传了某些特质的人倾向于通过生活经历来强化这些特质。举个例子，对于那些低度应激的孩子来说，他们在还是婴儿的时候就不会对危险进行提防，那么在他们长大之后，会对更危险的事物掉以轻心。"他们爬几次围栏之后就会变得麻木，继而去爬屋顶，"心理学家戴维·吕肯发表在《大西洋月刊》上的一篇文章中这样写道，"他们会经历各种各样其他孩子不会去做的事情。查克·耶格尔（首名突破音障的飞行员）能从B-29轰炸机中爬进贝尔X-1飞机，还要按下操控按钮，不是因为他天生就跟我们不一样，而是因为30年来，他的性情促成了他的这种工作方式，从爬树到从事更危险、更刺激的活动。"

相反，那些高度应激的孩子则更有可能发展成为艺术家、作家、科学家和思想家。因为他们对于新事物的厌恶会让他们把更多时间花在熟悉的或需动脑子的事情上，而这些事情基本都是在大脑中进行的。"大学是内向者的天下，"密歇根大学儿童与家庭研究中心主任、心理学家杰里·米勒说道，"对于这些生活在校园里的人来说，用人们对大学教授的刻板印象来描述他们再合适不过了。他们喜欢读书，对他们来说没有什么比新想法来得更让人兴奋了，而且这些还跟他们对于时间的安排、何时起床等密切相关。如果你花太多时间在闲逛、闲聊上，那么你读书和学习的时间就会变少了。你的一生只有那么多时间，不会多一点儿也不会少一点儿。"

从另一个方面来讲，任何一种性情都会有无限的发展可能。低度应激的婴儿、外向的孩子，如果在一个安全而细心的家庭环境中长大，就很有可能成为伟大而卓有成就的人物，比如当今的理查德·布兰森和奥普拉。有的心理学家则称，如果这些孩子得不到很好的照顾，或者遇到了一个糟糕的邻居，他们最有可能变成恶霸、少年犯或罪犯。吕肯曾经提出过一个颇有争议的议题，他说精神病人同英雄"有着相同的基因排列"。

这种让孩子们树立是非观的机制，在他们的成长过程中非常重要。许多心理学家认为，孩子们要形成良知和教养，就需要在做一些不合适的事情时被监护人指责，久而久之才能形成其价值观。责备会让他们感觉焦虑，而焦虑又是一种难受的心理状态，因而他们学会了去避开那些反社会的行为。这也就是所谓的将父母的行为准则内化，其核心就是焦虑感。

可是，如果一部分孩子，正如那些极低度应激的孩子，比其他人更不容易感到焦虑呢？通常情况下，要让这类孩子形成正确的价值观，最好的方式就是给他们树立积极的榜样，将他们无畏的心理转化为积极的行动。一个低度应激的孩子如果在冰球比赛中做出了合理冲撞，那他就会获得队友的称赞；而如果他滑行距离太长，抬肘并将其他人撞成脑震荡，那他就会被罚下场。久而久之，他就能学会明智地处理有风险的动作了。

再来想象一下,如果这个孩子在一个危险的邻里环境下成长,很少参与一些有组织的体育活动,或经常参加其他会建构其莽撞性格的活动,那他就很有可能堕入违法犯罪的泥淖中。有些生活不幸的儿童可能会遭遇诸多问题,究其原因,并不完全由于贫穷或被忽视,还有可能是由于其鲁莽而大胆的性情。

* * *

那些高度应激儿童的命运同样受制于其所处的环境,甚至可能比一般儿童更易受环境影响,这个观点源自戴维·多布斯在《大西洋月刊》上发表的一篇精彩的文章,他提出了一个突破性的新理论——"兰花假说"(the orchid hypothesis)。这个理论认为:很多孩子就像蒲公英一样,可以在任何环境中生存;而有些孩子,包括卡根在研究中提到的那些高度应激型的孩子,则更像是兰花——他们很容易枯萎,但是在适宜的条件下,就会茁壮成长。

杰伊·贝尔斯基是这一观点的主要支持者,他是伦敦大学心理学教授和儿童关怀专家,他认为这些孩子的神经系统的应激性使他们迅速被童年的逆境压制,但反过来讲,这样的神经系统也会使他们在良好的成长环境中获益良多。换句话说,兰花式儿童更容易被其经历影响,而这种影响既有积极的也有消极的。

科学家很早之前就发现,高度应激人群的性情中夹杂着危险因素。这部分孩子在面临生活中的挑战,比如婚姻问题、父母过世或遭受虐待时,表现得尤其脆弱。与同龄人相比,他们在面对这些问题时,往往会表现出绝望、焦虑感，甚至越来越羞涩。事实上，在卡根定义的高度应激群体中，有1/4的儿童在经受不同程度的"社交焦虑症"，这是一种长期的内向自闭。

近期的科研成果表明，这种危险因素同样存在有益的一面。换言之，性格中的脆弱之处与强大之处其实是不能分割开来的。那些有良好的家庭教育、启蒙教育以及稳定的家庭环境的高度应激的儿童，与那些低度应激的孩子相比，出现情绪问题的概率要低，而社交技能则要强一些。他们总是善解人意、乐于助人，也长于合作。他们善良而勤奋，对冷漠、不公以及不负责任的事情感到不安。他们总能把自己重视的事情做得尽善尽美。贝尔斯基告诉我，这类人通常不会成为一班之长，也不会成为校际演出中的明星，却不乏这样的情况："有些人可能会成为班干部，而其他人采取的形式则可能是做好自己的功课或者做一个讨人喜欢的人。"

高度应激性格中好的一面已经开始在科学家的专著中出现，虽然这些综合性的研究如今只是刚刚起步。其中，一项有趣的发现同样也在多布斯发表于《大西洋月刊》的文章中被提及，这项研究的主角不是人类，而是与我们有着95%相似基因的猕猴，它们不仅从基因上讲是人类的近亲，在社会结构的复杂性方面也与我们非常相似。

在这些猕猴身上，也可以说是在人类身上，存在一种5-羟色胺转运蛋白基因，其作用是协助羟色胺的正常传导，作用于神经递质，并间接影响人的情绪。这种基因的特殊变体或者其等位基因，有时也会被称为短等位基因，被认为与高度应激和内向的性格特质相关，两者的关系就像那些生活艰难的人易患抑郁症一样。当具有类似等位基因的幼猴被放置在相同的压力情境下时（在某个实验中，有些幼猴被带离母猴然后当成孤儿饲养），它们传导羟色胺的能力比那些具有长等位基因的幼猴在相同处境下的传导能力要弱（由于存在抑郁和焦虑等危险因素）。而这类幼猴如果是在母亲的照料下成长，那么它们在主要的社交任务中，如寻找玩伴、建立联盟以及处理冲动等方面，与有着长等位基因的兄弟表现得基本相同，甚至会出现略优的情况——即使它们在相似的安全环境中长大。它们往往会成为群体中的领导，同样，其羟色胺的传导也更有效。

这项研究的执行者斯蒂芬·索米曾经预测，这些高度应激的猕猴获得成功的原因是它们将大量的时间用于观察而非参与到群体之中，从而吸收了更深层次的社会生存法则。（这个假设对于那些高度应激儿童的父母来说可能有道理，因为他们也看过自己的孩子徘徊在一群孩子周围默默观望，这种观望有时会持续数周甚至数月，之后这个孩子才会成功地融入群体之中。）

而在人类的研究中，人们发现携带短等位基因的女孩，如果是生活在充满压力的家庭环境中，患抑郁症的概率要比那些携带长等位基因的女孩高20%，而如果在稳定的家庭环境中成长，这种概率则要比长等位基因携带者低25%。同样，那些携带短等位基因的成年人在面对压力的时候，会比其他人表现出更明显的焦虑，而在平静的日子里，他们的焦虑情绪就要少很多。4岁左右的高度应激儿童会在道德困境中表现出比其他孩子更多的亲社会倾向，但是只有在母亲始终以温和的态度来教育孩子而不是以斥责为主的情况下，这种差异才可能会持续到5岁时。研究还发现，那些在支持性环境中成长的高度应激儿童要比其他小孩更能抗感冒，也更抗其他呼吸道疾病，但如果他们的成长环境中充满了压力，那么生病的概率就会很高。5-羟色胺转运蛋白基因的短等位基因，同样也与各种认知方面的出色表现紧密相关。

这些研究发现如此激动人心，值得一提的是，这都是最近的成果。成果虽然显著，但并不惊人。心理学家接受训练的目的是治愈疾病，因而他们的研究自然就将焦点放在了问题和病理之上。"打个比方，它仿佛水手们忙于寻找可能威胁到行船安全的水位线以下冰山的延伸，其实这也是明智的，"贝尔斯基如是说，"但他们却忽视了，只要登上冰山顶峰，也许就能绘制出大海中冰山延伸的大致情况了。"

"那些高度应激儿童的父母真的是太幸运了，"贝尔斯基告诉我，"他们投资在孩子身上的时间和精力，确实会让情况变得不同。父母不要把孩子们当成在逆境中易碎的瓷娃娃，而应该把他们视为可塑之材——当然，他们可能往坏的方向发展，但父母也要向好的方面看。"他描述了这种高度应激儿童最理想的父母类型：可以读懂孩子的暗示并且尊重孩子的个性；对孩子的要求是温和而坚定的，绝对不会给孩子提苛刻或是敌对的要求；鼓励求知欲、提高学习成绩、延迟满足和自我控制；不苛刻，不忽视，也不会出尔反尔。这些对家长而言是巨大的挑战，但是这些对于培养一个高度应激的儿童而言是至关重要的。（如果你认为你的孩子可能就是个高度应激的人，那么你可能想问你还能在培养子女的过程中做些什么，第十一章会给你一些答案。）

贝尔斯基说，虽然兰花式儿童具有一定的承受挫折的能力，但以离婚为例，在通常情况下，这会给兰花式儿童带来更大的伤害："如果父母总是争吵，还把孩子夹在中间，看着吧，这个孩子慢慢就会形成易屈服的性格。"但是，如果离婚后的父母依然可以融洽相处，能给孩子提供成长所需的其他心理营养，那么即使是兰花式儿童，也能健康地成长。

我想，大多数人都能领会这条信息的灵活性；我们几乎没有人经历过没有问题的童年。

然而，在解答我们是谁、我们要成为谁等问题上，我们同样希望另一种灵活性的存在。我想有规划自己人生蓝图的自由。我们对于自身的性格，也想要取其精华、去其糟粕——比如对于公开演讲的惧怕。除了我们与生俱来的性情，除了我们童年那些幸运的经历之外，我们同样想要相信，我们——作为成年人的我们，也可以重塑自我，获得我们想要的那种生活。

问题来了：我们能做到吗？

第五章

超越性情

---- * ----

自由意志的角色（和内向者公开演讲的秘密）

当你的行动能力能够抗衡生活中的诸多挑战时，
无聊和焦虑之间的每一刻都会充满喜悦。

——米哈里·契克森米哈赖

阿斯诺拉·马蒂诺斯生物医学影像中心位于马萨诸塞州总医院的幽深处，那条走廊可真是难以形容，甚至可以说是异常昏暗。我同卡尔·施瓦茨博士在一间上了锁且没有窗户的房间外面交谈。施瓦茨博士是发展影像学与精神病理学研究实验室的主任，他的眼睛明亮而且充满了好奇，他的头发是灰棕色的，待人也非常热情。尽管周围的环境有些差强人意，他还是带着一丝炫耀的意味准备打开那扇关闭的大门。

这间房间里有一台价值数百万美元的功能磁共振成像仪，这种仪器使许多现代神经科学实现巨大突破。这种仪器可以测量出在你思考某个问题或者执行某项任务时，大脑中处于活跃状态的部位，这就使科学家对人脑功能区的划分成为可能，而在过去，这几乎是一项无法想象的任务。施瓦茨博士说，功能磁共振成像技术的主要发明者是一位非常出色却名不见经传的科学家，他的名字叫邝健民，现在也在这座楼里办公。这个地方到处都是些沉默而谦逊的人，他们都在做着一些不平凡的事情，施瓦茨博士一边说着，一边带着一种欣赏的神情对着空荡荡的走廊挥着手。

在施瓦茨开门之前，他让我摘下金耳环，并要求我把一直用来记录我们对话的金属录音机放在外面。功能磁共振成像仪的磁场要比地心引力强10万倍，如果我的耳环有磁性，那么如此强大的引力足以使耳环撕裂我的耳朵飞出，在这个房间里来回飞旋。我有点儿担心胸罩上的金属扣件，可是羞于启齿，因此我拿鞋上的金属扣做例子，因为我觉得其金属含量同胸罩肩带的金属含量大致相同。施瓦茨说那个没关系，然后我们就走进了那个房间。

我们带着虔诚的目光看向那个扫描仪，它看起来就像一架躺在那里、闪闪发光的飞船。施瓦茨解释说，他在做研究时会要求他的志愿者们——都不到20岁——躺下来，把头放在扫描仪下，当他们看到一部分人脸的照片时，仪器就会记录下他们此刻的脑部活动。施瓦茨对杏仁核的活动格外感兴趣——也就是卡根研究结论中，那个能在人的内向、外向性格形成中起到重要作用的器官。

其实施瓦茨是卡根的同事和门生，他的工作是在卡根对于性格的纵向研究中遗漏的部分的基础上进行的。当年被卡根定义为高度应激和低度应激的婴儿如今已经长大了，施瓦茨开始用功能磁共振成像仪对他们的大脑活动展开观察。卡根跟踪研究他的研究对象，从婴儿期记录到青春期，而施瓦茨想要了解成年之后他们又会怎样。多年之后，在这些成年人的大脑里，还能否探查到卡根在他们婴儿时期发现的高度应激与低度应激的影子呢？这种影子会不会已经在环境与有意识的努力中消磨殆尽了？

有趣的是，卡根告诫施瓦茨不要做这项研究了。在科学研究这个竞争激烈的领域中，你不应该把时间浪费在一项可能不会产生显著影响的实验上。卡根也担心这项研究很有可能得不出什么结果——那些性情与命运之间的联系早在这些人成年的时候就被切断了。

施瓦茨告诉我："他对我很是照顾，可这确实也是一个有趣的悖论。因为他的实验是对婴儿行为的早期观察，得出的结论显示，他们不光在社交行为方面有着极大的差异，而且在所有的事情上，这些婴儿的表现都截然不同。他们在处理问题时，眼睛睁得更大；挤出几个单词的时候，声带变得更紧；他们的心率也都是独一无二的。这一切都说明这群孩子从生理上讲就是各不相同的。我认为,尽管如此,正是因为他知识储备丰富,才让他觉得环境因素太复杂,不太可能在这些孩子成年以后的生活中再来寻找本性的踪迹。"

但施瓦茨坚信自己就是一名高度应激者,而基于个人的经验,他预感性情的影响会比卡根预料的更持久。

他通过让我扮演其研究对象来向我演示他的研究,只是没有使用功能磁共振成像仪罢了。他让我坐在一张桌子旁边,一台电脑的显示器开始不停地向我播放人像照片,一张接着一张,每一张显示的都是陌生的面孔:一个个皮肤或黑或白的头像浮现在深色的背景图上。我想我能感觉到随着照片播放速度的加快,我的心跳也越来越快。我同样注意到施瓦茨开始做一些重复性的动作,我也随着那些面孔逐渐变得眼熟而放松下来。我把我的反应告诉施瓦茨,他点了点头。这些幻灯片是精心设计过的,施瓦茨说,幻灯片模拟的情境是根据高度应激群体进入一间充满陌生人的房间时那种"天啊,这些人都是谁?"的心理感受来设计的。

我对这个实验颇感好奇,我刚刚是不是只是在想象自己的反应,或者夸大了它们?然而施瓦茨告诉我,他已经得到了第一组数据,正是来自那些从4个月大时就开始成为卡根研究对象的高度应激的孩子——当然了,如今这些孩子的杏仁核都已经发育成熟了。这些数据显示,这个高度应激的群体依然要比那些从小就胆大的人在面对这些陌生面孔时更加敏感。两组实验对象都对这些图片产生了应激反应,只是那些从小就腼腆的孩子反应得更强烈一些。也就是说,那些高度应激或低度应激的性情在长大之后也不会消失。很多高度应激的孩子长大之后在社交方面会更加灵活，他们在面对新事物时表面上并不会惊慌失措，但是他们从未摆脱遗传的性情。

施瓦茨的研究实质上指明了一个很重要的问题：我们的性格可以延伸，但是延伸的程度非常有限。我们与生俱来的性情深深地影响着我们，无论今后我们生活的境况如何。如今的我们，很大一部分是由我们的基因、大脑和神经系统决定的。与此同时，施瓦茨的研究还发现，很多高度应激的青少年的性格也存在一定的弹性，这也就证实了一个相反的事实：我们拥有自由意志，而自由意志恰恰可以塑造我们的个性。

这两个规律看起来是矛盾的，事实却并非如此。施瓦茨博士的研究表明，自由意志可以带我们走得更远，却无法无限超越我们的基因所划定的框架。这就像比尔·盖茨无论怎样磨炼自身的社交技能也成不了比尔·克林顿，而比尔·克林顿无论花多少时间在计算机上也变不成比尔·盖茨。

也许，我们可以把这一点称为性格的"橡皮筋理论"。我们就如同一根根橡皮筋，富有弹性且可以随时拉长，但是这种拉伸是有限度的。

***

弄清楚这一点，有助于我们探索在鸡尾酒会上遇到陌生人时我们大脑的反应。要知道，杏仁核是边缘系统中最重要的部分，也是大脑中最原始的部分——那些原始哺乳动物大脑中也有这种边缘系统。然而随着哺乳动物进化得越来越复杂，大脑边缘系统周围形成了新皮质。

第五章 超越性情

新皮质，尤其是人类的前额叶所执行的任务让人惊叹，包括从决定要买哪个牌子的牙膏到筹划一次会议，再到思考现实的本质。除此之外，它还可以减轻不必要的恐惧。

如果你曾经是个高度应激的孩子，那么你在一次鸡尾酒会上向陌生人做自我介绍时，你的杏仁核可能处在将要发疯的状态。而如果是在公司里相同的情境下，你会觉得熟练得多，这是因为你的前额叶告诉你要冷静，要微笑着同对方握手。事实上，一项最新的功能磁共振成像研究表明，当人们采用自我对话（self-talk）对令人不适的情境进行评估时，随着前额叶活动的增加，杏仁核的活动会随之减少。

但是前额叶不是万能的，它的活跃不可能完全终止杏仁核的活动。在一项研究中，科学家在电击白鼠的同时播放某种声音，让白鼠对这种声音产生恐惧。之后，他们一遍又一遍地播放这种声音，却不进行电击，直到这些白鼠对这种声音不再恐惧。

然而实验结果却证明，科学家设想的那种"忘却"并没有完全出现。当科学家割断了白鼠前额叶与杏仁核之间的神经连接，那种对声音的恐惧再度出现了。这是由于这种恐惧的条件反射被前额叶皮质的活动抑制，但这种恐惧依然存在于杏仁核之中。人类那些毫无根据的恐惧症，如望高恐惧或者说恐高症，都是同样的道理。一次次登上帝国大厦的顶端可能会让这种恐惧消失，可是一旦遭遇某些压力的时候，这种恐惧便会卷土重来——你的前额叶在有其他事情要做时，就无暇安抚一个兴奋的杏仁核了。

这也就解释了为什么那么多高度应激的儿童会在长大成人之后依然保留那些最初的性情，无论他们获得了多少社会经验，或者花了多少时间来训练自己的自由意志。我的同事萨莉就是这个现象最好的例子。萨莉是一位有思想、有天赋的图书编辑，她形容自己是个腼腆的内向者，在我看来，她是我认识的人当中最有魅力、最善于表达的人之一。如果你邀请她参加晚宴，结束后你问其他宾客当晚最喜欢的人是谁，那么大家很有可能都会说是萨莉。他们会这样形容她：她浑身闪着光，如此聪慧又如此可爱！

她也意识到了自己的吸引力——一个人不可能在毫无意识的情况下像她那样迷人，但是这并不意味着她的杏仁核知道这一点。每次参加宴会，萨莉总是希望自己可以躲进离自己最近的沙发——直到她的前额叶掌管了她的意识，她才会想起自己是一个多么健谈的人。即便如此，存储着陌生人和焦虑相关信息的杏仁核有时还会占据上风。萨莉承认有时她会驱车一个小时去参加某个聚会，可是不到 5 分钟就离开了。

拿施瓦茨的发现来对比自己的经历时，我意识到我并不是变得不再腼腆了，我只是学会了自我调整（感谢我的前额叶）。如今我已经可以自然地去克服那种恐惧。当我同一个或几个陌生人交谈时，我面带笑容，举止自然，但有那么一瞬间，我还是能感觉自己像在走钢丝一样心生慌乱。只是现在，无数的社交经验告诉我，这条钢丝不过是我臆想中的场景罢了，或者说，即便我从钢丝上摔下来也不会死。这种自我安慰不过是一瞬间的事情，我甚至感知不到自己在这样做。但可以肯定的是，这样自我安慰的过程是存在的——不过有时也会不管用。卡根最初用来描述高度应激群体的词是"被抑制"，而这也正是我在某些晚宴上的真实感受。

第五章　超越性情

＊＊＊

这种自我延伸能力——尽管是有限的——同样适用于外向者。艾莉森是我的一位客户，她同时在生活中扮演着商业顾问、母亲和妻子的角色，她就有着外向者的性格特质——友好、率直、勇往直前，因而人们都称她为"力量之源"。她婚姻美满，有两个可爱的女儿，还有自己白手起家做起来的咨询公司。她所拥有的一切都是她骄傲的资本。

然而她却并不总是对这样的生活感到满意。高中毕业那年，她仔细地审视了自己，发现她一点儿也不喜欢自己的模样。艾莉森是个非常聪明的人，但是你从她的高中成绩单上看不出这一点。她曾经一心想要进常春藤盟校，却白白丢掉了这样的机会。

她知道原因是什么。她把整个高中时代都用在社交上了——艾莉森参加了学校组织的所有课外活动，所以她用来学习的时间少之又少。偶尔她也会责怪自己的父母，他们对自己女儿的社交天赋颇感自豪，并不过问她的学业，但她还是把大部分的问题归咎于自身。

身为一个成年人，艾莉森决心不让类似的错误重演。她深知在家长会和商务圈子里多么容易迷失自我，因此，艾莉森的解决办法是寻找一个适合她家庭的策略。艾莉森的父母都是内向者，而她凑巧又嫁给了一个内向的丈夫，就连自己的小女儿也是个超级内向的人。

艾莉森渐渐找到了与这类沉默的人相处的模式。探望父母的时候，她就像母亲那样冥想或者写写日记。在家的时候，她就与丈夫一起享受宁静的傍晚。至于喜欢跟妈妈在后院亲密交谈的小女儿，艾莉森会把下午的时间腾出来，陪她在后院聊些有深度的问题。

艾莉森甚至建了一个网站来同那些安静敏感的朋友交流。虽然她在这个世界上最好的朋友艾米同她一样是一个十足的外向者，但她大部分的朋友都比较内向。"我很感激那些善于倾听的人，"艾莉森说，"喝咖啡的时候他们是最好的伴侣，而且能给我最真实的意见。有时，我甚至都没有发现自己在做一些适得其反的事情，我那些内向型的朋友就会告诉我：'你不止现在在做没有意义的事，你还做过15次同样毫无意义的事。'而我的朋友艾米往往不会注意到这些，但那些内向的朋友会在我身后默默关注着我的言行，给予我最中肯的意见。"

艾莉森依然是个喜欢热闹的人，但她找到了从那些安静的人当中获益的方法。

* * *

虽然我们可以超越性情的限制，但最好的选择还是找准自己的位置，正视那片最适合自己的领域。

再来看看我的另外一位客户埃丝特的故事吧。埃丝特是一家大型律师事务所的税务律师，她是一个身材娇小、肤色偏深的女人，每天脚步轻盈地走来走去，一双蓝色的眼睛炯炯有神，从来不会表现出自己腼腆的一面。但是，她绝对是个内向者。她觉得一天里最舒服的时刻就是沿着绿树成荫的街道，从社区步行到巴士站那安静的10分钟。其次便是关上办公室的门，埋头工作。

埃丝特的工作选得相当合适。作为一名数学家的女儿，她喜欢思考那些数目庞大的税务问题，并且能平心静气地处理这些数字。（在第7章，我会解释为什么内向者可以在复杂的、需要集中精力的问题上表现得如此出色。）她曾是一家更大的律师事务所中一个紧密合作的团队中最年轻的成员，这个团队还有另外5名税务律师，彼此之间合作得都很融洽。埃丝特的工作包括深入思考那些让她着迷的问题，以及同值得信任的同事合作。

埃丝特的税务律师小组也要定期给其他的律师事务所做报告，而这件事成了埃丝特痛苦的根源，这倒不是因为她对公开演讲有所恐惧，而是因为她在即兴演讲时会感到不自在。但埃丝特的同事恰巧相反——他们刚好都是外向者，都很健谈，可以在去做报告的路上决定演讲的内容，并且能清晰而引人入胜地向他人传递自己的想法。

如果给埃丝特足够的时间来准备，她也可以把报告做得有声有色，但是有时她的同事会直到早上上班的时候才告诉她当天要做一个报告。埃丝特曾经认为，自己的同事可以作即兴报告是因为他们已经对税法了如指掌，可以厚积薄发，她也可以做到。可是，随着阅历和知识的逐步积累，埃丝特还是做不到。

要解决埃丝特的苦恼，我们需看一下内向者和外向者之间的另一个差异：对于刺激的偏好。

20世纪60年代末以来，一位颇具影响力的心理学家汉斯·艾森克推测，人们寻求的是一种"适度"的刺激——不多也不少。刺激是我们从外部世界所接收的信息总和。刺激的形式多种多样，从噪声到社交生活，再到闪烁的灯光。艾森克认为，外向者比内向者更喜欢寻求这些刺激，这也就解释了为什么他们之间存在诸多不同：内向者喜欢关上办公室的门，一头扎进工作里，因为对他们来说，安静的工作环境对智力活动而言是最好的"刺激"；而外向者会在一些相对活跃的活动中发挥最佳水平，例如组织团队建设讲习班或者主持会议。

艾森克同样认为这些差异的根源可能存在于大脑结构中，该结构名为上行激活系统（ARAS）。ARAS 是脑干的一部分，起着连接大脑皮质和大脑其他部分的作用。大脑中存在兴奋机制，能使我们保持清醒、警觉以及精力充沛，在心理学中称之为"唤起"。而与之相对的则被称为镇静机制。艾森克推测，ARAS 可以通过控制流入大脑的感官刺激量来平衡过度唤起（over-arousal）和唤起不足（under-arousal）；有时这些渠道是开放的，因此很多刺激会涌入大脑，有时流入大脑的刺激会受到限制，大脑所接收到的刺激水平就相对较低。艾森克认为，ARAS 在内向者和外向者体内的作用机制也是不同的：内向者接收刺激的渠道是开放的，这会使自身处于刺激环绕之中而引发过度唤起；而外向者接收刺激的渠道相对较窄，从而更容易引发唤起不足。过度唤起不会产生严重的焦虑，不过会导致产生你不能思考的感觉——你觉得你受够了一切，只想回家去；唤起不足则更像是"幽居病"，是由缺少外界刺激而引发的——你感觉心里发痒、烦躁、慵懒，恨不得立刻就逃出家门。

如今，正如我们所知，现实是更为复杂的一种存在。首先，ARAS 对刺激的控制不像消防车的软管那样可以控制开闭，让整个大脑瞬间被充满；相反，大脑的各个部分会在不同的时间被不同水平地唤起。同样，大脑的高唤起水平并不一定会引发我们同等程度的兴奋。事实上，唤起分为很多种——高分贝的音乐引发的唤起与迫击炮引发的唤起全然不同，也同主持一场会议引发的唤起迥异，当然，你也有可能对某种形式的刺激更加敏感。"我们总是在寻求适度刺激"的说法也太过笼统：超级足球迷所寻求的是一种高水平的刺激，而那些通过泡温泉放松身心的人寻求的则是一种低水平的刺激。

迄今为止，全世界的科学家进行了上千项研究来验证艾森克的理论，即大脑皮质的唤起水平是研究内向与外向天然差异的重要线索，而最终，人格心理学家大卫·范德认为这种理论从一些非常重要的方面来看是"半对"的。无论根本原因是什么，大量证据表明，内向者对于外界的各种刺激都要比外向者更加敏感，从咖啡到爆炸声再到沉闷的社交场合。而且，内向者和外向者在激发自身最佳表现上所需要的刺激水平也大大不同。

1967年，艾森克做了一项著名的实验——柠檬汁测试，直到现在这个实验依然常常出现在心理学专业的课堂实验中。艾森克把柠檬汁滴到成年的内向者和外向者的舌头上，观察谁分泌的唾液更多。果然，那些性格内向的人被感官刺激引发了更高水平的唤起，分泌的唾液更多。

而在另一项著名的研究中，内向者和外向者一起参加了一项具有挑战性的文字游戏，他们要通过尝试和犯错来学习并掌握游戏规则。在游戏过程中，他们要佩戴耳机，不时会有噪声从耳机里冒出来。研究人员要求他们调整耳机的音量，直到他们认为"适中"为止。从平均数值来看，外向者将噪声的音量设定在72分贝，而内向者设定的音量仅为55分贝。在噪声水平不同的环境中进行游戏时——外向者偏喧嚣，而内向者偏安静，这两种性格的受试者却表现出了相同的唤起水平（通过测量其心率及其他指标获得），在这样的情境下，他们在游戏中的表现也基本相当。

而在内向者和外向者接收的噪声分贝被互换之后，一切都不同了。内向者不仅被吵闹的声音过度唤起了，他们在游戏中的表现也变差了——他们平均要尝试 9.1 次才能学会这个游戏，而之前在适度刺激下只需要 5.8 次。对于外向者来说，结果亦然——他们在这种安静的环境下处于唤起不足的状态（很有可能会觉得无聊），相对于在吵闹环境下的 5.4 次尝试即可领悟游戏规则，在这种情况下他们需要 7.3 次。

※ ※ ※

将上述研究与卡根的高度应激研究所得出的结论相结合，这一系列研究就为我们提供了透视自身性格的可能性。一旦认识到内向和外向可以理解为某种对于刺激水平的偏好，你就可以有意识地选择适合自身性格的环境——不会过度刺激，也不会刺激不足；不会令你感到无聊，也不会令你感觉焦虑。你可以将你的生活置于人格心理学家所定义的"最佳唤起水平"（optimal levels of arousal）的状态之中，这种状态我称之为"甜蜜点"（sweet spots），这样你会觉得生活更加有能量，自己也比从前更有活力。

你的甜蜜点是你获得最佳刺激的地方。或许，你已经在不经意间找到了它。想想你躺在吊床上读一本有趣的小说的情景，这就是甜蜜点。但半个小时过去了，你发现一句话你居然读了 5 遍，那么此时，你的状态就是刺激不足了。于是，你给一个朋友打电话相约去吃早午餐——那么你就是在提高自己的刺激水平。你一边吃着蓝莓煎饼，一边同朋友说笑、聊八卦——感谢上帝，你又回到了你的甜蜜点。然而这种愉悦的状态只会存在一段时间，直到你的朋友——这个外向者需要比你更多的刺激——说服你陪她去参加派对，而在派对上，你要面对嘈杂的音乐和满世界的陌生人。

你朋友的邻居友好而亲切，可是你对在这么嘈杂的音乐中交谈颇感压力。忽然之间，好像"砰"的一声，你再一次从你的甜蜜点上跌落，只不过这次你处在过度刺激的状态。或者你会一直处于这样的状态之中，直到你同派对上另一个格格不入的人进行了一次促膝长谈，或者你直接离开了派对现场，重新回到你的小说世界里。

想象一下，如果你意识到你正处于一个寻找甜蜜点的游戏之中，那么你在生活中的表现会提高多少呢？你可以调整你的工作、爱好以及社交生活，这样你就可以尽可能长时间地待在自己的甜蜜点上。那些认识到自己甜蜜点的人，总会有勇气辞掉让他们精疲力竭的工作，开启一段崭新而自我满足的事业。他们可以根据家人的性格来选择房子：带有舒适的靠窗座位和多角落、小空间的房型适合内向者，宽敞的、带开放式餐厅的房子则是为外向者准备的。

了解自己的甜蜜点可以提高你在生活各方面的满意度，但其意义并不限于此。有证据表明，甜蜜点有时事关生死。根据沃尔特·里德陆军研究所进行的一项有关军人的研究，在睡眠不足的情况下，内向者的情况要比外向者好（睡眠不足是一种唤起的抑制条件，会让我们变得不再警觉、活跃、有精神）。那些手握方向盘又昏昏欲睡的外向者要格外小心——至少要等到喝杯咖啡提提神，或者打开收音机，让自己的兴奋水平恢复之后才可以开车。相反，在嘈杂的容易引发过度唤起的交通噪声中，内向者应该格外集中精力，因为噪声会影响他们的思考。

既然我们知道了刺激存在不同程度的最佳水平，那么埃丝特的问题——对在讲台上即兴演讲的恐惧——也就有了解决的办法。过度唤起干扰了注意力的集中和短期记忆，而这些都是讲话时至关重要的部分。因为公开演讲从本质上讲是一种刺激性活动——即使对于像埃丝特那样并不怯场的人，所以内向者会发现他们在最需要集中注意力的时候被干扰了。埃丝特可以成为律师界的常青树，换句话说，她可以成为这个领域中知识最渊博的人，而她同时也永远会对即兴演讲望而却步，她可能永远都不能在演讲的时候从她庞大的记忆数据库中任意抽取数据来举例。

而埃丝特一旦对自己有了充分的认知，就可以要求同事在演讲前提前通知她，好让她做准备。这样的话，她就可以进行演练，并在这个过程中寻找自己的甜蜜点，最终带着这种状态站上讲台。她可以以同样的方式会见客户、处理社交活动，甚至处理与同事之间的非正式讨论——在任何可能干扰她的短期记忆和随机应变能力的高水平刺激的情况下。

* * *

埃丝特通过找到自己的甜蜜点顺利解决了自己的问题。然而有时候，接受现实是我们唯一的选择。若干年前，我决定克服自己对公开演讲的恐惧，挣扎了半天，最终我报名参加纽约公开演讲与社交焦虑中心的研讨会。但是，我对此颇感怀疑。我的腼腆程度并不算高，我也不喜欢那个听起来像是某种病的名字——"社交焦虑"。但

第五章　超越性情

课程是在脱敏训练的基础上开设的,这种方式对我很有效。脱敏训练通常是克服恐惧症的一种有效手段,训练方法包括让自己(以及你的杏仁核)在可以控制的范围内反复暴露于你恐惧的事物面前。这种方式不同于那些冠冕堂皇却毫无作用的建议,诸如你应该跳下水去学游泳——这可能有用,但也有可能令你产生更深的恐惧,进而在你的大脑里形成害怕、恐惧和羞涩的循环。

我发现自己选了一家很不错的公司。课上约有15个人,带领我们做练习的是查尔斯·卡格诺,他结实健壮,有一双让人温暖的褐色眼睛,以及巧妙的幽默感,他本人也曾经从暴露疗法中大大受益。他说,对公开演讲的焦虑已经不再让他夜不能寐,可是恐惧是个狡猾的敌人,他一直在努力让自己变得更好。

在我加入之前,这个讲习班已经开课数周了,而查尔斯向我保证,新人也能跟得上。这个团队远比我期待的要多样化:有位时装设计师留着长长的卷发,涂着红唇,穿着尖尖的蛇皮靴子;有位秘书戴着镜片厚厚的眼镜,做事一板一眼,总是在讲自己是门萨会员;有一对夫妇是投资银行家,他们高大而健壮;还有一个演员,有一头乌黑的头发,一双明亮的蓝眼睛,穿一双彪马运动鞋,神情愉悦地走过房间却称自己在整个过程中怕得要命;还有一个华人软件设计师,总是带着甜甜的笑容,但是笑声里充满了紧张。毫不夸张地说,这就是纽约人的写照。你在摄影班里或者意大利厨艺班里见识到的人大概也是如此。

事实并非如此。查尔斯解释说,我们每个人都可以在全班人面前发言,只要在一个我们可以承受的焦虑程度上就可以。

一位名叫拉蒂沙的武术教练是那晚吃螃蟹的第一人。拉蒂沙的任务是在全班同学面前大声朗读罗伯特·弗罗斯特的诗。拉蒂沙留着长长的辫子，带着大大的笑容，看起来就像一个无所畏惧的姑娘。正当她准备好朗读，把书打开放在讲台上的时候，查尔斯突然问她，以1到10为数值范围，她此刻有多么焦虑。

"至少要到7。"拉蒂沙说道。

"慢慢来，"查尔斯说，"世界上只有很少的人可以完全克服自己的恐惧。"

拉蒂沙小声而吐字清晰地朗读着诗篇，声音里只有细微的颤抖。当她完成任务的时候，查尔斯的脸上写满了骄傲。

"莉萨同学，请你站起来谈谈。"查尔斯指着一位年轻貌美的销售总监说道。莉萨有一头乌黑秀丽的长发，手上戴着金光闪闪的订婚戒指。查尔斯说："轮到你来给出一些反馈意见了。你觉得拉蒂沙看起来紧张吗？"

"不。"莉萨说道。

"我是真的很害怕。"拉蒂沙解释说。

"不要担心，没有人能看出来。"莉萨对拉蒂沙说。

其他人也纷纷点头同意，真的一点儿都看不出拉蒂沙的紧张。拉蒂沙坐了下来，满脸的喜悦。

接下来就轮到我了。我站在一个临时的讲台前——其实那是个乐谱架——面对着全班同学。房间里安静得只能听到吊扇嗡嗡作响，窗外还有嘈杂的汽车喇叭声。查尔斯要我先来个自我介绍，我深深地吸了一口气。

第五章　超越性情

"大家好！"我用尽全力喊了出来，希望声音听起来充满活力。

查尔斯惊讶地看着我。"你只要保持自己的本色就好。"他说道。

我的第一项练习比较简单。我要做的就是回答大家提出的几个问题，比如：你住在哪里？你的工作是什么？周末做了什么？

我以正常的方式回答了这些问题，一如平常温和的语气。大家都认真地听着。

"谁还有什么问题要问苏珊吗？"查尔斯问道。班里的同学都摇了摇头。

"那么，丹，"查尔斯对一个身材魁梧的红头发家伙说道，后者看起来就像在纽约证券交易所做直播的CNBC的记者，"你作为一名银行家，对事物都有着严格的标准。你觉得苏珊看起来紧张吗？"

"一点儿也不紧张。"丹说道。

班上的其他人也都点头称是。一点儿也不紧张，他们都这样认为，就像他们认为拉蒂沙不紧张一样。

他们还补充道："你看起来很外向。"

"你看起来真的很自信。"

"你很幸运，因为你一点儿都没有卡壳。"

我自我感觉良好地坐下来，但是很快我就发现，拉蒂沙和我并不是唯一得到这般评价的人，其他人的情况和我们没什么两样。"你看起来很平静！"那些发言的人都得到了这样的安慰，"如果你不说，别人根本就不知道你紧张。你为什么要来参加这个培训呀？"

最初我不知道我为什么会如此重视这些能让人重获信心的评价。后来我才意识到，我之所以参加这个培训班，是因为我想克服自己性情的局限性，我想尽我所能成为一名优秀而勇敢的演说者。这种对我的肯定是我离这个目标越来越近的证据。其实我也怀疑过那些给我的反馈其实过于宽容，但是我对此并不在意。我在意的是，我可以让观众很好地接收我的信息，而我对这次经历也颇感满意。我已经开始对公开演讲的恐惧不那么敏感了。

此后，我做了大量的演讲，有面向 10 个人的，也有面向成百上千人的。我张开双臂去拥抱讲台。对我而言，这个过程有许多具体的步骤，包括将每一次演讲都当成一项创造性工作来完成，因此当我为了某个要演讲的"大日子"准备就绪的时候，我体验到了自己非常享受的那种沉浸其中的感觉。我也就我十分重视的话题做过演讲，我发现如果是我关心的话题，我会更容易投入其中。

当然了，现实情况并不总是如此。有时，发言人需要讲一些自己根本不感兴趣的东西，特别是在工作中。我相信这对于那些很难装作热情洋溢的内向者而言尤其困难。但是这样的僵局却隐含着一个好处：如果我们总是不得不就很多自己提不起兴趣的话题发言，这倒是会激励我们跳槽。没有谁比带着信念的勇气演说的人更勇敢了。

第六章

"富兰克林·罗斯福是政治家，而埃莉诺道出了良知"

为何"酷"会被高估？

毫无疑问，一个害羞的人会害怕引起陌生人的注意，但这并不意味着他恐惧陌生人。他在战场上可能会是一个无畏的英雄，但也会在陌生人面前缺乏自信。

——查尔斯·达尔文

故事发生在1939年的复活节,地点是林肯纪念堂。玛丽安·安德森是当时最杰出的歌手,那天她在这里举办演唱会,美国第16任总统林肯的雕像矗立在她身后。她有着褐色肌肤,衣着华丽,正凝视着台下的75 000名观众:男人们都戴着宽边的礼帽,女人们则盛装出席,众多黑色和白色的面孔汇集成海洋。"我的祖国,"安德森唱了起来,她的声音响彻云霄,每个字都是那么纯净、那么独特,"甜蜜的自由乐园。"台下的人群全神贯注地听着,听得热泪盈眶,他们从来没有想过会有这么一天。

如果没有埃莉诺·罗斯福,这一天真的不会到来。年初的时候,安德森计划在华盛顿特区的宪法大厅举办演唱会,然而大厅的所有者"美国革命之女会"以安德森的种族问题为由拒绝了她的申请。出身于革命家庭的埃莉诺辞去了美国革命之女会的职务,帮助安德森安排了在林肯纪念堂的演唱会,这个事件在全美引发了一场风暴。埃莉诺并不是唯一一个发出反对声音的人,而她却在这个问题上带来了政治影响力,把自己的名誉都赌在了这个反抗的过程之中。

罗斯福夫人生性无法忽视别人的困难,她经常做出这种符合社会良知的举动。但很多人觉得这种反抗是如此伟大。美国黑人民权领导人詹姆斯·法默在回顾埃莉诺·罗斯福勇敢的立场时说道:"这是一次伟大的反抗。富兰克林·罗斯福是政治家,他要权衡他的每一个决定带来的政治后果。必须承认,富兰克林·罗斯福是个优秀的政治家,而埃莉诺道出了良知,并扮演了一个为了良知奋斗的人。他们的出发点是不同的。"

埃莉诺扮演的角色或许贯穿了他们二人的生命:她既是富兰克林

的顾问，也是富兰克林的良心。他选择埃莉诺做自己的夫人大概就是出于这样的原因，否则他们应该走不到一起。

他们相遇的那一年，富兰克林·罗斯福才20岁。他是埃莉诺的远房表兄，出身于美国上流社会家庭，那时还在哈佛大学读书。埃莉诺当时只有19岁，同样出身于一个富有的家庭，她不顾家人的反对，深入穷苦人民当中体察他们的苦难。她在曼哈顿贫穷的下东城为娱乐、教育和社会事业做志愿者的时候，目睹了那些被迫在没有窗户的工厂里缝制人造花的孩子一直工作到筋疲力尽的情景。有一天，她带富兰克林到了那里。富兰克林简直不敢相信，居然会有人生活在如此悲惨的环境之中——或者说，这个和他来自同一个世界的年轻女子，让他见识到了美国的另一面。在那一刻，他就爱上了她。

然而埃莉诺并不是富兰克林·罗斯福一直渴望与其走进婚姻殿堂的那类阳光、机智的姑娘。和富兰克林喜欢的那种类型相反，埃莉诺是个不苟言笑、不喜欢闲谈、严肃而腼腆的女孩。连埃莉诺的母亲——一个身材曼妙、性格活泼的"贵族"女性——都会取笑她的举止，叫她"老奶奶"。而埃莉诺的父亲是西奥多·罗斯福最有魅力的弟弟，他见到埃莉诺时喜欢哄她开心，不过这种情况往往只会发生在他喝醉的时候。在埃莉诺9岁那年，父亲去世了。埃莉诺遇到富兰克林·罗斯福的时候，她全然不敢相信像他这样的男人会对自己感兴趣。他们两个实在是大相径庭——富兰克林大胆而热情，常常带着大大的笑容，很容易同别人打成一片。"他年轻、不羁而英俊，"埃莉诺回忆说，"当他邀请我跳舞时，我又害羞，又尴尬，又激动。"

与此同时，很多人也对埃莉诺说富兰克林有些配不上她。有些人觉得他就是个无足轻重又平庸的学者，还是个轻佻浪荡的公子哥。尽管埃莉诺自我感觉不好，可是她身边不乏众多因欣赏其庄重的气质而对她穷追不舍的痴心人。当富兰克林俘获了她的芳心时，很多她的追求者写信向富兰克林道贺。其中一封信上写道："埃莉诺是我遇到的所有姑娘中，最让我尊敬和爱慕的。"另一封信上则说："你可真幸运。你未来的妻子是那么出色，这个世界上能娶到如此淑女的男人真是屈指可数。"

但舆论对富兰克林和埃莉诺来说无关紧要。他们各自的优点恰恰就是对方渴求的——她的善良，他的勇敢。"埃莉诺真是个天使。"富兰克林在报纸上写道。当埃莉诺于1903年接受他的求婚时，他向全世界宣布自己是最幸福的男人，埃莉诺则在报纸上用一封热情洋溢的情书做了回应。1905年，他们走进了婚姻的殿堂，之后孕育了6个孩子。

尽管他们对于这段关系非常欣喜，但二人之间的差异却从一开始就给他们带来了麻烦。埃莉诺渴望保持亲密的关系，喜欢讨论严肃的话题，而富兰克林则对聚会、调情和八卦乐此不疲。富兰克林称，他什么都不怕，怕的只是无法理解自己的妻子为何会如此腼腆。1913年，富兰克林被任命为海军助理部长时，他的社交生活变得更加疯狂，而且社交场所也越来越奢靡，如私人精英俱乐部以及哈佛朋友的私人豪宅。他夜夜笙歌，一天比一天玩儿得晚，而埃莉诺回家的时间却一天比一天早。

这时，埃莉诺发现她的日程表被社交活动占得满满的。她得去拜访华盛顿名流的妻子，在她们的家的门上留下名片，在自己家里招待她们。而她一点儿都不喜欢扮演这样的角色，所以她聘请了一位名为露西·门瑟的社交秘书来帮她处理。这似乎是个好主意，然而好景不长，1917年的夏天，埃莉诺带着孩子们到缅因州度假，只留下了富兰克林和门瑟在家。这两个人从此开始了一段纠缠不清的情事，门瑟便是富兰克林最中意的那种外向活泼的美人。

埃莉诺偶然在富兰克林的手提箱里发现了他们之间的情书，她明白富兰克林背叛了她。她觉得自己已经崩溃了，但是依然维持着这段婚姻。虽然婚姻中浪漫的一面已经无从谈起，但她和富兰克林却用一种令人惊叹的东西替代了爱情，那就是：他的自信与她的良知形成的联盟。

* * *

将镜头切换到当代，我们会遇到另一位气质与埃莉诺相仿的女子，在彰显着这个社会的良知。伊莱恩·阿伦是一位出色的心理学家，从1997年第一次出版科学论著开始，她就单枪匹马地投入了重构杰尔姆·卡根和其他学者开创的"高度应激性"（有时也被称为"消极"与"抑制"）学说，她称之为"敏感"（sensitivity）。随着这个新名字的诞生，我们也转变和加深了对这种特质的认识。

当听说阿伦要在一年一度的"高敏感群体"周末聚会上发言时，我立即订了飞往加利福尼亚马林县沃克溪牧场的机票。这个聚会的发起者和主办人杰奎琳·斯特里克兰同样也是一名心理治疗师，她解释说，之所以会组织这项活动，是希望那些敏感的人能够从感受彼此的存在中受益。她寄给我一份日程表，并告诉我，我们被安排在专门用于"午休、写日记、休闲、思考、组织、写作以及反馈"的房间中小住。

"请在你自己的房间里安静地进行社交活动（在征得你室友同意的前提下），或者最好是在吃饭的时候，在小组活动的区域进行。"日程表上这样写道。这个聚会是为那些喜欢有意义的讨论之人而设的，有时这些人会觉得"当某个话题达到某种深度时，我们是唯一能够跟上的人"。我们确信，这个周末我们会有充裕的时间来探讨这些严肃的话题，而且我们可以根据自己的意愿，随时离开或加入其中。斯特里克兰知道，我们中间的大部分人这一生会经历无数次强制性的集体活动，而她想在这短短的几天里，向我们展示一个完全不同的模式。

沃克溪牧场位于加利福尼亚北部一片原生态的原野上，占地约7平方千米。牧场提供了适合远足的环境，众多的野生动物奔跑其间，开阔的天空澄澈如水晶，而在这个牧场的中心，是一个舒适的谷仓样式的会议中心。在6月中旬的一个周四下午，我们30多个人欢聚于此。七叶树别墅配有灰色的地毯、大大的白板，以及可以俯瞰红杉林的彩窗。除了通常会议上会出现的一堆堆的登记表和名牌，这里还有一个独特的表格，要求我们填上自己的姓名以及迈尔斯－布里格斯性格类型。我浏览了一下名单，除了斯特里克兰是个温暖、热情且善于表达的外向者，其他人都是内向者。（根据阿伦的研究，大多数敏感的人都是内向者。）

房间里的桌子和椅子围成一圈，这样我们就可以看到每一个人的正脸。斯特里克兰请我们分享来这里的原因——当然你也可以选择不参加这个环节。一位名为汤姆的软件工程师首先发言，他表达了对于在学习中减轻自己敏感程度的强烈愿望,并认为"会在这里学到如何从生理学角度看待敏感这一特征。这是一次研究!研究的主体就是像我这样的人!我不需要再努力满足别人的期望了。在这里我也不用感觉抱歉或者防范任何人"。汤姆狭长的脸颊、棕色的头发还有与之相配的胡子,一下子就让我想到了亚伯拉罕·林肯。接下来,汤姆介绍了他的妻子。她谈到了自己与汤姆多么合得来,也谈到了他们如何偶然发现了阿伦的研究。

轮到我时,我提到了自己从来没有参与过无须刻意表现得异常激动的小组活动。我说,我对于内向和敏感之间的联系非常感兴趣。当我提到这个问题时,很多人点头表示赞同。

周六上午,阿伦博士出现在了七叶树别墅中。当斯特里克兰向我们介绍她时,她饶有兴致地站在白板后面。然后,她带着微笑出现在我们面前,身穿一件外套、一件高领毛衣和一条灯芯绒裙子。她留着一头毛茸茸的棕色短发,还有一双温暖而深邃的蓝眼睛,仿佛一切都逃不出她的法眼。你很快就会发现,这个深沉的学者阿伦,今天如同一个紧张的女学生一样。你同样看得出来,那是她对观众的尊敬。

寒暄过后,便回到了正题上,阿伦告诉我们,她准备了5个不同的副主题,并让我们举手投票选出我们最感兴趣的3个。然后她迅速统计出我们的票数,决定了由我们集体投票得出的3个副主题。听众都表现得相当随和,其实我们最终选择哪个主题真的并不重要,我们知道阿伦今天要讲的是敏感这个话题,而她把我们的喜好考虑进来了。

有的心理学家通过做一些不寻常的实验来获得在学术界的一席之地,而阿伦则是在前人的基础上从完全不同的视角来进行分析研究。

当她还是个小姑娘时，阿伦就经常被人们评价为"对自己的事情太过敏感"。她有两个个性坚强的兄长，她是家里唯一爱做白日梦的孩子，在这样的家庭环境中成长，她很容易会感觉自己受到了伤害。随着年龄的增长，阿伦也开始走出家庭的轨道，她不断发现自己似乎有不同常人之处。她能独自驱车数小时，而不用打开收音机。她在夜里常常会做梦，有时这些梦境甚至让她困扰不已。她常常"神经兮兮"的，时常会被一些强烈的情绪困扰，有时是积极的，有时又是消极的。她无法感受到神灵的存在，似乎只有当她离开这个世界以后，神灵才会出现。

阿伦长大之后成了一名心理学家，并嫁给了一个喜欢她这些特征的粗犷男子。对她的丈夫阿特来说，阿伦是一个有创造力、有直觉、有深度的思想者。她也欣赏自己身上的这些特质，只是她觉得这些性格特质"虽然从表面上看是完全可以接受的，但是我同样意识到它们是我生命中潜在的缺陷"。尽管她有这样的缺陷，阿特依然如此爱她，她觉得这真是一个奇迹。

当阿伦的一个心理学同行用"高度敏感"来形容她时，她的脑海中浮现出了一个想法。如果这一描述恰好可以用来形容她神秘的"缺点"，只是心理学家并未将其视为缺陷，这是一种中性的表述方式。

阿伦从这个新的视角进行了一番思索，之后便开始了对这个被称为"敏感"的性格特质的研究。起初她对这个领域毫不熟悉，于是她翻阅了大量关于内向的文献，因为内向似乎是与"敏感"这一话题密切相关的，比如卡根对于那些高度应激儿童的研究，以及长久以来关于内向者在社交和感官刺激上表现得更为敏感的诸多实验。这些研究为阿伦的研究提供了一个大致的框架，不过阿伦认为在她想要描绘的内向者中，有一部分内容是缺失的。

"问题就在于，科学家一直在试图观察人们的行为，而这些东西是你无法观察到的。"阿伦解释道。科学家很容易对外向者的行为做出分析，因为外向者经常会表现出大笑、讲话或者手势等行为语言。可是"如果一个人站在房间的角落里，你大概可以猜到他有15个动机，却完全无法了解他的内心在想什么"。

阿伦认为，内心行为也是行为的一种，即使很难对它进行分类。内向者能表现出的最明显的行为就是，当你带他去参加晚宴时他脸上写着"不悦"二字。那么他们的内心行为又是怎样的呢？阿伦决定一探究竟。

首先，阿伦采访了39名被我形容为内向或者容易被刺激压倒的人。阿伦问他们喜欢什么电影、有什么早期的记忆、与父母的关系、与朋友的关系、爱情经历、创造性的活动，以及哲学与宗教观念等问题。基于这些访谈，阿伦设计了一份冗长的问卷，并分发给了数个规模较大的团体。然后，她从这些回收的问卷中整理出了27个属性，并将体现出这些属性的人们称为"高度敏感群体"。

在这27个属性中，有些属性与卡根和其他学者的研究不乏相似之处。比如，高度敏感的人往往是敏锐的观察家，秉持"三思而后行"的原则。他们尽量让自己的生活保持平淡，通常对视觉、听觉、嗅觉、疼痛和咖啡因都非常敏感。他们在别人的注视下做事情时（比如工作、讲话或是在音乐会上演奏）就会局促不安，也会在一些评判个人价值的场合（如约会、工作面试等）觉得备受煎熬。

然而，阿伦提出的这些属性之中也有新的观点。高度敏感群体往往会在他们的人生方向上偏向于具有哲学或精神价值的事物，而不会向物质主义或享乐主义靠拢。他们不喜欢闲聊，往往认为自己具有创造力而且直觉很准（就像阿伦丈夫眼中的她一样）。他们的梦境生动而鲜活，一般在第二天醒来的时候仍然能回忆起梦境中的场景。他们热爱音乐、自然、艺术和形体美。他们的情绪来得格外强烈——有时会迎来突如其来的喜悦，也会突发强烈的伤感、忧郁和恐惧。

高度敏感人群也会处理来自环境（包括身体和情绪）的信息，而这种影响是深刻的。他们通常会发现一些别人疏漏的微妙细节，比如他人情绪或语气上的微妙转变或者灯泡太亮等。

最近石溪大学（Stony Brook University）的一组科学家检验了这项发现，他们向18名躺在功能磁共振成像仪上的受试者展示了两组共4张照片（栅栏和一些干草包）。第一组的两张照片有明显的差别，另一组的照片差别则比较小。研究人员询问受试者，在每一组照片中，第二张与第一张是不是相同的。他们发现那些敏感的人会花更多的时间来寻找照片中微小的差别。他们的大脑也显示出区域性的活跃，而这些区域的功能是关联当前出现的影像与记忆中的影像信息。换句话说，敏感的人在处理这些照片信息的过程中要比其他人更细致，他们对这些栅栏和干草思考得更久。

这是一项新研究，因而其结论还需要在其他情况下做进一步验证和探讨。然而，这项研究却与杰尔姆·卡根对高度应激的一年级孩子所做的实验有异曲同工之妙——这些孩子在玩关联游戏和朗读不熟悉的单词时，会花费比同龄人更多的时间来进行选择。主导这项实验的石溪大学科学家扎德兹·扎杰洛克茨称,这也说明了,这些敏感的人通常会以一种不同寻常的复杂方式进行思考。也许这也可以解释为什么他们对于闲谈如此不感兴趣。"如果你用一种复杂的方式来思考,"阿伦告诉我,"那么谈论天气或者你去哪里度假这样的问题就远不及谈论价值观或道德有趣了。"

阿伦发现高度敏感人群的另外一个特质是,有时他们的共情能力很强。这似乎是因为他们很难在自己与他人的情绪,以及世界上的悲剧和残酷现实之间划清界限。他们往往有着更加强烈的良知,他们从来不看暴力的电影和电视节目,会敏锐地意识到自己的行为在一段时间之后带来的影响。在社交场合,他们聚焦的问题往往是别人认为"太过沉重"的话题,如个人问题等。

阿伦发现,她在研究一个庞大的课题。她需要区分敏感人群的许多特质——例如对于美的感召和共情——这些都是心理学家认为要加以区分的特质,就像区分其他性格特质一样,比如亲和性和经验开放性等。但在阿伦看来,这些特质也都是敏感的基本组成部分。她的研究结果同样也挑战了人格心理学中公认的原则。

她开始在学术期刊和书籍中讲述自己的研究结果,并且就她的研究成果进行公开演讲。起初,这一切都显得很困难。观众纷纷表示,她的想法虽然很有意思,但她模棱两可的讲话风格却完全无法吸引他们的注意。然而,阿伦热切地想要把她的信息传递出去。她坚持了下来,并且学会了像个权威学者一样发言。我在沃克溪牧场见到她的时候,她对于演讲已经驾轻就熟了,语气干脆而坚定。她与那些典型的发言者唯一的不同是,她会非常认真地回答每一个观众的每一个问题。

她演讲之后还会留下来同大家交流,尽管如此,作为一个极端内向的人,她心里一定巴不得赶紧回家。

阿伦对于高度敏感人群的描述听起来就是在讲埃莉诺·罗斯福本人。事实上,在阿伦首次发表她的研究成果之后的几年间,科学家发现,当让那些根据基因图谱初步判定为敏感或内向的人(那些带有与猕猴一样的 5-羟色胺转运蛋白变异基因的人,详见第 4 章)进入功能磁共振成像仪,然后给他们看一些恐怖的面孔、事故现场、残缺的尸体以及被污染的环境照片时,他们的杏仁核——大脑中用于处理情绪的部分——会变得异常活跃。阿伦和其他科学家还发现,当高度敏感人群看到正在经历强烈情绪的人的脸时,他们大脑中掌管共情与控制强烈情绪的部位会比其他人更容易被激活。

也就是说,像埃莉诺·罗斯福这样的人,会情不自禁地去体会他人的感受。

* * *

1921 年,富兰克林·罗斯福患上了小儿麻痹症。对他而言,这是一个可怕的打击,他考虑退出政坛,回归平凡的生活。而在他康复期间,埃莉诺一直代他维持着同民主党之间的联系,甚至同意在一项党内筹款会议上致辞。她很害怕公开演讲,在这方面做得也不好——她的声音很尖厉,而且她会在犯错时发出紧张的笑声。但她为这次会议专门接受了培训,最终顺利完成了演讲。

此后,埃莉诺依然对自己很不自信,但她依然着手去处理她看到的社会问题。她化身为妇女问题的领袖,并且与志同道合的人组建了联盟。到1928年罗斯福当选纽约州州长的时候，埃莉诺也成了民主党妇女运动办公室的负责人，是美国政界最有影响力的女性。此时此刻，她与富兰克林真的成了合作伙伴——凭借他的才干加上她的良知。"我对社会情况的了解程度，可能比他（富兰克林）还要多一点，"埃莉诺回忆起当时的情况时带着特有的谦逊，"但是他对政府了如指掌，也知道如何利用政府来改善社会环境，而且我觉得我们开始对这个团队合作有了一些概念。"

1933年，罗斯福当选美国总统。那时正值美国"大萧条"最严重的时期，埃莉诺开始了环美之旅——3个月的时间，她走了64 000多千米，听普罗大众诉说他们的疾苦。人们向她敞开心扉，用一种从来没有过的对当权者的中肯态度倾诉着。对富兰克林来说，她成了穷苦民众的代言人。她结束旅行回家后，总是会告诉富兰克林一路上的所见所闻，并且督促他做实事。她帮助政府协调、实施在阿巴拉契亚救助饥饿矿工的计划；她催促罗斯福将妇女和黑人都纳入计划之列，让人们能尽快重返工作岗位；她还帮助玛丽安·安德森在林肯纪念堂举办了演唱会。"她一直提醒富兰克林那些他可能会在繁忙的工作中忽略的问题，"历史学家杰夫·沃德说，"她一直以高标准来要求他。任何一个见过她紧锁双眉对他说'现在，富兰克林，你应该……'的人，都不会忘记那一幕。"

那个曾经腼腆的姑娘，从一个对公开演说充满了恐惧的人，变成了一个关注公共生活的伟大女性。埃莉诺成了美国历史上第一个召开记者招待会的第一夫人，她还在国际会议上致辞、写报纸专栏并在电台谈话节目上出现。之后的职业生涯中，她作为美国驻联合国代表，用她那不同寻常的政治技巧和来之不易的坚韧，赢得了《世界人权宣言》的通过。

她并没有因为成熟而克服自己的弱点，终其一生，她都饱受着她所谓的黑暗"格丽塞尔达情绪"的折磨（格丽塞尔达是中世纪的一位公主，她是个沉默的人），并且痛苦地想要"让脸皮变得像犀牛牛皮一样厚"。"我觉得那些腼腆的人永远都是会害羞的，但是他们会学着去克服这种情绪。"埃莉诺说。但也正是这种敏感性，让她很容易同劳动人民打成一片，也正是这种敏感，让她热心地成为劳苦大众的代表。罗斯福当选总统时，正值美国经济大萧条最严重的时期，后来人们永远缅怀他的怜悯之心，然而事实上，是埃莉诺让他知道了美国人当时有多少疾苦。

* * *

敏感与良知之间的关系，一直是研究热点。我们来看一下这个由发展心理学家格拉日娜·科汉斯加所做的实验。一个女人递给孩子一个玩具，告诉他要好好保管不要弄坏，因为这个玩具是她的最爱。这个孩子郑重地点点头表示同意，然后就开始玩玩具，没过多久，玩具就变成了两半——当然，这都是设计好的剧情。

那个女人看起来很沮丧，并且大哭了起来，她伤心地喊着："哦，天哪！"然后，她等着看这个孩子会怎么做。

实验证明，有一部分孩子会因为（看起来是）他们的过失而感觉到比其他人更为内疚。他们会移开自己的目光，抱着双臂，结结巴巴地忏悔，还会把自己的脸埋起来。我们不妨把这些孩子视为最敏感、最高度应激的类型，那些感觉最内疚的孩子最有可能是内向者。他们对所有的经历都表现得异常敏感，无论是积极的经历还是消极的经历，一方面，似乎对女人的伤心感到悲伤，另一方面，因为自己做了错事而感觉焦虑。（有些读者可能想知道后来发生了什么——后来，实验中的那个女人很快带着修好的玩具回到房间，并告诉孩子他没做错什么。）

在我们的文化中，"内疚"通常是一个偏负面的词，但这种情绪也可能是搭建良知的一块积木。这些高度敏感的孩子因弄坏了玩具而产生的焦虑，会为他们构建下一次避免弄坏别人玩具的意识。科汉斯加说，这些孩子在4岁时，不太会像同龄人那样撒谎或者破坏纪律，即使是在他们明知道不会被抓到的情况下。等到他们六七岁的时候，他们的父母更有可能会觉得这些孩子有较高的道德水平，比如有较强的共情能力等。一般情况下，他们也不太会出现行为问题。

"产生影响的是适度的内疚，"科汉斯加写道，"这种适度内疚可能会促成日后的利他主义、个人责任感、在学校的适应行为、和谐、能力，以及从与父母、老师、朋友的相处中体现的亲社会性。"这是一项尤为重要的个人特质，特别是在这样一个年代里。密歇根大学2010年的一项研究表明，如今的大学生与30年前相比，共情能力下降了40%，而2000年时有一次明显的骤降。（研究人员推测，这种情况的出现与社交媒体、电视真人秀的盛行，以及社会上的激烈竞争分不开。）

当然，有这些特质并不意味着那些敏感的孩子就是天使。他们也像其他人一样有自私的倾向，有时也会表现出冷漠和敌意。阿伦说，当他们被消极的情绪所控制时，比如羞愧或焦虑，他们会完全无视他人的需要。

然而，这种对这些经历的接受程度，虽然可能让高度敏感人群觉得生活艰辛，但同时也帮助他们构建了良知。阿伦讲了两个故事，一个是关于一个敏感的少年试图说服自己的母亲去救助一个他在公园里遇到的无家可归的人；另一个故事则是说一个8岁的小女孩不仅会在自己感觉尴尬的时候哭泣，也会在同伴被取笑时抹眼泪。

我们从文学作品中可以很好地了解这类人，这可能因为那些作者本身就是敏感而内向的。他"不像其他男人一样有无数张面孔，他只有一张，就用这一张脸走过了一生"，这是小说家埃里克·马尔帕斯故事中的主角，那是个沉默而聪明的作家，这部小说名为《漫长之舞》(*The Long Long Dances*)。"别人不幸的遭遇深深打动了他，生活之美也让他感动：这些事物感动他，然后使他不由自主地拿起笔，把他（它）们写进故事里。他在山间行走的时候被感动；在听舒伯特即兴曲的时候被感动；坐在扶手椅上看晚间新闻时，抛头颅洒热血的战士成了9点新闻的主角，这一切都让他动容。"

说这种人"脸皮薄"本来是种比喻，但事实证明，它的字面意思其实也是正确的。在很多实验中，研究者通过皮肤导电测试来测量受试者的性格特质，记录人们在面对噪声、强烈的情感波动和其他刺激时的流汗程度。高度应激的内向者排汗较多，低度应激的外向者则排汗较少。所以低度应激者的皮肤的确"比较厚"，不易受刺激，触摸起来比较凉。事实上,部分科学家称,这便是社交生活中"酷"①这个概念的来源:你越是低度应激,就说明你的皮肤越厚,你就越酷(凉)。(顺便提一下,反社会的行为就是极度冷酷的反映,那些人的唤起程度极低,皮肤导电性极低,焦虑感也极低。有些证据还表明,反社会的人杏仁核是受损的。)

测谎仪从某种角度来说也是一种皮肤导电测试,其原理是说谎会引发焦虑,而焦虑会让人不自觉地流汗。我读大学的时候申请去一家珠宝公司做暑期兼职,在申请过程中,我必须接受谎言测试。进行测试的房间又小又昏暗,地板上铺着油毡,给我做测试的是个瘦瘦的、点着烟吞云吐雾、黄黄的皮肤上满是痘痕的男人。他先问了我一些简单的问题——我的名字、地址等,来建立我皮肤的基本导电水平。之后的问题就变得深入,而测试人员也变得严厉起来:你有没有犯罪前科?是否偷过东西?有没有使用过可卡因?问到最后这个问题的时候,考官直勾勾地盯着我。事实上,我从来没有接触过可卡因,但是他的样子看起来就像是我用过一样。他脸上那一副指控的表情,就像是老练警察的把戏:他们告诉犯罪嫌疑人他们手上已经有确凿的证据,对方已经完全没有否认的余地了。

我明明知道他是错的,可我还是觉得我有点儿脸红了。不出意料,最终测试结果显示我在可卡因这个问题上撒谎了。很显然,我的皮肤太薄了,它居然会响应欲加之罪!

我们通常认为"酷"是一种态度——你戴上一副太阳镜,手里

---

① "酷"的英文即"cool",也有"凉"的意思。——编者注

端着一杯饮料，摆出一副满不在乎的样子。但或许，我们选择这些装饰是有一定原因的。或许我们选择墨镜、放松的肢体语言以及酒精作为象征符号，恰恰是因为它们可以掩饰神经系统的高速运转。墨镜可以防止他人看到我们的瞳孔因惊讶或恐惧而放大；我们从卡根的研究中可以得知，放松的躯干是低度应激的一个标志，而酒精则会消除我们的顾虑并降低我们的唤起水平。人格心理学家布赖恩·利特尔认为，你去看一场橄榄球比赛，如果有人递给你一罐啤酒，那么"他们其实是在对你说：'嗨，来一杯让你外向的东西。'"

年轻人可以本能地理解生理上的"酷"。柯蒂斯·西滕费尔德的小说《预科生》(*Prep*)用不可思议的精准描述，探讨了青少年在寄宿学校中的社交礼仪。小说的主人公李出人意料地被学校里最酷的女孩阿斯派丝邀请去她的宿舍，李首先注意到的是阿斯派丝的世界里充满了感官刺激。"从门外就能听到震撼人心的音乐，"李观察到，"白色的圣诞灯亮着，挂满了房间所有墙壁的上部，在北面的墙上，她们还挂了一条巨大的橘黄色与绿色相间的挂毯……我感觉自己受到了过度的刺激，而且有些隐隐的不快在心头盘旋。那间我和室友共用的房间显得是那么安静而平和，我们的日子也过得那么安静而平和。我疑惑的是，阿斯派丝是生来就这么酷吗，还是有人教她的？姐姐还是堂兄？"

运动员文化也把这种低度应激的生理倾向称为酷。对于美国早期的宇航员来说，心率低意味着低度应激，这是种地位的象征。美国第一个进入地球轨道的人是约翰·格伦中校，后来他也参选过美国总统，有着令人羡慕的升空时极为缓慢的脉搏（每分钟仅 110 次）。

＊＊＊

然而，那些生理反应不够冷静的人或许会在社交方面创造超乎我们想象的价值。当一个口气强硬的测试人员靠近你，你与他脸之间的距离只有两三厘米，而且他还要问你有没有用过可卡因时，你的脸红可以生成某种社会凝聚力。在最近的一项研究中，由科里内·戴克领导的一组心理学家要求 60 多名参与者阅读一些对不道德事件或者尴尬事件的报道，比如从车祸现场驱车逃逸、将咖啡洒到别人身上等。然后，这些参与者会看到肇事者的照片，照片上的人有以下 4 种表情：羞愧或尴尬（低头及垂眼），羞愧或尴尬加上脸红，无感情色彩，以及无表情加脸红。最后，他们要对这些肇事者的同情心和可信赖程度进行评估。

结果显示，那些脸红的肇事者比其他人获得了更积极的评价。这是因为脸红表现出了对他人的关心。正如加州大学伯克利分校的心理学家达谢·凯尔特纳（积极情绪方面的专家）在《纽约时报》上所写的："脸红持续两三秒以上就意味着他（她）在说'我对此很在乎，我知道我有违社会准则'。"

事实上，让高度应激者最痛恨的脸红问题——它是不可控的——会在社交中变得有用起来。"因为脸红这个现象是不能通过意志来控制的。"戴克推测道，他认为脸红是尴尬这种情绪最真实的表现。而尴尬，按卡根的观点来说，是一种道德方面的情绪。尴尬体现了一个人的谦虚、羞怯，以及避免冲突和维持和平的愿望。尴尬不会将羞愧的人（人们在羞愧时最容易脸红）割裂出去，反而会凝聚人类的力量。

凯尔特纳追溯了人类尴尬情绪的起源，发现很多灵长类动物在发生争斗之后都会试图进行一些弥补。它们时而会做出一些当我们感觉尴尬时会做的动作：看向远方，这意味着承认自己的错误行为并且有意识地想要停下来；低头，这意味着蜷缩身体，让自己看起来瘦小一些；或者紧闭双唇，这是一种自我克制的表现。凯尔特纳写道："这些行为在人类中间被称为'奉献行为'。"事实上，凯尔特纳在解读人类面部表情方面可谓训练有素，他曾经研究过那些道德英雄，比如甘地的照片，发现他们的微笑都是淡淡的，眼神也略带回避。

在凯尔特纳撰写的著作《人性本善》(*Born to Be Good*) 中，他甚至认为如果他要在闪电约会中用一个问题来选择他的配偶，那他要问的就是："你最近一次尴尬的境遇是什么？"然后他会很仔细地观察对方有没有出现咬嘴唇、脸红和转移目光的表现。"这些尴尬的元素是人们尊重他人的一种稍纵即逝的表现，"他写道，"尴尬反映了一个人对于联结彼此的规则的关心程度。"

换句话说，你应该弄清楚你的另一半是否在意他人的想法。事实上，在意太多总比漠不关心要好。

$***$

无论脸红有多少好处，这种高度敏感的现象着实带来了一个明显的问题——高度敏感人群要怎样在如此严酷的进化过程中为自己争得一席之地呢？如果大胆和主动是被推崇的行为准则（正如我们平日里所见），那么为什么数千年来，这些敏感的人没有像橘黄色的青蛙一样被淘汰呢？你可能会像《漫长之舞》中的主人公一样，比坐在你旁边的人更容易为舒伯特的即兴曲开始的和弦所感动；你可能会比其他人更不愿意看到那些血肉横飞的镜头；你也可能就是一个以为自己弄坏了别人的玩具而害怕地蜷缩起来的孩子。但是，进化却不会嘉奖这些行为。

或者说，进化确实会嘉奖这些行为？

伊莱恩·阿伦对此颇有见地。她相信高度敏感性之所以会作为一种特质被保留下来，并不是因为自身的原因，而是因为伴随这一特质出现的仔细和深思熟虑的性格特质。"'敏感'或'应激'的人可能会有三思而后行的特点，"她写道，"从而会避免涉险、失败以及浪费精力，这就需要一个独特的神经系统以观察和检测细微的差异。这是关于'孤注一掷'还是'三思而后行'的选择。相比之下，低度敏感群体会优先选择较积极的策略，即使是在信息不完整和有风险的情况下——他们通常不会考虑太多，因为'早起的鸟儿有虫吃'并且'机会只有一次'。"

事实上，阿伦认定的一部分敏感人群带有 27 种与敏感相关的属性，但并非全部如此。也许他们对光亮和噪声很敏感，但对咖啡因或疼痛并不敏感；也许他们对感官方面的一切都不敏感，却是个深沉的思想者并有着丰富的内心世界。也许他们根本就不是内向者——据阿伦统计，敏感人群中只有 70% 是内向者，而余下的 30% 是外向者（这些人比你认为的典型的外向者更关注自己的低潮和孤独）。阿伦推测，这是由于敏感性是作为一种生存策略的副产品而出现的，你需要其中的一部分，而非全部，来让你的策略变得有效。

阿伦的这一观点有大量的证据支持。进化生物学家认为，每一个物种都是为了适应一个特定的生态位而进化的，而且对于这个生态位来说存在一种最优行为准则,那些偏离这种最优准则的物种最终会灭绝。然而,研究发现,不仅仅是人类行为存在"等待时机"和"说做就做"之分,在动物王国中,超过100个物种的行为也大致可以进行这样的划分。

从果蝇到家猫再到北美野山羊,从翻车鱼到灵长目的丛猴再到欧亚蜂鸟,科学家们发现很多物种中接近20%的动物是"慢性子",而其余80%是不会去注意身边发生的一切就大胆去冒险的"急性子"。(有趣的是,卡根对婴儿应激性的研究数据表明,高度应激婴儿占比也是20%)。

如果"急性子"和"慢性子"的动物一起参加聚会,进化生物学家戴维·斯隆·威尔逊写道:"有些'急性子'会因为自己的大嗓门而让别的动物觉得厌烦,而其他动物则会抱着啤酒小声抱怨它们没有得到应有的尊重。'慢性子'是腼腆、敏感群体的典型特征。它们并不会在种群中称王称霸,却会观察、注意到那些头领看不到的东西。它们是聚会上在角落里讲着有趣故事的作家和艺术家,它们是会创造出新行为准则的开拓者,而那些群体的头领却通过模仿它们的行为来盗取它们的发明成果。"

一份报纸或一档电视节目曾经讲述了一个关于动物性格的故事,称在动物世界里,腼腆是一种不得体的行为,而大胆则是引"人"注意的、值得称赞的(就像我们中间的果蝇)。威尔逊与阿伦的观点一致,他们认为这两种类型的动物之所以可以共存,是因为它们有截然不同的生存策略,每一种策略在不同的时间会取得不同的效果。这便是进化权衡理论,即每一项特定的特征都不会是完全好或者完全不好的，这些特征是利与弊的结合体，在不同的环境下发挥着不同的生存价值。

"腼腆"的动物觅食频率较低，食谱较为宽泛，这会节省它们的精力，它们总是以一种局外人的姿态观望，当捕食者来袭时往往也能成功生还。而大胆的动物则往往采取突袭，自己也常被生态位更高的动物捕食，但当食物匮乏，面临更大的生存风险时，它们却往往能存活下来。威尔逊曾将一个金属罗网扔进满是小翻车鱼的池塘，他说这应该是一个令小鱼不安的事件，就像不明飞行物在地球着陆一样，那些大胆的小鱼会情不自禁地因为好奇而跑去查看，因而一股脑儿地冲进威尔逊所设的陷阱里。而那些腼腆的小鱼则明智地徘徊在池塘边缘，这就让威尔逊无从下手。

另一方面，威尔逊成功地用精心设计的罗网捕获了两种类型的小鱼之后，将它们带回他的实验室，那些大胆的小鱼很快就适应了新环境，并且比那些腼腆的兄弟提早整整5天开始进食。"在动物中，不存在单一的最优性格，"威尔逊写道，"只有由自然选择维持下来的多样化性格。"

另一个关于进化权衡理论的例子是特立尼达孔雀鱼，这种孔雀鱼能以一种惊人的速度调整自己的性格来适应所生活的微气候环境。孔雀鱼的天敌是梭鱼。有些孔雀鱼生活的环境，比如瀑布上游，就不会有梭鱼的存在。如果你是一条生活在如此迷人之地的孔雀鱼，那你就可能会有大胆而无忧无虑的性格来适应这里甜蜜的生活。而如果情况刚好相反，你的孔雀鱼家族生活在糟糕的环境中，即位于瀑布的下游，那里自由穿梭的梭鱼像巡航舰一样来势汹汹，那你的性格就可能格外谨慎，以防备那些坏家伙的偷袭。

有趣的是，这些差异是遗传所得而非后天习得的，因此那些大胆的孔雀鱼的后代移居到危险的环境中依然会传承父辈大胆莽撞的性格——即使与它们谨慎的同伴相比，这会让它们将自己置于严重不利的境地。不过，用不了太久它们的基因就会发生变异，那些生存下来的孔雀鱼的后代，往往也都是谨慎小心的类型。相同的情况也发生在那些发现梭鱼忽然不见了的谨慎的孔雀鱼身上，它们用了20年就使后代进化成了无忧无虑的类型。

* * *

进化权衡理论似乎同样适用于人类。科学家发现，游牧民族中那些遗传了某种与外向性格相关的基因的人（尤其是追求新鲜感的人），要比那些没有这种基因的人营养均衡。然而在定居民族中，那些携带了这种基因的人则会营养不良。那些让游牧民族勇猛地狩猎、保护牲畜不被袭击的特质，可能会对那些运动量更低的活动产生阻碍作用，比如耕种、在市场售货，或者在学校上课。

或者这样来考虑权衡理论：外向者的性伴侣会比内向者要多——这源于所有物种都想繁衍后代的本能，但他们却更有可能发生通奸情况，并且离婚也更为频繁，这对于孩子们来说并不是件好事。外向者经常锻炼，而内向者很少遭受意外和创伤。外向者虽有更为广泛的社交网络，却更容易犯罪。正如荣格在近一个世纪之前对两种性格类型所做的推测一样："一个有较高生育率的人（外向者），在防御方面能力较差，个人的寿命也较短；而另外一个会用多种自我保护手段武装自己的人（内向者），生育率会很低。"

甚至可以说进化权衡理论适用于整个生物界。进化生物学家往往认同个体一心想要延续自己基因的观点，而种群会接纳性格特质能促进集体生存的个体的观点争议颇大，如果不久前你有这样的想法，你很有可能被踢出学术界。然而这种观点已经慢慢被接受了。有的科学家甚至推测，某些性格特质（例如敏感）的进化基础是一种对于同种族，尤其是家族成员所遭受的苦难表现出的强烈同情。

但其实你并不需要考虑那么多。正如阿伦解释的，在动物群体中，群体的生存依赖于那些敏感成员的说法是有道理的。"试想在一群吃草的羚羊中……总会有那么几只时不时停下来，用它们敏锐的感觉去观察周围有没有捕食者出现。"阿伦写道，"有这类敏感而警觉的成员存在的群体会生存得更好，从而继续繁衍下去，于是在群体中又会有新的敏感个体出现。"

人类和动物又有什么不同呢？我们需要我们的埃莉诺·罗斯福，正如一群羚羊需要那些敏感的成员一样。

在动物性格方面，除了"腼腆"与"大胆"、"急性子"与"慢性子"之外，生物学家有时也会用"鹰派"和"鸽派"对某一物种进行分类。比如，经常有好斗个体的大山雀，就常常作为案例出现在国际关系学课堂上。这种鸟以山毛榉坚果为食，在那些坚果匮乏的时候，正如你所想象的，那些"鹰派"的雌鸟在食物竞争中独领风骚，因为它们能果断与抢夺坚果的竞争者展开决斗。然而在山毛榉坚果丰收的季节里，那些"鸽派"的雌鸟会获得更优质的食物——值得一提的是，这些"鸽派"的雌鸟往往都是好妈妈——它们在坚果大战中表现得要比"鹰派"雌鸟好，因为那些"鹰派"雌鸟把时间和精力都花在无谓的争斗中了。

而对于雄性大山雀来说，情况刚好相反。这是由于雄鸟在生活中的任务不是寻找食物，而是守卫领土。在食物稀缺的季节，很多大山雀因饥饿而死去，丛林中就有了充足的空间。而这些"鹰派"的雄鸟，在坚果丰收的季节就陷进了与"鹰派"雌鸟同样的陷阱之中——它们抖擞羽毛开始战斗，在每一场血战中浪费了宝贵的资源。然而在好的时节，当筑巢领土之战愈演愈烈的时候，这些"鹰派"的雄鸟就因为之前的争斗退出了有利的竞争舞台。

***

在战争或者恐慌年代——相当于对大山雀雌鸟而言的坚果稀缺季节——我们需要的似乎就是那种好斗的英雄。但是如果人人都是武士，那就没有人会注意到那些悄无声息蔓延的潜在致命威胁，比如病毒性疾病或者气候变化，更不用说抵抗这些威胁了。

前美国副总统戈尔引领了长达数十年的运动，以唤起人们对于全球气候变暖的关注。很多方面的证据都可以证实，戈尔是个内向者。"如果一个内向者出现在一个上百人的记者招待会或会议上，那么他的表现会比实际的水平低。"戈尔的前助理说，"戈尔在每次会议结束之后都需要休息。"戈尔承认，他的技能对政治演说和演讲毫无用处。"大多数政治人物会从热情的互相打气、握手中获得能量，"戈尔说，"而我的能量则需要从对问题的探讨中获得。"

但是，如果将对于思考的热情和对于细微之处的关注结合起来——两者皆为内向者的共同特征——你就会获得一个非常强大的组合。1968年，当戈尔还是哈佛大学的一名学生时，他选了一位很有影响力的海洋学教授的课，课上教授讲述了燃烧化石燃料引发温室效应的一些早期证据。戈尔竖起耳朵，认认真真地听着。

戈尔努力告诉别人他所知道的这一切，但是他发现没有人在意，仿佛他们压根儿听不到正在他们耳边敲响的警钟一样。

"20世纪70年代我进入国会的时候，我帮助组织了第一次关于全球变暖的听证会。"他在奥斯卡获奖影片《难以忽视的真相》(*An Inconvenient Truth*) 中回忆道，影片中最让人记忆深刻的一幕场景，是戈尔孤独地拉着他的行李箱穿过午夜机场的身影。真正令戈尔感觉困惑的是居然没有人对此加以关注："我确实以为并且确信这个故事足以引起国会对这个问题在态度上的巨大变化。我以为他们会觉得震惊，而事实上，他们根本无动于衷。"

如果戈尔那时了解卡根和阿伦的研究，或许他对同事们的反应就不那么意外了，他甚至可以用他对人格心理学的领悟来促使他们关注这个问题。他可以大胆地假设，国会是由全美国最不敏感的人组成的——这些人如果曾经是卡根实验中的孩子，那么他们应该就是那些见到奇装异服的小丑和戴着防毒面罩的陌生女人都不会多看一眼的类型。还记得卡根实验里内向的汤姆和外向的拉尔夫吗？是的，进入国会的议员都像拉尔夫——国会就是为拉尔夫这类人设计的。这个世界上大部分的汤姆都不愿意把自己的时间花在计划宣传或与说客闲谈上。

那些拉尔夫类型的人成为国会议员是再合适不过的了，他们精力充沛，无所畏惧，有说服力，但他们可能不会因为一张远方的冰川上出现裂缝的照片而有所警觉。他们需要一些更强烈的刺激来引起他们的注意。这就是为什么戈尔最终会与具有广泛影响的好莱坞联手传递自己的信息，因为好莱坞能把他的警示包装成充满特效的影像作品，于是便有了这部《难以忽视的真相》。

戈尔亲自上阵，用自己天生的专注与勤奋，不知疲倦地宣传着这部影片。他到全美数十家电影院与观众见面，并且接受了无数家电台、电视台的专访。在全球变暖这个问题上，戈尔的态度非常清晰，这是他在扮演一个政治家时无法做到的。对于戈尔来说，让自己沉浸于一个复杂的科学难题中是理所当然的。全情投入一个问题而不是像跳踢踏舞一样从一个主题跳到另一个，也成了理所当然之事。连对民众讲话的主题都变成了气候变化：在全球变暖这个问题上，戈尔有着超凡的魅力，并与民众之间形成了一种剪不断的联系，这也是他作为政党候选人无法做到的。因为这个问题对他来说不是关于政治或性格的，而是良知对他的召唤。"这个问题关乎我们赖以生存的家园，"他说，"当我们的地球抛弃我们的时候，谁还会去关心究竟是谁当选呢？"

如果你是个敏感的人，你可能会习惯于装作一名政治家，不让自己显得凡事都过分小心，或者只会一心一意地专注于手头上的工作，而事实上你并非如此。然而，在这个章节中，我想让你重新思考一下这种做法是否合适。如果这个世界上没有像你这样的人，我们便会不复存在。

* * *

再回到沃克溪牧场以及敏感人群的聚会上来，外向理想型以及其首推的"酷"在这里已经完全没有市场。如果说"酷"意味着低度应激，可以让一个人变得大胆而冷漠，那么这群聚集于此来见伊莱恩·阿伦的人可真是一点儿也不酷。

这里的气氛呈现出惊人的安静，因为这太不寻常了。这种气氛你通常只能在瑜伽课堂上或者佛教寺院里找到，只是这里并没有一个统一的宗教观或世界观，有的只是共同的性情。在阿伦演讲的时候，这一点很容易就能看出来。她通过长期观察发现，当她在一个坐满了高度敏感之人的房间里讲话时，气氛要比普通的公众聚集地更寂静，她也会得到更多的尊重，这一点在她的演讲过程中完美地呈现了出来。这种气氛一直持续到聚会结束。

我在这里听到了最多的"您先请"和"谢谢"。我们在一家露天咖啡馆用餐，餐桌是一张长长的夏令营风格的公共桌子，人们迫切地开始交谈。你会听到很多一对一的有关私密话题的谈话，比如童年的经历、成年后的爱情生活，以及一些社会问题，诸如卫生保健和气候变化，却很少能听到那种搭讪性质的对话。人们都仔细聆听对方的讲话，并且若有所思地予以回应。阿伦曾指出，敏感的人往往会以一种轻柔的语气讲话，因为这正是他们希望别人同他们交谈的方式。

一位名为米歇尔的网页设计师身体前倾地坐着，仿佛是在一场假想的狂风中支撑住自己的身体，她观察到："在世界其他地方，当你表达一个观点时，人们可能会去讨论，也可能不会。在这里，只要你表达了一个观点，就有人会问'那是什么意思呢？'。而如果你问其他人这个问题，他们也会做出回答。"

活动的组织者斯特里克兰观察到，这里并不是不存在闲谈，只是闲谈没有出现在对话的开始,而是出现在了末尾。在大多数情况下,人们会把闲谈当成一种放松的方式以发展某种新的关系,一旦不再拘束之后就会开始一些严肃的交谈。而敏感的人似乎刚好相反。"他们只有在彼此熟络之后才会有些闲谈,"斯特里克兰说,"当那些敏感的人处在能让他们产生真实感的环境中时,他们就会像其他人一样开怀畅谈了。"

我们第一晚来到卧室,在一个类似宿舍的楼中安顿下来时,我的本能反应是:这本来是我要读书或睡觉的时间,可是却会被人从床上揪起来玩枕头大战(夏令营的经典活动),或者加入一场喧闹而无聊的喝酒游戏(大学中的惯例)。而在沃克溪牧场,我的室友是一位27岁的秘书,她有一双又大又圆的眼睛,梦想有朝一日成为一名作家,她很乐意把晚上的时间花在安安静静地写日记上。这一点倒是正合我意。

当然,这个周末并不完全是放松的,有些人甚至表现出闷闷不乐的样子。有时这种自顾自的原则会随着每个人都各行其是而变成群体性的孤独。事实上,这里能被称为"酷"的事实在太少了,以至于我开始想,是不是该有人出来开开玩笑,插科打诨,拿点儿朗姆可乐来调节情绪呢?

事实上,我虽然希望感受到敏感者的气息,但也同样享受与那些神经大条之人的相遇。我很高兴自己身边有那么多"酷"的家伙,而且在这个周末我由衷地想念他们。在这里,我说话的声音轻得可以哄自己入眠。我在想,其他人内心深处是不是也有同样的感受呢?

那个长得像亚伯拉罕·林肯的软件设计师汤姆告诉我,他的前女友总是向朋友和陌生人敞开家门。她热衷于冒险：她喜欢新的食物，喜欢新鲜的性体验，喜欢结识新的人。他们之间始终不合适——汤姆一直渴望自己的另一半能够专注在他们两人的关系上，少花一点时间在外面的花花世界，而最终他与一个这样的女子组成了美满的家庭。然而，他依然觉得与前女友在一起的时光非常快乐。

就在汤姆讲述自己经历的时候，我也感受到了自己对远在纽约的丈夫的思念。肯不是个敏感的人，甚至可以说"敏感"这个词跟他差了十万八千里。有时这很让人沮丧：如果我被某件事情触动，流下了同情或焦虑的泪水，他也会为之所动；但是如果我总是这样，他就会开始不耐烦。当然我也知道，他这种硬汉作风未尝不是为我好，而且我发现他的陪伴能给予我源源不断的快乐。我爱他自然散发出的魅力，我爱他永远都有有趣的事情可以讲，我爱他全身心地投入到每一件事情上、每一个他爱的人身上，尤其是我们的家。

而我最爱的是他表达同情的方式。肯大概有些强势，一周强势的次数甚至比我一辈子的加起来还多，但他却用它来为别人说话。在我们相识之前，他在联合国任职，穿梭于全球的各个战区，他的任务是就战俘和被拘留者的释放问题进行谈判。他会走进散发着恶臭的监狱，面对那些胸前挂着机枪的军营指挥官，直到他们同意释放那些无辜的未成年女孩和遭强奸的受害者。经过多年的工作，他卸任后将自己的所见所闻写了下来，他的书中、文章里充满了愤怒与伤感。他不是从一个敏感之人的角度叙述的，而是从一个胸中充满人文关怀之人的视角来描写的，同样，他唤起了很多人的愤怒。

我以为沃克溪牧场会让我渴望一个高度敏感的世界，在那里所有的人都轻言轻语，没有人会随身带根大棍子。然而事实恰恰相反，这段经历让我更加渴望达到一个平衡。我想，伊莱恩·阿伦会把这种平衡说成是我们的自然状态，至少在印欧文化中，我们已然有了"勇士王者"和"祭司智者"之分、行政机构和司法机构之分，以及大胆而简单的罗斯福和敏感而认真的埃莉诺。

第七章

华尔街崩溃了,巴菲特成功了

---- * ----

外向者与内向者思维(和多巴胺传递过程)有何差异?

托克维尔注意到,总是疲于奔命和做决策的生活是由美国生活中民主而务实的特点造成的,包括过分重视粗糙的思维定式、迅速的决策以及及时把握机会,而这一切都不利于思想的沉着性、详尽性或精确性的养成。

——理查德·霍夫施塔特,《美国生活中的反智主义》

2008年，美国又一次大股灾开始了，12月11日上午7点半，贾妮丝·多恩博士的电话响了起来。股市在东海岸开始了另一场"大屠杀"。房价暴跌，信贷市场惨遭冻结，通用汽车公司在破产的边缘挣扎。

多恩在卧室里接听了电话，同往常一样，她戴着耳机，窝在她绿色的棉被里。房间的装潢很简单。色彩最丰富的要数多恩自己了，她那一头红色的飘逸长发、象牙色的皮肤、装饰性的眼镜框，活脱儿是一个成熟版的戈黛娃夫人。多恩获得了神经科学博士学位，具体来说其专业是大脑解剖学。她还是在精神病学方面训练有素的硕士、一个在黄金期货市场活跃的交易者，以及给近600名投资者提供建议的"金融精神科医生"。

"嗨，贾妮丝！"电话里传来问候，这个往日里充满自信的声音来自艾伦，"有时间聊聊吗？"

事实上，多恩博士真的没什么时间。作为一名当冲客（在一天内冲销数笔交易的交易者），她以每半个小时就进出交易所一次为傲，她已经迫不及待地想要开始当天的交易了。但多恩听出艾伦的声音里掺杂了一丝绝望的意味，便同意了在电话中与他交谈一会儿。

艾伦来自中西部，60岁出头，多恩印象中的他善良而信实、勤奋而忠厚。他有着外向者平易近人又自信的性格特点，就算是在讲述一场灾难，他也依然保持着一种乐观的态度。艾伦和妻子辛苦工作了一辈子，想在退休的时候存够100万美元来颐养天年。就在4个月前，尽管没有任何炒股的经验，但是基于美国政府可能会投资汽车业的报道，他萌生了买进10万美元通用汽车股票的念头。他确信这会是一项稳赚的投资。

当他把这个想法付诸实践后，媒体竟又报道说政府不会救助汽车业。股民们纷纷抛空通用汽车的股票，通用汽车股价大幅下跌，可是艾伦却觉得越是如此越能大赚一笔。这种感觉是那么真实，他仿佛已经尝到胜利的滋味了。但股市一跌再跌，最终艾伦将手中的股票卖了出去，惨遭重创。

然而悲剧并未就此结束。当政府投资的消息再度传来时，艾伦再一次兴奋至极，并且又投资了10万美元，低价购买了更多股票。过往的遭遇重现——政府的资助又一次遥遥无期了。

艾伦"合理"地认为（这个词之所以加了引号，是因为多恩认为，艾伦的行为一点儿也不能算是合理），股价不可能再跌了。因而他继续坚持着，想象着自己和妻子享受从股市上赚来的钱时会有多开心。然而，出乎其所料，股市再度大跌。最终，当通用汽车股票成交价格跌至每股7美元时，他抛出了自己的股票，但当他听说救市还有可能发生时，他又不亦乐乎地投入到盲目的投资中……

当通用的股价跌到每股2美元的时候，艾伦损失了70万美元，相当于他们家所有积蓄的70%。

他感到了一种绝望，他问多恩能不能帮他弥补一下损失，但她也无能为力。"这些资金已经没有了，"她告诉他，"你再也不能把它们赚回来了。"

他问多恩他到底错在哪里。

对此，多恩倒是颇有想法。作为一名业余股民，艾伦不该把股票交易放在第一位，也不该把太多积蓄拿来冒险；他应该将自己的投资金额限制在积蓄的 5% 之内，也就是 5 万美元。最大的问题出在一个连艾伦自己也无法控制的问题上：多恩认为他那时处于一种无节制的、心理学家称为"回报敏感性"的体验之中。

回报敏感的人热衷于寻求奖赏——从推销到彩票奖金，再到某次与朋友的聚会。回报敏感性会让我们去追求性、金钱、社会地位以及影响力等目标，它会促使我们爬上梯子去摘取远在高枝上的最甜蜜的果子。

但有时我们对于这种奖赏太过敏感。过度的回报敏感性会为人们招来各种各样的麻烦。我们会因为那些诱惑太美妙而兴奋过头，比如为了在股市上大赚一笔，我们会冒巨大的风险而忽略了那些明显的危险信号。

艾伦面前曾无数次出现过这样的危险信号，但他因为太执着于大赚一笔而无视了这些信息。事实上，他陷入了一个回报敏感性横行的典型模式：当某个警示信号出现，要他放慢脚步去沉着思考时，他却不假思索地加速了自己的进程——宁愿超出所能地扔更多钱进去，也不愿丧失一次投机的机会。

金融史上有太多太多本应停手却加速投资的例子。行为经济学家长期观察发现，高管收购其他企业的行为会让他们因为击败竞争对手而兴奋不已，却忽略了其中高昂的代价。这种情况频频发生，因而人们将这种现象命名为"交易狂热症"，后来也称为"赢家诅咒"。美国在线与时代华纳的合并使时代华纳的股东损失了 2 000 亿美元，这就是一个最典型的例子。美国在线的股票已然显示出很多危险信号，而其股份的转移又是以货币形式进行的，这样一来其资产被大大高估，而时代华纳的董事却毫无异议地批准了收购协议。

"我在决定收购美国在线的时候真是无比激动、热情满溢，堪比我42年前的第一次性经历。"特德·特纳在提到这次收购时说，他是时代华纳董事会成员，也是公司最大的股东。交易完成次日，《纽约邮报》头版的大标题是《特德·特纳：比性生活还好》。从中我们多少也能看出，为何那些聪明人有时会被回报敏感性冲昏头脑了。

* * *

你可能会感到有些疑惑：这些跟内向和外向有什么关系呢？难道不是所有人都会有失去自制力的时候吗？

不错，只是我们之中有些人会失去得更多罢了。多恩观察到，她的很多外向型客户更有可能陷入高度回报敏感的境况之中，而内向者则会更多地注意到那些警示信号。他们能较好地控制自己渴望或激动的情绪，将自己排除在困境之外。"我认识的那些内向的投资者很可能会说：'好的，贾妮丝，我能感受到激动的情绪涌上心头，但是我明白，我不能冲动行事。'那些内向者在制订和执行计划上做得很好，他们会严格按照计划行事。"

多恩说，想要了解内向者和外向者为什么会在面对这些可能的奖赏时表现得如此不同，你就应该了解一下大脑的构造。正如我在第4章中提到的，我们的大脑边缘系统，也就是那些最原始的哺乳动物也拥有的大脑组织，被多恩称为"原生态大脑"，是控制我们的情感和本能的部位。大脑边缘系统由多种结构构成，杏仁核是其中之一，它与伏隔核密切相连，有时也被称为大脑的"愉悦中心"。我们探索杏仁核在高度敏感和内向者身上的作用时，也观察了这个原生态大脑焦虑的一面。现在我们就来看看它贪婪的一面。

多恩称，大脑边缘系统总是不停地对我们说："对，对，对！多吃点儿，多喝点儿，多做爱，多冒险，享受一切乐趣，而且最重要的是，你不用思考！"正是大脑边缘系统中求回报、爱享乐的部分促使艾伦把终生的积蓄在冒险之旅中挥霍一空。

我们同样也有一个"新生代大脑"，即新皮质，它是在边缘系统产生后数千万年的岁月中进化出来的。新皮质掌管思考、计划、语言和做决定——某些人类特有的属性。虽然新生代大脑在我们的情感生活中也扮演着重要的角色，但它主要负责我们的理性。多恩称，它的职责包括告诉我们："不，不，不！不要这样做，这样太危险了，这样没有意义，而且这样做对你不是最好的，或者对你的家庭、对社会而言都不是最好的选择。"

那么在艾伦追逐股票市场的利益时，他的新皮质在干什么呢？

原生态大脑和新生代大脑共同运作，但并不总是有效的。有时，它们是彼此冲突的，然后我们所做的决策就由其中发出更强信号的那一部分所决定。因而当艾伦的原生态大脑发出的令人呼吸急促的信号到达新生代大脑时，后者或许仅仅以新皮质最基本的姿态做出了回应：它告诉原生态大脑少安毋躁。它说了一句"要当心！"，之后便在这场拔河比赛中泄了气。

不可否认，我们都有一个原生态大脑。然而正如高度应激者的杏仁核对新鲜事物比普通人更敏感，外向者的原生态大脑在寻求奖赏方面也会比内向者表现出更多的渴望。事实上，有些科学家已经开始探索一个新的问题：回报敏感性不仅是外向者的一个有趣特征，而且正是由于这种特征的存在，才让外向者成为真正意义上的外向者。外向者，换言之，其特点便是倾向于寻求回报，从社会地位到性高潮再到金钱。研究发现，外向者对金钱、政治以及享乐主义的野心要远大于内向者；从这个观点来讲，就连他们的社交能力也是回报敏感性的功能之一——外向者擅长社交是因为人际交往是一种会令人产生快乐的本能行为。

那么究竟是什么引发了这种对回报的追求行为呢？关键点似乎是积极的情绪。同内向者相比，外向者会经历更多愉悦和兴奋的情绪，心理学家丹尼尔·内特尔在他关于性格方面的专著中解释说："外向者在追求或捕捉某些有价值的资源时积极情绪被激活。兴奋源于对获取某种资源的期望，而快乐则随着资源的获取而来。"外向者常常会发现自己处在一种我们称为"亢奋"的情绪状态之中——一股有活力和热情的感觉。这种感觉我们都了解也都喜欢，只是在程度或频率上不尽相同：外向者似乎能从他们所追求和达成的目标中获得更多的亢奋情绪。

这种亢奋的基础似乎是大脑一种网络结构——通常被称为"奖赏系统"（reward system）——中的剧烈活动，该系统包括眶额皮质、伏隔核以及杏仁核。奖赏系统的职能是使人对潜在的好处产生兴奋。功能磁共振成像实验显示该系统可以被任何可能的乐趣激发，如对于酷爱（Kool-Aid）饮料入口甘洌的期待，对金钱、对有魅力之人照片的渴望，都有可能引起奖赏系统的兴奋。

奖赏系统中神经元的信息传导工作，部分是通过神经递质进行的。这种神经递质是存在于脑细胞之间携带信息的化学物质,人们称其为多巴胺。多巴胺是人们在对预期的快乐之事做出回应时,所释放的一种"奖赏化学物质"。很多科学家认为,你的大脑对多巴胺越敏感,或者你释放的多巴胺越多,你就越有可能喜欢性、巧克力、金钱以及地位。刺激小白鼠中脑分泌多巴胺,会让它们在笼子里兴奋地跑个不停,直到最终因饥饿死去。可卡因和海洛因正是由于能刺激人类的神经元释放多巴胺,才会给人带来快感。

外向者的多巴胺通路似乎要比内向者的活跃。虽然外向、多巴胺以及大脑奖赏系统之间的确切关系尚未最终确定,但这些早期发现颇为有趣。康奈尔大学的神经生物学家理查德·德普在一项实验中给一组内向者和一组外向者服用了安非他明(苯丙胺,用来激发多巴胺系统),最终发现外向者的反应更强烈。另一项研究发现,在博彩游戏中获胜的外向者,其大脑奖赏系统要比那些获胜的内向者更活跃。还有一些研究显示,外向者的内侧眶额皮质——大脑的多巴胺驱动奖赏系统的重要组成部分,要比内向者的大。

相比之下,心理学家内特尔在文章中写到,内向者的奖赏系统反应稍弱,并且他们"会在进一步的行动中有所收敛"。他们会"同其他人一样,被性事、宴会和获得更高的地位吸引,然而他们从这些事情上获得的快感并不多,所以他们不会为了这些事情大费周章"。简而言之,内向者不会轻易觉得亢奋。

* * *

从某些方面来看,外向者是很幸运的。亢奋中弥漫着一种香槟气泡似的快乐，它会让我们活力十足地去努力工作、尽情玩乐，它给予我们冒险的勇气。亢奋同样可以让我们去做一些看起来很困难的事情，比如公开演讲。想象一下你在很努力地准备一场你关注的主题演讲，并成功地将信息传播了出去，在演讲结束的时候，观众们都站起来，对你报以热烈而真诚的掌声。有的人在离开会场的时候可能会觉得："我很高兴我的信息得以传播，我同样很高兴演讲终于告一段落，现在我要回归我的生活了。"而有的人，比如那些更容易亢奋的人，在离开的时候可能会觉得："多棒的经历！你听到掌声了吗？你看到当我提出可以改变命运的观点时他们脸上的表情了吗？真是太棒了！"

然而亢奋同样有着不可忽视的弊端。"人们觉得这会加剧积极情绪，但事实并非如此，"心理学教授理查德·霍华德以足球赛最终引发暴力事件造成财产损失为例解释道，"很多反社会的行为、弄巧成拙的行为，都源于那些放大了积极情绪的人。"

亢奋的另一个弊端想必是其与冒险之间的关联——有时还是巨大的风险。亢奋还可能导致我们忽略应该注意的警示信号。当特德·特纳（从表面上看他应该是个极其外向的人）将美国在线和时代华纳的合并与自己的第一次性经历相比较时，他似乎是在告诉我们，他那时的亢奋状态，就像他是一个要同自己的新女友共度良宵而无暇考虑后果的年轻人一样。这种盲目导致的危险或许可以解释为什么外向者会比内向者更容易在车祸中丧命，更容易因为意外或伤害而住院，更容易吸烟、进行危险性爱、参与高风险运动、惹官司以及再婚等。这同样也解释了为什么外向者比内向者更容易走向自负的境地——这里的"自负"可定义为与自身能力不符的过度自信。亢奋是肯尼迪的卡米洛特（传说中亚瑟王的宫殿所在之地），同样也是肯尼迪的诅咒。

＊＊＊

这个有关外向的理论尚显稚嫩，但是并不绝对化。我们不能说所有的外向者都渴望回报，或者所有的内向者都会在挫折面前卡壳。尽管如此，这个理论还是告诉我们应该反思一下，内向者和外向者在自己的生活中及在集体中扮演了什么样的角色。它也告诉我们，在做小组决定的时候，外向者应该听听内向者的意见，尤其是当他们提前意识到问题时。

在2008年股市崩盘之后，一场部分由于考虑不周和无视威胁而造成的金融风暴袭来，坊间流行起对未来在华尔街多一些女性、少一些男性，或者说少一点睾酮会不会更好的猜测。然而，我们也许应该也问一下，如果华尔街有更多的内向者掌舵——少一点多巴胺——是不是也会更好一些？

几项研究含蓄地回答了这个问题。美国西北大学凯洛格管理学院教授卡梅利亚·库恩发现，一种多巴胺调节基因的变异体（DRD4）与寻求快感型外向有关，这便是一个强有力的金融风险预示指标。相比之下，人体中与内向以及敏感相关的羟色胺调节基因变异体的存在，会让这种金融投资风险降低28%。而这种基因也会使其携带者在赌博中做出的复杂决策优于其他人。（当获胜概率较低时，这种基因的携带者便会规避风险；而获胜概率较高时，他们就愿意去冒险。）另一项针对64名投行投资人的研究发现，表现最优的往往是情绪稳定的内向者。

内向者似乎在延迟满足方面也优于外向者。延迟满足是一项重要的生活技能，跟生活中的每一个方面都息息相关，从 SAT 高分、高收入到低身高－体重指数。在一项研究中，科学家给参与者两个选择：一份立即就会得到的小奖赏（一张亚马逊礼品券），一张 2~4 周后才能收到的价值更高的礼品券。客观上讲，那份不能立刻获得但是可以在不远的未来到手且价值较高的礼品券是较为理想的选择，但是很多人做出了"我想现在就拿到"的选择——当他们做出这个选择时，大脑扫描仪显示他们的奖赏系统此时处于被激活状态。那些选择两周后拿大礼的受试者，大脑扫描显示其活跃的部分是前额叶，即新生代大脑中告诉我们不要发考虑欠妥的邮件、不要吃太多巧克力蛋糕的部分。（一项类似的研究则表明，前者多为外向者，后者多为内向者。）

回到 20 世纪 90 年代，我还在华尔街的律师事务所做初级助理时，我所在的团队正在代表一家银行考虑购买由其他贷款人提供的次级抵押贷款的投资组合。我的工作职责是进行尽职调查，也就是审查文档以了解这些贷款是否都带有合格的文书。那些借款人有没有注意到他们要支付的利率呢？这些利率是会随着时间推移而上涨的！

这些文书中到处都是违规的东西。如果我站在银行家一方来想，这些会让我非常紧张，非常非常紧张。但是当我们的律师团队把所有的风险都在电话会议上总结出来时，那些银行家看起来非常平静。他们看到了折价购买这些贷款的潜在利益，所以他们一心只想去直接交易。然而正是这种对风险回报率的误算导致了 2008 年经济大衰退时，许多银行破产倒闭。

大约在我对这套投资组合进行评估的同时，我听说了一个在华尔街广为人知的故事，讲的是各家投资银行要竞争一项颇具声望的业务。各大银行都派出了他们最优秀的员工去攻克客户，每个团队都准备了最常用的"武器"：试算表、项目企划书以及演示文稿。最终获胜的团队除这些东西之外还给自己加了一段表演：他们戴着棒球帽，穿着写有"FUD"（恐惧、不确定和怀疑3个词的缩写）的T恤。而在这个案例里，他们在"FUD"3个字母上画了一个大大的红色叉号——对他们而言，FUD便是最邪恶的组合。最终，这支FUD的征服者团队成了赢家。

对FUD的忽视——对那些往往会陷入FUD困境之中的人的忽视——正是引发崩盘的原因，2008年的经济危机中首当其冲的投资公司鹰资本（Eagle Capital）的总经理博伊金·柯里如是说。过多的权力集中到了爱冒险的人手中。"20年来，几乎每一个金融机构的基因都在朝同一个危险的方向演变。"他在危机最严重的时候接受《新闻周刊》采访时讲道，"每次都在谈判桌上迫切追求更高利益、冒更大风险的人，总会在未来的几年里证明他们的'正确性'。这些人底气十足，很快就得到了晋升的机会，并且获得了控制更多资本的权力。同时，那些当权却对这种冒险的决定表现出犹豫的人、那些提醒大家谨慎的人，却被证明是'错误'的。谨慎的人们在这种拉锯战中被冒险者压倒，无法得到晋升，他们也失去了手中所持有的资本。这种情况在金融机构里几乎每天都会发生，循环往复，直到最后掌权的人都变成了某一种特定类型的人。"

柯里是一名哈佛商学院的毕业生，他的妻子塞莱里·肯布尔则是一名出生于棕榈滩的设计师，柯里扎根于纽约政治和社交界。换言之，他似乎就是一名标准的被他自己称为"积极进取型"群体中的一员，也不像是会倡导内向者重要性的人。不过，他绝对不会避讳谈到他在论文中提出的观点，导致这场全球金融风暴的正是那些强势的外向者。

"那些有着某种性格特质的人掌控了资金、金融机构以及权力，"柯里告诉我，"那些天生思想谨慎、内敛而富有统计思维的人，却渐渐名誉扫地，被挤出了这个战场。"

莱斯大学商学院教授文森特·卡明斯基曾经担任安然公司研究部主任，该公司于2001年申请破产，而造成破产的原因是鲁莽的商业实践。卡明斯基曾向《华盛顿邮报》讲述了一则类似的关于商业文化的故事，他认为部分激进的冒险主义者相对于那些谨慎的内向者而言，在公司中占据了过高的地位。而卡明斯基是一位言辞轻缓而细心的男士，也是安然丑闻中为数不多的英雄之一。他曾多次同公司的高管交涉并指出公司已经进入了商业交易的高风险区域，足以威胁公司生存。当公司的高管层对他的警示视而不见时，他拒绝签署这些带有危险性的交易的有关文件，并且要求他的团队不再处理这些案件。之后，公司便剥夺了他审查公司交易的权力。

"我这里收到了一些投诉，说你不帮别人做交易，"揭露安然丑闻的《傻瓜的阴谋》（*Conspiracy of Fools*）一书中写到安然的总裁曾经对卡明斯基这么说，"而你却把时间花在扮演警察的角色上。文斯，我们不需要警察。"

事实上，他们真的需要这样的角色，在将来也同样需要。当2007年次贷危机威胁到华尔街最大的几家银行的生存时，卡明斯基看出同样的故事再度上演。"安然内部的那些恶魔没有完全被驱散。"

他在同年 11 月对《华盛顿邮报》的记者说。他解释说，问题不仅仅是很多人不能理解银行所承担的风险，还有很多人明明意识到了这一点却始终无视它的存在——从某种程度上来说，我们可以认为这是由他们的性格造成的："有很多次在面对一个亢奋的投资者时，我会告诉他：'你的投资组合方案在某种情况下是会崩盘的。'而那时，那个投资者就会对我大吼大叫，说我是白痴，我提到的那种情况是不会发生的。问题是，一方面，你公司里有个呼风唤雨的人物，可以为公司谋取很多经济利益，所以大家都会把他当大明星一样去追捧；而另一方面，公司里还有个内向的书呆子。你觉得谁会被重用呢？"

＊＊＊

究竟是怎样的机制，让这些心浮气躁的人毁掉了自己良好的判断力呢？贾妮丝·多恩的客户艾伦怎么会对那些自己可能会损失 70% 积蓄的强烈危险信号熟视无睹呢？又是什么让那些人侥幸地认为 FUD 不存在呢？

有一种说法来源于威斯康星大学心理学家约瑟夫·纽曼进行的一系列有趣的实验。设想你被邀请到纽曼的实验室参加一项研究，你要在那里进行一项游戏：你得的分数越高，你就会获得越多的奖赏。计算机屏幕上交替出现 12 个不同的数字，每次只有一个出现，但没有特定的次序。如果你是这个游戏的参与者，你手中就会有一个按钮，每当数字出现的时候，你就可以选择是否按动。如果你在"好"的数字出现时选择按动按钮，就会得分；如果你按了"坏"的数字，就会被扣分；如果你不按按钮，就既不会得分也不会失分。通过反复尝试和试错，你会发现"4"是个会让你得分的数字，而"9"则是会扣分的数字，因而当"9"这个数字再在屏幕上闪现时，你就知道不该按动手中的按钮了。

不过，实际情况是，即使在已经了解规则的情况下，有些参与者还是会时常按到"坏"数字，尤其是那些外向、性格异常冲动的外向者，他们要比内向者更容易按错。这是为什么呢？心理学家约翰·布雷布纳和克里斯·库珀认为，外向者在完成这样的任务时总是想得少、做得快，内向者"倾向于思索"，而外向者"倾向于回应"。但是在这个令人费解的行为中，更有趣的一个方面并不是这些外向者在按错按钮前做了什么，而是在按错之后的行为。如果内向者错按了数字9，并发现他们丢了很多分，他们就会在接下来的测试中放慢速度，似乎在思考是什么让他们出错。可外向者非但不会放慢速度，反而还会加速。

这似乎很奇怪，为什么会有人这样做呢？纽曼的解释让这件事变得合情合理。如果你正专注于实现自己的目标，作为一名外向者，你不希望任何事物阻挠你——无论是反对的声音还是数字9。你会试图用加速的方式来清除这些路障。

然而这是个极其严重的错误，因为你停下来处理这些意外或负面反馈的时间越长，你从中吸取教训的可能性就越大。纽曼说，如果你强迫外向者停下来，他们在这个数字游戏中的表现就会同内向者一样好；但如果让他们自由发挥，他们是绝对不会停下来的，因而也就不会学着去避免眼前的麻烦。纽曼认为，这正是外向者极易出现的状况，就如同特德·特纳在拍卖会上竞标的情形一样。纽曼告诉我："当一个人开出天价时，那是由于他们在应该抑制时没有做出抑制反应。他们没有把那些在做决定时举足轻重的信息列入考虑范围。"

内向者则刚好相反，他们用一种极为严谨的程序来淡化期望奖赏的欲望——扼杀他们胸中涌动的亢奋之情，并且审视问题所在。"当内向者兴奋时，"纽曼说，"他们会踩下刹车，思考可能会产生严重后果的相关问题。内向者似乎是有意或者训练自己变成这样的，当他们发现自己开始兴奋并专注于某个目标时，他们的警惕性也会随之增强。"

纽曼认为，内向者通常也会将新的信息与他们的预期做对比。他们会自问："这就是我曾经预期发生的事情吗？它本该是什么样的呢？"而当情况不尽如人意时，他们便会在失望的那一刻（被扣分时）和引发失望时（错按了数字9时）与他们所处的环境形成关联。这些关联会让他们对以后出现警告信号时自己应如何反应做出准确的预测。

* * *

内向者排斥提早做决定的原因并不只是要对冲风险，还包括让他们在脑力任务中表现更佳。以下是我们所了解到的内向者和外向者处理复杂问题时的相关表现。外向者在小学时成绩要比内向者好，而一旦到了高中和大学，内向者便会后来居上。在大学阶段，内向性格在学业表现方面的预测能力优于认知能力。一项研究测试了141名大学生在20个不同领域的知识储备量，内容涵盖艺术、天文和统计等，结果发现每一个内向者都比外向者了解得多。内向者中获得研究生学位的人数要多于外向者，而国家奖学金获得者、优等生奖励等在人数方面也是内向者占优。他们在沃森–格拉泽批判性思维评估测试中也优于外向者，这种批判性思维的评价方式被广泛应用于公司招聘和晋升之中。内向者被证实在心理学家所称的"有见地地解决问题"方面颇有优势。

至此，问题便是：为什么会出现这种情况？

内向者并不比外向者聪明。智商分值显示，这两种性格的人在智商水平方面是持平的。而且在很多任务中，尤其是在时间或社会压力下，或者是包含多重任务的事件中，外向者的表现会更好一些。外向者在处理信息过量的情况时优于内向者。约瑟夫·纽曼认为，内向者在思考中运用了大量的认知能力。在一项既定的任务中，纽曼称："如果我们有100%的认知能力，那么一个内向者可能会在这个任务上消耗75%，在任务之外还会花费25%，而外向者则有可能把90%都花在任务上。这是因为大部分的任务是目标导向的。外向者会将他们大部分的认知能力分配到既定的目标上，而内向者则会用一部分认知能力来检测这项任务的走向。"

正如心理学家杰拉尔德·马修斯在研究中所指出的那样，内向者似乎要比外向者思考得更仔细。外向者更有可能采取一些快速的方式来解决问题，用速度取代准确性，随着任务的进行，他们犯的错误会越来越多，当问题演变得似乎越来越麻烦或者他们感到越发沮丧的时候，他们就有可能当逃兵。内向者则会在行动之前先思索一番，把他们获得的信息完全消化，即使在任务上花费的时间更久一些，他们也不会轻言放弃，而且完成得更精确。内向者和外向者在管理自己的注意力方面也大不相同：如果让他们随意而为，内向者往往会坐下来思考事情、想象事情，回忆过去的种种，甚至为未来做规划；外向者则会把注意力集中到身边的事情上。可以说外向者在关注"是什么"，内向者则在问"将会怎样"。

很多学者在不同的背景下，多次对比观察内向者和外向者解决问题的风格。在一项研究中，心理学家让50名参与者完成一套很难的拼图，研究发现，外向者比内向者更容易半途而废。另一项实验中，理查德·霍华德教授给内向者和外向者一系列复杂的迷宫图，结果发现内向者不仅能正确地走出更多的迷宫，还会分配更多的时间在游戏开始之前的观察上。在另外一组实验中，内向者和外向者接受了瑞文标准渐进矩阵测试，这种智力测试包含5组难度递增的问题，测试的结果也同前面的实验结果类似。外向者在前两组题目中表现突出，这大概是由于他们有快速定位目标的能力。但在后面3组难度较大的题目中，内向者明显要比外向者表现得好。最终，在最难的那一部分，外向者放弃的可能性要比内向者更大。

在需要毅力的任务中，甚至是在社交任务中，内向者往往会比外向者表现得更出色。沃顿商学院的管理学教授亚当·格兰特（第2章提到的进行性格与领导力关系研究的教授）曾经研究过电话营销中心优秀员工的性格特质。他曾预测，那些外向者会是更优秀的电话销售员，而结果显示，外向水平和临场发挥的销售技巧之间的相关性为零。

"外向者可能会非常优秀地完成一些电话推销任务，"格兰特告诉我，"但是当有其他的事情闯进他们的大脑时，他们就无法集中注意力了。"而内向者则相反，"他们讲话声音会很小，但是他们在打这些电话时，很专注也很有决心"。唯一能够超越他们的外向者便是那些在性格测试的自觉性上获得高分的人。内向者的毅力要比外向者的冲动更有优势，换句话说，即使是在社交能力可能作为优势的任务中，内向者也会比外向者表现得更出色。

毅力并不是非常引人注目的特质。如果天才是 1% 的灵感加上 99% 的汗水，那么在我们的文化中，我们倾向于崇拜那 1% 的组成部分。我们爱它的光芒万丈，爱它的闪耀如星，但是真正伟大的力量却存在于那 99% 之中。

"并不能说我有多聪明，"彻头彻尾的内向者爱因斯坦说，"只是我考虑问题的时间更久一些。"

* * *

这并非诋毁那些果决的行动派，也并非盲目地称颂那些谨慎的沉思派。重点在于我们往往高估那些激情、亢奋的人，而大大低估回报敏感性带来的风险：我们需要在行动和思考之间寻找一个平衡点。

举个例子，管理学教授库恩告诉我，如果你在投资银行工作，那么你不仅会想聘请那些对回报敏感的人员，因为他们更有机会在牛市为你带来利益，你同样也需要一些情感上更中立的员工。你想要确保公司的重要决策可以反映这两类人的需求，而不能只有一种。你也想让有不同回报敏感度的个体有对自身情感偏好的认知，从而培养他们适应市场状况。

但并不是只有雇主会从对雇员的进一步观察中获益，员工也需要进一步审视自己。了解自己的回报敏感度,也会为我们带来创造优质生活的力量。

如果你是个容易激动的外向者,那你很幸运,可以享受到很多活跃的情绪。请让这些情绪充分发挥作用:开创事业,激励他人,大胆设想。开设一家公司,推出一个网站,为你的孩子建一幢精心设计的树屋。但同时,你也要知道你有一个致命的弱点,所以你必须要学会自我保护。训练自己花一些精力在那些对你真正有用的事情上,而不是那些看似会在短时间之内给你带来金钱、地位或兴奋感的活动上。教自己在事情发展偏离预期的征兆出现时,停下来多多思考。从你的错误中吸取教训,寻找那些可以帮你遏制自己,并弥补你盲点的同伴(可以是你的另一半、朋友或是商业伙伴)。

到了该投资的时刻,或者要做某些需良好地平衡风险与回报的事情时,你要让自己处于自我审查的状态。确保你在做重要的决定时,远离那些对回报的幻想。库恩和布赖恩·克努森发现,那些在谈判之前看过色情照片的男人,会比那些看到中性图片(如桌子、椅子)的男人冒险的可能性更大。这是由于预期的奖赏——任何奖赏,无论是不是与当前的事情相关——会刺激我们的多巴胺驱动奖赏系统兴奋起来,让我们变得更加贸然行事(这也是禁止在办公场所出现色情照片的最佳论据)。

如果你是一个回报敏感性极低的内向者呢?乍一看,似乎对于多巴胺和亢奋的研究暗示了只有外向者会在追求自身目标的过程中产生兴奋感并引发愉悦感,从而努力工作。作为一名内向者,初次听到这个观点的时候我颇感疑惑——它着实不能反映我自身的经历。我很热爱我的工作，而且对此我从来深信不疑。我每天清晨醒来后就会兴奋地开始一天的工作，那又是什么在驱动着像我这样的人呢？

有一种解释称，即使有关外向者的回报敏感性理论是正确的，我们也不能说所有的外向者都对回报格外敏感，也更热衷于冒险，或者说，所有的内向者面对不断的刺激都会无动于衷，对危险都是时刻保持警觉的。从亚里士多德时代开始，哲学家们就观察到，这两种行为模式——接触那些会带来快乐的事情，不自觉地避开那些会引起痛楚的东西，是人类活动最本能的表现。从整体来看，外向者表现得更具有趋利性，但是每个人都有自己趋利避害的方式，只是有时具体程度和方式会因情境的不同而不同。事实上，许多当代人格心理学家会说，对于威胁的警觉更像是神经质的一种表现，而不是内向的表现。人体的回报系统和威胁系统似乎也是彼此独立工作的，因此同一个人可能同时对回报或威胁都很敏感，或者全然不敏感。

如果你想知道自己是趋利性的还是警惕性的，或者两者兼具，就来看看以下这些描述是否符合你的情况。

如果你是趋利性群体中的一员：
1. 当我得到了某样我渴望的东西时，我会觉得激动而且精力充沛。
2. 当我渴望得到某样东西时，我通常会尽力得到它。

3. 当我发现一个能获得我喜欢的东西的机会时，我会立刻变得兴奋起来。
4. 当有好事发生在我身上时，会给我带来很大的影响。
5. 跟朋友们相比，我的胆子更大一些。

如果你是警惕性群体中的一员：
1. 批评和责备会让我很受伤。
2. 当我认为或者得知有人对我很生气时，我会备感不安或沮丧。
3. 如果我觉得有些不好的事情要发生了，我通常会赶紧警惕起来。
4. 当我觉得我搞砸了某件重要的事情时，我会觉得很焦虑。
5. 我很担心犯错误。

　　内向者热爱工作的另一种解释来自一条完全不同的研究路径，这项研究是由极具影响力的心理学家米哈里·契克森米哈赖执行的，他将这种状态称为"心流"（flow）。心流是一种让你感觉完全投入到某项活动中的极佳状态——无论是长距离的游泳，还是作曲、摔跤抑或性爱。处在心流的状态下，你既不会感到无聊，也不会感到焦虑，你不会怀疑自己的充实性。时间就在不经意间流逝了。

　　进入心流这种状态的关键在于，追求某种事物本身，而非将目光锁定在其带来的回报上。心流并不取决于你是内向者还是外向者，契克森米赖写的关于心流的很多例子都是单纯的追求，全然无关回报，比如：阅读、打理果园或一个人的海洋之旅。他在书中写到，心流时常会出现，只要人们"变得独立于社交环境之外，达到不再只在意奖赏和惩罚的程度。想要达到这样的自觉性，你要学会为自己提供奖赏"。

在某种程度上，契克森米哈赖超越了亚里士多德，他告诉我们，这个世界上有些活动是不存在趋利性或警惕性的，而是包含了一些更深层的东西：一种来自自我之外，从某项活动中获得的满足感。"心理学理论通常会假定我们做事情都是有动机的，或者是为了消除某种不愉快的状况，例如饥饿或恐惧，"契克森米哈赖指出，"或者期待在将来获得诸如金钱、地位或名誉等回报。"然而在心流状态下，"一个人可能从早晨一直工作到晚上，再也没有比持续工作更能触动他的事情了"。

如果你是一名内向者，那就用你的天赋来发现你的心流吧。你有顽强的毅力，有解决复杂问题的韧性，还有敏锐的目光可以躲避一个个拦路虎。你很享受抵制那些如金钱、地位等肤浅诱惑的感觉。事实上，你面临的最大挑战便是如何充分运用你自身的优势。你或许一天到晚忙着让自己表现得像个热情而有高度回报敏感度的外向者，而低估了你自身的天赋，或者感觉被你周围的人轻看。当你专注于某个你在意的项目时，你会发现其实你的能量是无限的。

所以，请保持自己的本性。如果你喜欢一步一步稳扎稳打，那就不要受别人的影响而迫使自己加速。如果你喜欢深度的探索，那就不必苛求自己去追求广度。如果你喜欢单一的任务而头疼多重任务，那就坚持自己的立场上。不为获得回报所动，坚持走自己的路才能给你带来无限的力量。正是你的选择能让你最大限度地发挥独立性的优势。

当然，这绝非易事。在写这一章时，我联系了通用电气的前董事长杰克·韦尔奇。那时，他刚刚在《商业周刊》的网络专栏上发表了一篇题为《释放你内在的外向性》的文章，鼓励内向者在工作中表现得外向一些。我认为外向者有时也需要内向一点，因此我同他分享了一些在前面提到的华尔街可能会在内向者掌舵时受益的观点。韦尔奇对我的观点很感兴趣，然而他却说："那些外向者可能会说自己从来没有听到内向者表达意见。"

韦尔奇确实提到了一个很合理的观点。内向者应该相信自己的直觉并且尽可能有力地表达自己的想法。这并不意味着他们要刻意模仿外向者：意见也可以通过安静的方式传达，可以通过文字的形式传达，可以被包装成高度商品化的讲座，也可以通过合作的方式得以提升。对内向者而言，关键便是发扬自身风格而不是让自我在普遍规范下随波逐流。事实上，2008 年引发大衰退的故事中也有许多性格谨慎的人随大溜地冒了巨大的风险，比如花旗集团前首席执行官查克·普林斯，他曾是一名律师，正是他将高风险贷款引入了下跌的市场，因为他曾说过："只要有音乐响起，你就得起身翩翩起舞。"

博伊金·柯里观察到这个现象后说道："那些最初谨小慎微的人也变得争强好胜，他们说'嘿，那些争强好胜的人都晋升了，而我没有，那我也要变得强势一点儿'。"

★★★

　　金融危机的故事中往往有一些明智地（且赚得一些收益地）旁观这些危机发生的人，他们却只是充当了次要角色——最终这些人、这些事也全给那些扑向 FUD 的人做了陪衬；或者他们只是关上了办公室的百叶窗，将自己隔绝在舆论和同事的压力之外，埋头在自己的事情上。在 2008 年股市崩盘中获益的极少数投资者当中，有一位名为赛思·卡拉曼，他是包普斯特对冲基金的负责人。卡拉曼因坚定不移地规避风险并最终领跑市场而成名，他还以现金的形式保有了绝大部分资产。在 2008 年股市大崩盘之后的两年里，大部分投资者纷纷逃离对冲基金的领地，在卡拉曼的管理下，包普斯特基金的资产翻了将近一倍，达到了 220 亿美元。

　　卡拉曼之所以能取得如此成就，是由于其基于明确的 FUD 的投资策略。"在包普斯特，我们都十分小心。在投资中，恐惧总是要比懊悔来得好。"他在一封给投资者的信中写道。《纽约时报》在 2007 年刊登的一篇题为《一个对市场备感焦虑却能将其玩弄于股掌间的经理》的文章中，称卡拉曼是"世界级的杞人忧天之人"，他有一匹名为"读注释"的战马。

　　2008 年股灾期间，"卡拉曼是为数不多的坚持谨慎、看起来对信息异常固执的人之一。"博伊金·柯里说，"当人们竞相欢庆时，他有可能会在自己的地下室里储备金枪鱼罐头，来为难以预料的未来做准备。之后，当人们觉得惊慌不已、人人自危时，他却开始买进。然而这不只是分析所得的，也是他情感方面的天性使然。也正是这样的方式帮助卡拉曼寻找到一些别人看不到的机会，让他变得看起来既冷漠又愚钝。如果你是那种每次都在股市走势良好时会感觉焦虑的人，那你可能不会成为企业金字塔顶端的人物。卡拉曼可能不会走向销售经理的职位，但不可否认的是，他确实是我们这个时代最伟大的投资家之一。"

同样，在描写 2008 年股灾爆发之前情况的《大空头》一书中，作者迈克尔·刘易斯介绍了 3 位少有的精明到可以预测即将到来的灾难的人物。其中一位是独来独往的对冲基金经理，名叫迈克尔·贝瑞。他形容自己是个"自己偷着乐"的家伙，在股市崩盘的前一年，他一个人在加利福尼亚州圣何塞的办公室里，通过梳理财务文件来拓展其对于市场风险的逆向投资理念。而另外两个人则是一对不善社交的投资者搭档，分别是查理·莱德利和杰米·马伊，二人的整体投资策略完全是基于 FUD 而制定的：他们抓住了杠杆高但损失可控的特点，一旦市场发生了不可预测的剧烈变化，那么收益就是丰厚的。与其说这是个投资策略，倒不如说是种生活哲学——一种对大多数情况都是表面波澜不惊，实则波涛汹涌的信仰。

"这一点很符合这两个人的性格，"刘易斯写道，"他们从来不需要确定任何事情。他们都认为人们在市场扩张的情况下对很多根本不确定的事情过于确定。"即使他们的策略在 2006—2007 年的次级抵押贷款的博弈中被证实是正确的，并在此过程中赚了 1 亿美元，不过之后，"他们还是花了很多时间研究那些已经获得成功的人（比如他们自身）是如何保留实力来应对变化、应对怀疑、应对那些不确定的因素，以确保他们的正确性的"。

莱德利和马伊了解自身这种天生的自信缺失，其他人却对此深感不安，所以都放弃了与二人一同投资的机会——结果，这些人由于对FUD的偏见而损失了上百万美元。博伊金·柯里和莱德利很熟，他说："与查理·莱德利合作，最让人惊叹的地方就是你有一个绝对优秀的投资者，而他是如此保守。如果你很厌恶风险，那么查理绝对是最佳选择。但是他在筹款方面确实是糟透了，因为他做一切都是那么小心翼翼。很多潜在的客户都不敢把手上的资金交给他，因为他们都觉得他不可信。相反，他们会把资金投放给那些表现得极其自信而确定的经理人。当然，当经济形势急转直下时，那些自信爆棚的团队损失了其客户一半的资金，而莱德利和马伊却大赚了一笔。那些用传统的社交线索来评价基金经理的人，最终得到的是一个完全错误的结论。"

＊＊＊

另一个例子来自 2000 年互联网泡沫的破灭，这个案例涉及一名自称内向的来自内布拉斯加州奥马哈市的人，他在那里为人所熟知的原因是他经常会把自己关在办公室里，而且一关就是好几个小时。

沃伦·巴菲特，这位传奇的投资家兼世界富豪之一，也具备我们在本章所探索的特质——理智坚持，谨慎思考，还有对于警示信号的警觉和应对能力，这些特质为他和伯克希尔·哈撒韦公司的其他股东创造了数十亿美元的财富。众所周知，巴菲特可以在周围的人都失去理智的情况下谨慎思考。"投资的成功与否同你的智商高低无关，"他说，"只要有普通的智商，你需要的就是控制让别人陷入投资困境的那种冲动的性情。"

从1983年起的每一年夏天，精品投资银行艾伦公司都会在爱达荷州太阳谷举办为期一周的会议。这不仅仅是一场会议，这简直就是一场娱乐盛会，包括奢华的宴会、漂流、滑雪、钓鱼、骑马，还有保姆来照看客人的孩子。东道主服务于媒体行业，以往的宾客名单里不乏报业大亨、好莱坞名人、硅谷大腕，那些大名鼎鼎的人物有汤姆·汉克斯、坎迪斯·伯根、巴里·迪勒、鲁伯特·默多克、史蒂夫·乔布斯、戴安·索耶以及汤姆·布罗考等。

据艾丽斯·施罗德为巴菲特所写的传记《滚雪球》记载，1999年7月，巴菲特也作为该会议的宾客出现。此后的每一年，他都会带着全家人乘坐湾流喷气式飞机抵达太阳谷，与其他贵宾一起入住可以俯瞰高尔夫球场的公寓。巴菲特很喜欢太阳谷一年一度的假期，他把这次聚会当成与家庭成员共享温情、与老友叙旧的好机会。

然而这一次巴菲特的心情却大大不同。这是个科技行业高度繁荣的时代，宴会桌上出现了很多新面孔——很多科技公司的领军人物几乎在一夜之间暴富，那些风险资本家用大笔的现金将他们养肥。这些人都踌躇满志。当名人摄影师安妮·莱博维茨现身为《名利场》杂志拍摄"传媒全明星全家福"的时候，他们也挤进了照片。他们相信未来就是他们的。

巴菲特坚决不愿成为这群人之中的一员。他是一个老派的投资家，面对公司赢利前景尚不明确的投资热潮，他根本不想趟这浑水。很多人认为他已经过时了，但是巴菲特依然拥有能在会议最后一天进行最重要演讲的强大影响力。

巴菲特为这次演讲进行了长达数周的认真准备。他先用了一个有点自嘲的故事来热场——他过去也是个害怕公开演讲的人，直到后来他参加了卡内基的课程，然后他煞废苦心地通过严谨的细节分析来告诉在座的人，这种高科技驱动的牛市不会长久。巴菲特对数据进行了细致的研究，并一一指出危险信号，稍做停顿之后他又指出这些信号意味着什么后果。这是巴菲特30年来首次公开做出预测。

施罗德说，观众显得并不激动。巴菲特就像是在他们游行时下的一场不合时宜的雨。他们也会起身为他鼓掌，但是私下里，很多人都极力反驳他的观点。"优秀的沃伦啊，"他们说，"聪明一世的男人，但是这次他却要错失发财的机会了。"

当晚，会议在绚烂的烟火中宣告结束。一如往常，这次会议十分成功。然而，会议中最重要的部分——巴菲特对人们提出的警示却一直未能与广大民众见面，直到第二年，正如巴菲特预言的那样，互联网泡沫破灭。

巴菲特不仅可以为其纪录而自豪，也可以因他的"内部积分卡"而骄傲。他把世界上的人分为两类，一类将注意力集中在自己的本能认知上，另一类则随波逐流。"我觉得我就是一个固执己见的人，"巴菲特聊起他的投资生涯时说道，"我就像一直在为我自己的西斯廷教堂作画。我很喜欢别人说'天啊，这里的画多漂亮啊'，因为这是我的画。而当别人说'你为什么不多用一点红色，偏偏要用那么多蓝色'时，好吧，这是我的画，我不想听你多言。我不管它能卖多少钱。这幅画本身是不会终结的，这就是它最伟大的地方。"

第三部分

文化传统与性格特征

Part
Three

第八章

软实力

--- * ---

亚裔美国人与外向理想型

不必强硬,亦无需暴力,你也可以撼动世界。

——圣雄甘地

那是2006年春天一个阳光明媚的日子。迈克·魏是一名17岁的美国华裔少年，就读于临近加利福尼亚州库珀蒂诺的林布鲁克高中，就在那天，他向我讲述了作为一名亚裔美国学生的经历。迈克身着地道的美式卡其运动装、风衣，还戴了一顶棒球帽，然而他惹人喜欢又有些严肃的面孔，和他那刚刚萌生的胡须又给他蒙上了一层哲学家光圈，他的声音很轻，我得靠近一些才能听清楚。

迈克说："在学校里，我更关注老师的授课内容，自觉做个好学生，而不愿意做一个在班里哗众取宠的捣蛋鬼或跟班里其他孩子打打闹闹。如果做个外向的人，跟同学们成群结伴、吵闹嬉戏会影响到我的学习，所以我宁愿专注于我的学业。"

迈克认为这个观念很务实，但他似乎也明白这在美国人看来有些奇怪。他解释说他这种态度来源于父母。"如果我面临一个选择——是随心所欲，比如跟朋友们出去玩，还是待在家里学习，我就会想到我的父母。这么一想，我就有了继续学习的动力。我爸爸常常告诉我，他的工作是电脑编程，而我的工作是学习。"

迈克的母亲也是这样一个鲜活的例子。她早先当过数学老师，举家移民到美国之后，就做起了服务员，一边刷盘子一边记英文单词。迈克用"性格沉静、行动果决"来形容她。"在学习方面如此执着地追求进步，这是典型的中国方式。我妈妈就有这么一种力量，但不是每个人都能看到。"

迈克的行为让他的父母引以为傲，他的邮箱名是"优等生"，而他也正是一名优秀的学生，最近他被梦寐以求的斯坦福大学录取了。他就是那种既勤于动脑又全力以赴的人，任何一个社区都会以有这样的学生为傲。然而，据半年前《华尔街日报》上的一篇名为《新白人旅航》(*The New White Flight*)的社论说，大批的白人家庭纷纷搬离了库珀蒂诺，原因很简单，就是那里有太多像迈克这样的孩子。他们要逃离那些高分，逃离那些亚裔美国学生让人敬佩又发毛的学习习惯。文章说，那些白人父母很担心自己的孩子在学习上跟不上他们的步伐。文章还引用了一名当地高中生的话："如果你是亚裔，你就必须要向自己证明你是聪明人；而如果你是个白人，你就得向别人证明这一点。"

不过这篇文章并没有挖掘优秀的学业成绩背后的东西。我好奇的是，这个城镇的勤奋向学之风，是否反映了一种缺乏性格的外向理想型的文化隔绝——如果真的是这样，那又会是怎样的一番景象呢？因此我决定探访一番。

乍一看，库珀蒂诺仿佛就是典型的美国梦的化身。很多第一代、第二代的亚裔移民居住于此处，并在当地的高科技园区办公。苹果电脑总部在该镇的无限循环路1号(1 Infinite Loop)，谷歌的山景总部(Google's Mountain View)则在这条路的另一头。精心养护的车辆沿着林荫大道往来穿梭；偶尔有几个昂首信步、衣着挺括的白人行走其间，个个都精神焕发。其貌不扬的农场式房子价格不菲，而买家觉得能让自己的孩子进入镇上有名的公立学校学习，并与那些将会进入常春藤盟校的孩子相处是值得的。库珀蒂诺的蒙塔维斯塔高中2010年毕业的615名学生中（学校的网站称，77%是亚裔，该校网站部分界面甚至有中文版），53人是国家奖学金的候选人。蒙塔维斯塔高中学生2009年参加SAT考试的平均成绩为1 916分（满分为2 400分），比全美平均分高了27%。

在蒙塔维斯塔高中,我遇到的学生中那些备受赞扬的不是运动型或性格活泼的孩子,相反,他们都是勤奋好学的学生,常常表现得很安静。"做个成绩好的人会让你成为别人艳羡的对象,即使你的性格有些古怪。"一名在美国读高中的名为克里斯的韩裔学生告诉我。克里斯还向我讲述了他一个朋友的经历,他们举家离开了库珀蒂诺,并在田纳西州一个几乎没有亚裔美国人的小镇居住了两年。他的朋友很享受这个过程,只是饱受文化冲击之苦。在田纳西州,"有很多异常聪明的人,但是他们通常都独来独往。而在这里,那些真正聪明的人往往都有很多朋友,因为他们会热心地帮助其他人完成任务"。

库珀蒂诺的图书馆对当地人来说就像其他镇上的商场或足球场一样——一个非官方的居民活动中心。高中生们兴高采烈地走在通往"书呆子"的学习之路上。橄榄球和啦啦队都不是当地推崇的活动项目。"我们的橄榄球队糟透了。"克里斯无奈地说。虽然球队最近的状态要比他想象的让人满意,可是橄榄球队糟糕的形象已经深入人心。"你甚至都不能把他们称为橄榄球运动员,"他解释说,"他们不穿夹克,也不组团出行。我有一个朋友毕业的时候,他们放了一段录像,我的朋友惊讶不已:'真不敢相信他们放的是橄榄球运动员和啦啦队的影像!'那些东西在这个镇上绝对不是主流。"

特德·信太是蒙塔维斯塔高中的一名教师,也是机器人小组的顾问,他也向我讲述了类似的事情。"我读高中的时候,除非你身着某个球队的夹克,否则你就不能竞选学生会职务。大部分高中都会有一支很受欢迎的球队,球队成员会在学校横行霸道。而在这里,球队里的孩子并不比其他学生有更多特权,这里的学生都是看重学业成绩的。"

一名当地的大学辅导员珀维·莫迪对此也表示赞同。"内向者没有被看不起,"她告诉我,"这种性格被广泛接受,在某些情况下甚至会被人尊敬和称颂。成为一名象棋冠军或者在乐队弹奏乐器是件很酷的事情。"这里同其他地方一样也存在一个内向–外向光谱,只是这里分布在内向那一头的人口似乎要更多一些。一名年轻的华裔少女即将进入东海岸的一所精英学院,她在网上认识了几个未来的同学之后就发现了这个现象,并对未来的发展颇感忧虑。"我在脸书上认识了一些人,"她说道,"他们真的与众不同。我本身是个安静的人,并不热衷于聚会或社交,但是那里的每个人似乎都很爱社交,也很擅长类似的事。总之就是跟我在这里的朋友差别很大,我甚至不知道我进入大学之后会不会和他们交朋友。"

她的脸书上有一名住在帕洛阿尔托的朋友,于是我便问她,如果这个人邀请她共度暑假她会如何回复。

"我恐怕不会答应,"她说,"认识他们、见识不同的事物可能会很有趣,但我妈妈是不会同意我出去待那么久的,因为我还得学习。"

我对这个女孩的孝顺感到惊讶,而且她竟把学习置于社交之上。不过,这在库珀蒂诺不足为奇。很多亚裔的美国孩子告诉我,他们的父母要求他们在暑假里好好学习,甚至要减少7月份参加生日宴会的次数,这样他们才能预习完10月份的微积分课程。

"我想这就是我们的文化。"蒂法尼·廖说道。她来自一个中国台湾的移民家庭,接下来准备去斯沃斯莫尔读高中。"学习,做好手上的事情，不要被干扰——这一切让我们变得更加沉默而安静。小时候去父母的朋友家里，我不想说话的时候，就会带上一本书。那本书就像是个挡箭牌，他们会欣然同意，还会赞许说'她真好学'。"

真的很难想象，在库珀蒂诺以外的美国父母会对大家聚在一起吃烧烤时在边上看书的孩子报以微笑。然而在亚洲国家受教育的父辈们，可能在孩提时代被灌输了这样的价值观。在很多东亚国家和地区的课堂上，传统的课程强调的是听、写、读、记。"说"这一项并不是重点，甚至是被禁止的。

"我们家乡的教学模式与这里可谓大相径庭。"洪伟千（音）提到了这一点，她也来自中国台湾，1979年到加利福尼亚大学洛杉矶分校求学，如今已是一位定居在库珀蒂诺的母亲。她说："在中国台湾，你学习某门课程，然后要通过考试。至少在我长大以后，老师也不怎么提及书本以外的东西，而且他们绝对不允许学生们到处走动。如果你站起来，说些无关的话，你就要受罚。"

洪伟千是我所见过的最快乐、最外向的人了，时常会做些夸张的手势，还不时哈哈大笑。她穿着运动短裤、运动鞋，戴着琥珀饰品，初见时她给了我一个大大的拥抱，带我去面包店吃早餐。我们吃着甜品，相谈甚欢。

这其实也说明了即使是这样一个女子，也会在她第一次走进美式课堂时受到文化冲击。她认为在课堂上发言是很不礼貌的，因为她不想浪费同学们的时间。当然了，她一边笑着一边说道："我在加利福尼亚大学里算是个安静的人了。在那里，教授一上课就会说：'开始讨论吧！'即使我的同学在说一些与课业不相关的事情，教授也会很耐心地听下去，他会倾听每一个人的想法。"她滑稽地点点头，模仿教授当年的模样。

"我记得当时自己真的很震惊。那是一堂语言学课，同学们讲的甚至跟语言学毫无关系！我当时想：'哦，在美国，只要你敢开口讲就行了。'"

洪伟千被这种美式课堂的参与模式弄得莫名其妙，这与老师对她不愿意发言的表现表示困惑是同样的道理。她移居到美国整整20年之后，《圣何塞水星报》刊登了一篇题为《东西方教学传统的碰撞》的文章，其中提到了加利福尼亚大学的教授对于亚裔学生不愿参与课堂活动感到非常失望。一位教授指出，亚裔学生对老师的尊敬会产生一种"尊敬屏障"。而另一位教授则决定将课堂参与作为成绩的一部分来激励亚裔学生在课堂上发言。还有一位教授提到："在中国的教学中，学生会看轻自己，因为他们觉得其他人的想法要比自己的好很多。这是长期以来困扰亚裔美国学生的主要问题。"

这篇文章在亚裔美国人中间引起了强烈反响。有人说这些大学的做法是对的，亚裔学生应该适应西方的教育准则。"那些亚裔美国学生让别人轻易地无视自己，因为他们一直保持沉默。"一名读者在 Model Minority.com（少数模范）网站上发布了一则带有讽刺意味的文章，文中这样写道。同样也有反对的声音称，那些亚裔学生不应该被强迫发言，以适应西方模式。"也许，这些大学应该学着去聆听他们沉默的声音，而不是试图去改变他们。"斯坦福大学文化心理学者金熙正（音）在一篇论文中阐述道，他认为讲话有时并不是一种积极的行为。

***

亚洲人和西方人对同一种课堂互动的看法怎么会有这么大的区别——一些人给它贴上"课堂参与"的标签，而另一些人则认为是"毫无意义的事情"？《人格研究杂志》(The Journal of Research in Personality)就这个问题进行了解答，杂志上刊登了心理学家罗伯特·麦克雷绘制的一幅世界地图。这幅地图看起来与你在地理书上所见的无异，只是绘制原理不同，麦克雷解释说："这幅地图不是基于降雨量或人口密度，而是基于性格特质水平绘制的。"这幅地图由黑和亮灰色及其之间的几种颜色构成，黑色代表外向，亮灰色代表内向，清晰地揭示了"亚洲是内向者的聚集地，而欧洲则是外向者的天下"。这幅地图也把美国画了进去，其代表色是深灰色——美国人也是这个世界上最外向的群体之一。

麦克雷的地图看起来像是一个盛大的文化类型演示。将几个大陆用性格类型来分类是种总括行为：在中国你可以轻易找到那种聒噪的人，就如同在佐治亚州亚特兰大市找到这种人一样容易。这幅地图也没有细分一个国家或区域里存在的微妙的文化差异。北京人和上海人的风格大不相同，就像首尔人和东京人也有差别一样。同样，将亚洲人描述为"少数模范"——即使本意是赞美——也像任何一种泛化群体特征而削弱个体存在感的描述一样，带着狭隘和居高临下之感。也许，将库珀蒂诺定位为某种优秀学生的温床也会带来同样的问题，无论这种描述听起来是不是带有恭维色彩。

虽然我并不鼓励任何僵化的民族或种族类型划分，但我不可能完全避免文化差异和内向的话题：亚洲文化和性格构成中，有着数不尽的优点值得其他人来学习。学者们用了数十年时间来研究性格类型方面的文化差异，尤其是东西方之间的差异，以及内向与外向这个维度上的差别。心理学家相信，外向与内向在全世界范围之内都是显著且可测量的，然而在对全世界人类的性格进行分类的问题上，他们并没有达成一致。

很多类似的研究都得出了与麦克雷地图相同的结果。例如，一项研究比较了上海和加拿大安大略省南部一部分 8~10 岁的儿童，结果发现，那些腼腆而敏感的孩子在加拿大遭到了同伴的排斥，而在中国却很受玩伴欢迎，甚至比其他人更容易被当成小团体的领导者。在中国传统里，这些敏感而沉默寡言的孩子往往会被称赞为"懂事"。

同样，中国的高中生告诉研究者，他们喜欢那种谦逊而无私、诚实而勤奋的朋友，美国高中生则热衷于寻找那些乐天、热情、善于交际的朋友。"这种对比是惊人的，"将研究重心放在中国的跨文化心理学家迈克尔·哈里斯·邦德说道，"美国人强调社交能力，并且看重那些可以让聚会变得简单而愉快的性格特质。中国人则强调一些更深层的属性，关注道德方面的美德和成就。"

在另一项研究中，研究人员要求亚裔美国人和欧裔美国人在解决推理问题时大声讲出其推理过程，结果发现，亚洲人在安静的情况下做得更好，欧洲人则会在一边推理一边讲出想法的情况下表现得更好。

任何一个熟悉亚洲人对说话的态度的人，对于这些研究发现都不会感到惊讶：亚洲人认为谈话是获取一些必要信息的交流，保持沉默和反思是深入思考和真知的标志。有时"无声胜有声"。言多必失，舌头非铁却可伤人。思考以下这些来自东方的谚语：

风呼啸而过，而大山岿然不动。

——日本谚语

知者不言，言者不知。

——老子，《道德经》

虽然我没有刻意去遵守沉默的纪律，但独居的生活让我自然而然远离了嗔罪。

——鸭长明，12世纪日本隐士

再来对比一些来自西方的谚语：

你须善于言辞，因为发表演讲可能会使你显得更强大，一个人最强大的武器就是舌头，唇枪舌剑比一切战争都激烈。

——普塔霍特普箴言，公元前2400年

讲话本身就是一种文明。那些文字，即使是最矛盾的文字，也依然保留着彼此之间的联系——只有沉默是被孤立的。

——托马斯·曼，《魔山》

会哭的孩子有奶吃。

这种不同的态度背后隐藏了什么呢？有一种解释认为这背后是亚洲人普遍对教育的崇敬，尤其是那些来自儒家文化圈的人，比如中国、日本、韩国以及越南。追溯到明代，有些中国的乡村会给那些通过了科举考试的人塑像。要想取得这方面的成就，你就必须像那些来自库珀蒂诺的孩子一样，把所有时间都花在学习上。

另外一种解释认为这背后是集体认同。许多亚洲文化都以集体为向导，但完全不是西方文化中所认同的集体。亚洲文化中的个体把自己视为整体的一部分，不论是在家庭、公司还是社群中，他们会把集体的和谐放在极为重要的位置上。在他们的价值观中，个人利益完全服从集体利益，他们在集体中欣然处于从属的地位。

相比之下，在西方文化中则是组织围绕个人。西方人把自己视为独立的个体；命运赋予他们的使命是自我表达，追随内心的幸福感，把自己从那些禁锢自由的桎梏中解脱出来，最终完成那些应该完成的任务。西方人可能是群居动物，但是并不会服从集体的意愿，至少他们并不想那么做。他们深爱并尊重父母，只是对于诸如"孝顺"的观念及其蕴含的隶属性与限制性，他们会感到不满。当西方人同其他人在一起时，其所作所为如同大家都是独立个体一样，嬉戏、竞争、角逐、挑战，当然他们也爱着其他那些独立个体。

因此，西方对于胆略和口头技能的重视以及追求个体性的特征，就都可以讲得通了，而亚洲人看重的安静、谦逊和敏感则促进了集体内部的凝聚力。如果你过着集体的生活，只要你能够严格控制自己的行为，甚至妥协，那么你的一切就会很顺利。

最近的一项功能磁共振成像研究生动地解释了这种偏好。研究人员向我们展示了70名美国男子和70名日本男子的照片，他们或处于主导地位（双臂交叉，肌肉丰满，双腿笔直地站立着），或处于从属地位（双臂弯曲，双手交叠放在腹股沟的位置，双腿并拢站立）。结果发现，处于主导地位的人的照片激活了美国人大脑中的快感中枢，而处于从属地位的人的照片则激活了日本人大脑中的快感中枢。

西方人认为，服从他人的意志很难让自己有吸引力。然而，西方人眼中的从属，在亚洲人看来却是一种基本的礼貌。在第 2 章里我提到过的美籍华人，即就读于哈佛大学商学院的陈唐告诉我，当他同几个亚裔朋友以及一个绅士而随和的白人朋友同租一间公寓时，他觉得那种相处模式非常舒服。

但当他的白人朋友看到水池里堆成山的盘子，并要求他的亚洲室友共同清洗时，矛盾就爆发了。陈唐说，这个抱怨合情合理，白人朋友认为他的措辞既表现出了对对方的尊重又彬彬有礼，而他的亚洲室友却不这么认为，他们觉得他那时既愤怒又严厉。陈唐解释说，如果在亚洲出现这样的情况，人们会对自己的语调和口气更加注意。他应该用一种询问的语气，而不是一种要求或命令的口吻。或者，他根本就不该把这个问题摆到台面上来说。为了几个脏盘子而失了这个集体的和气，实在是不值得。

亚洲人的这种尊重对西方人来说，其实就是一种对于他人感受的深切顾虑。正如心理学家迈克尔·邦德观察到的那样："这是只有从明确地称'自谦'为美德的文化传统中走出来的人才能做到的，而间接接触到这种传统的人则可能会给它贴上'尊重关系'的标签。"这种尊重会导致社会的动态变化，这一点从西方人的观点中很容易看出。

由于这种尊重关系，社交焦虑障碍在日本被称为对人恐惧症（Taijin Kyōfushō），它以一种不会让患者尴尬的形式出现（美国人也很担心让自己难堪），而会让别人觉得很尴尬。也正是由于尊重关系，藏传佛教僧人会带着同情之心进入冥想状态以寻求内心的平静（大脑扫描还显示，他们此刻会感到无上的幸福）。也正是由于尊重关系，广岛事件的受害者会因自己的生还而向其他人致歉。散文家莉迪娅·米利特写道："他们的文明已然被详细记录在册，却依然留驻在他们的心底。'对不起，'其中一人一边鞠躬一边道歉，他手臂上的皮肤已经溃烂脱落，'我很遗憾您的孩子去世了而我活了下来。''对不起，'另外一名生还者真诚地对一个抱着死去的母亲啜泣的孩子说道，他的嘴唇肿得像橘子瓣一样，'我真的很遗憾离开的人是她而不是我。'"

虽然东方的这种尊重关系为人称颂，如同一件华美的袍子，而西方人对于个体自由、自我表达和个人命运的尊重亦可圈可点。重点不在于究竟是哪一种文化传统更好，而是这种文化价值间更为深远的不同之处有一种魔力，影响到了每种文化中对于理想性格类型的评判。在西方，我们欣赏外向理想型，而在亚洲（至少在数十年前西方学术思想大规模传入之前），人们则信奉沉默是金。正是这种对立的观念影响了我们的反应，比如，面对室友堆在水池中的盘子时，面对大学课堂上学生们不愿发言的情境时。

此外，还有人说这种外向理想型并非如我们想象的那样神圣而不可侵犯。因此，如果你在内心深处认定了这些大胆而善于社交的人注定要主宰那些保守派和敏感派，且外向理想型对于人类来说就是与生俱来的标准，那么罗伯特·麦克雷的性格地图就会为你揭露一个不同的真相：无论是哪种存在方式——安静或健谈，仔细还是大胆，克己抑或奔放——都是我们的文明赋予我们的特征。

* * *

不过，具有讽刺意味的是，很多对于这个真相保持怀疑的人，大部分都是来自库珀蒂诺的亚裔美国孩子。他们进入青春期后，开始脱离故乡的局限性，并发现了一个不同的世界，在这个世界里，大声讲话和积极发言才是讨喜和获得财富的通行证。他们生活在一个有双重意识的世界中——一半是亚洲，一半美国，两种意识形态相互质疑，一半海水一半火焰。迈克告诉我，比起社交，他更愿意学习，这就是这种矛盾中一个极佳的例子。我第一次见到他的时候，他还是一个高中生，依然住在库珀蒂诺。那时迈克告诉我"因为我们把教育视为重中之重"，一如亚洲的传统，"社交在我们的生活中所占的比例并不大"。

后来我再次偶遇迈克的时候，已经是第二年的秋天了，他也成了斯坦福大学的新生，那里离库珀蒂诺只有20分钟的车程，而那里的人比起库珀蒂诺却仿佛来自另外一个世界，迈克看起来还很不习惯。我们在一家露天咖啡厅见面，坐在我们旁边的是几名运动员，时不时会发出爽朗的笑声。迈克对他们点点头，这几个人都是白人。迈克说："白人似乎并不在意别人会不会觉得他们讲话声音太大，或者话题很愚蠢。"他对餐厅里那些肤浅的交谈颇感无趣，对那些新生研讨会上满是"胡言乱语"的课堂活动也深感沮丧。他的空闲时间几乎都跟其他亚裔学生一起度过，从某种意义上讲，他们有着"相同的外向程度"。那些非亚裔学生常常会让他觉得自己必须假装很激动或者很兴奋，即使那根本就不是最真实的自己。

"我们宿舍楼现在住着50名学生，其中有4名是亚裔学生，"他告诉我，"我觉得跟他们相处起来要舒服多了。其中有个男孩名叫布赖恩，他就是个很安静的人。可以说，他带着那种有点儿内向的亚洲人特质，因此我才觉得跟他相处很舒服。跟他在一起的时候，我才是真实的我。我不用为了看起来酷一点儿而去做些我不喜欢的事情，去融入一群非亚洲人或者喧闹的集体，那根本就是在演戏。"

迈克显然对西方的这种沟通方式不屑一顾，但是他必须承认，有时他也希望自己可以咋咋呼呼，可以不用那么克制自己。他在谈到白人同学时说道："他们活在自己的性格之下也是很快活的。亚洲人并不是不喜欢真实的自我，我们只是对表达自我这件事颇感不适。在一个集体之中，我们总是会觉得表现外向会让自己很有压力。当这种压力出现时，它就会明明白白地写在我们脸上。"

迈克还提到了他参加的一次迎新活动，那是一次在旧金山举办的寻宝游戏，旨在鼓励学生们走出自己的舒适区。迈克是那个疯狂的小组中唯一的亚裔学生，小组中的成员在这次活动中有的在身上画了彩绘，赤裸身体走过旧金山的一条大道，有的干脆身着异性服装走进当地的一家商店。有一个女生走上了维多利亚的秘密的展示台，竟然脱掉了她的内衣。当迈克给我讲这些细节时，我以为他要跟我抱怨即便他们组获胜了，这种方式也不合适，但是他没有批评其他人，而是自责了起来。

"在他们做这些疯狂的事情时，有那么一瞬间我觉得非常难受。这恰恰反映了我的劣势。有时，我甚至觉得他们比我强。"

迈克从他的教授那里得到了类似的反馈。这场迎新活动结束后几周，他的新生辅导员——斯坦福大学医学院的教授——邀请了一组学生到她家里。迈克非常希望自己能给她留下一个好印象，但是他完全无话可说。其他的学生都毫不拘谨地互相调侃，问一些有水平的问题。

"迈克，你今天太嚣张了，你直接把我无视了。"他离开的时候，教授对他开玩笑说。离开之后，迈克觉得自己糟透了，他沮丧地总结说："在他们看来，那些不爱说话的人不是能力不济，就是心不在焉。"

当然，这些感觉迈克以前也曾有过，他在高中的时候就曾体会过内向带来的轻微影响。虽然库珀蒂诺几乎像儒家一样推崇沉默、尊重关系，但那里同样也以外向理想型为目标。工作日下午，在当地的购物中心，那些自信的、留着参差不齐发型的亚裔美国年轻人会对着高傲的穿着吊带背心的姑娘们逗趣儿，周六早晨的图书馆里，既会有些年轻人在角落里专心致志地学习，也会有聚在一起热闹地谈天说地的。我在库珀蒂诺采访过很多亚裔孩子，他们当中很少有人真心认同自己是内向的，即使他们的确会这么说自己。虽然他们始终坚定不移地接受来自父母的价值观，但他们似乎已经将世界分成了"传统亚洲人"和"亚裔的大明星"。那些传统的力量让他们谦虚，让他们发奋图强；而那些大明星既能学有所成，又能在学校里跟同学们开玩笑，挑战老师的权威，让自己成为焦点。

迈克告诉我，很多学生刻意想要变得比自己的父辈更外向一些。"他们觉得自己的父母都太内向了，于是他们试图用带有夸耀性的外向倾向来弥补这种性格。"有一部分父母也开始去调整自己的价值观。"亚裔孩子的父母发现太沉默并不是件好事，于是他们鼓励自己的孩子去参加各类演讲和辩论活动，"迈克解释说，"我们的演讲和辩论组织是加州第二大的，为的就是让孩子们多多锻炼自己有底气地演讲。"

我第一次在库珀蒂诺遇到迈克的时候，他的价值观和自我认知保留着最初的模样。他知道他不是那些所谓的亚裔大明星——他认为如果 10 分是满分，那么他的受欢迎程度在 4 分的水平，但是，他对自己这种本真地生活的日子颇感安逸。"我更喜欢跟那些真实的人一起玩，"那时他是这么告诉我的，"这可能会让我变得更加沉默。事实上，当我想表现得很聪明的时候，我就会觉得不开心。"

事实上，迈克能在库珀蒂诺这个蚕茧中生活这么多年，已经十分幸运了。很多亚裔美国孩子是在那些更为典型的美式社区中长大的，他们在更小的时候就面临很多类似迈克进入斯坦福大学之后才遇到的问题。一项研究对比了 5 年间欧裔美国人和留美的第二代华裔青少年之间的不同，结果发现，华裔青少年在青春期明显要比同龄的美国人内向，而且自尊心更强。这些内向的华裔青少年在 12 岁时还会自我感觉良好——大概是因为此时他们还在继续依照父母的传统价值系统来衡量自我，而一旦他们长到 17 岁左右，开始接触到美国的外向理想型这一价值观念，他们的自我评价就开始急转直下。

* * *

对于亚裔美国孩子来说，不能适应这一社会的代价便是社交焦虑。随着年龄的增长，他们可以弥补这一点。记者尼古拉斯·勒曼曾经就他的《大测试》(*The Big Test*) 一书中涉及的精英主题采访了一组亚裔美国人。他写道："结果呈现出了惊人的一致性，亚裔作为精英的时代从毕业那天开始就宣告结束了，亚裔开始处于下风，这是因为他们缺乏那种可以让自己领先的风格：他们太过被动，也不擅长交际。"

我遇到过很多来自库珀蒂诺的人，他们都在这个问题上苦苦挣扎。一位家境富裕的家庭主妇提到，在她的社交圈子里，基本上所有的男人最近都选择了回中国工作，他们现在往返于库珀蒂诺和上海之间，部分原因就是安静的性格阻碍了他们在当地进一步发展。美国的公司"认为他们不能胜任当地的工作"，她说道，"那是因为表达能力不够。在生意场上，你得把一堆废话组织起来，表达出来。我的丈夫总是在言简意赅地表达出自己的重点后就结束了演说。如果你仔细看一下那些大公司，领导层中很少会有亚洲人。他们可能会雇用一些完全不懂商业知识的人，但是这个人却很会演讲。"

一位软件工程师告诉我他在工作中被忽略的感受时说："尤其是那些欧洲人，他们讲话真是不经过大脑。在中国，如果你话不多，别人就会觉得你是个肚子里有墨水的人。而在美国，情况却全然不同。这里的人，喜欢有什么说什么，他们在有一个想法之后，哪怕这个想法一点儿都不成熟，都敢讲出来。如果我能在交流方面表现得好一点，那么我的工作就可以获得更多的认可。否则，即使我的老板很欣赏我，他也不知道我的工作到底做得有多出色。"

这位工程师随后透露，他正在接受一名来自中国台湾的名为普雷斯顿·倪的传播学教授关于向美式外向性格转变的训练。就在离库珀蒂诺不远的山麓学院（Foothill College），倪教授开设了为期一天的"做个成功沟通的非本土专业人士"的学习班。课程广告发在网上一个当地社群里，这个群名为"硅谷演讲协会"，其使命是"帮助那些非本土的专业人士通过提升软技能来获得成功"。（群的主页上写着："讲出你的想法，同大家一起在硅谷演讲协会实现你的理想。"）

从一个亚洲人的角度说出自己内心的想法，这令我深感好奇。于是，我报名参加了这个项目。数周后的一个周六上午，我坐在一间相当现代化的教室里，北加州山区的阳光透过玻璃窗倾泻进来。教室里一共有 15 人，其中大部分来自亚洲国家，也有几个来自东欧和南美。

倪教授看起来很友善，那天他穿了一套西装，打着一条金色的领带，领带上绣着中国画风格的瀑布，他腼腆地笑了笑，用美国商业文化的整体概况作为课程的开场白。他强调说，在美国，如果你想成功，那么你的外在表现和你的内在思想同等重要。这可能有点儿不公平，也可能并不是判断一个人的贡献究竟有多大的最佳方式，"但是，如果你没有这种魅力，即便你是世界上最聪明的人，你也不会得到别人的尊重，这一点与其他文化传统不同。"

倪教授这时要找一名志愿者上前，一名叫拉吉的 20 多岁的印度小伙子走上前，他现在在一家《财富》500 强公司做软件设计师。拉吉身着硅谷的"制服"：一件休闲的系扣衬衣，斜纹棉布长裤，但是他的肢体语言却处处彰显着防御。他双臂交叉抱在胸前，穿着登山靴的脚在地面上画来画去。那天上午早些时候，我们在这个房间里轮流做自我介绍，他坐在教室的后排，用颤抖的声音告诉我们，他想学习"怎样能找到更多的话题"，以及怎样能"变得更开放"。

倪教授要拉吉告诉我们他这个周末有什么计划。

"我要和一个朋友一起吃晚餐，"拉吉说，"然后，嗯……我要去爬山。"

"我对你的印象是，"倪教授绅士地对拉吉说道，"我可以交给你很多工作，但是你不会引起我太多的注意。记住，在硅谷，你可能是最聪明、最有能力的人，但是如果你不能清楚地表达你自己，不能向

第八章 软实力

别人展现你做了多少工作,别人就会低估你的能力。很多外国的专业技术人员都有过这样的经历,你顶多是个劳动者,而不是一个领导者。"

同学们同情地点了点头。

"但是,有一种办法是可以让你保持自己本色的,"倪教授说,"也可以让你通过声音表达更多的信息。很多亚洲人在讲话的时候,只调动很少一部分肌肉。那么,我们就从训练呼吸开始。"

于是,他开始指导拉吉躺下,练习英文中的5个元音:"A……E……U……O……I……"然后拉吉的声音从教室的地板上传来:"A……E……U……O……I……"

最后,倪教授让拉吉站起来。

"现在,课后你有什么打算呢?"他一边问拉吉,一边鼓励性地跟拉吉击掌。

"我今晚要去一个朋友家里吃晚饭,明天要跟另外一个朋友去爬山。"拉吉的声音明显比之前大了很多,全班同学都由衷地为他的表现鼓掌。

教授本身就是这样一个榜样,他让你看到努力可以获得的结果。课后,我去他的办公室采访了他,他告诉我他刚刚来到美国的时候有多么腼腆,于是他在如夏令营或商业学校之类的情景下锻炼自己,让自己变得像个外向者,他就一直这样训练自己,直到这一切变得自然。在那段时间里,他成功地完成了一项咨询实践,那时他的客户包括雅虎、维萨卡以及微软,他还同时学习了一些类似的技能,努力改变着自己。

当我们谈起亚洲的"软实力"这一概念时——倪教授认为，处于领导位置要能做到"四两拨千斤"——我发现了他身上未被西方的沟通模式浸染的地方。"在亚洲文化中，"他说，"总有一种微妙的方式让你获得你想要的东西，这种方式并不是富有攻击性的，但意图明确而且颇有技巧。最终，你会因此而获得很多。带有攻击性的力量会挫败你，而软实力会胜于无形。"

我请倪教授用现实中的例子来解释所谓的软实力，他给我讲了一些客户的故事，这些客户都是把能量积聚于头脑和内心的人，讲着讲着，他的眼睛闪烁出了光芒。很多这样的人都是劳动者联合会的组织者——如妇女团体、多样性团体，他们将人们聚集在一起，为一个共同事而努力，凭借的是大家具有相同的信念而非活力。他还讲到了"拒绝酒驾的母亲"等团体——这些人通过他们的爱心改变了其他人的人生，而不是凭借所谓的个人魅力。他们的外在表达技巧足以传递信息，但是他们真正的力量却是通过内在思想表现出来的。

"在较长的一段时间里，"倪教授说，"如果这个观念是好的，人们就会朝这个方向转变。如果这种目标是公平的，而你也愿意为之全心全意努力，它就可能会变成一项准则：你会吸引很多与你有共同目标的人。软实力是沉默的毅力（quiet persistence）。我想到的这些人，在他们的日常生活和人际交往中都是很有耐性的，最后他们会建立起一个个团队。"倪教授认为，历史上那些拥有软实力的人，都是为人们所敬佩的，比如特里莎修女、佛陀和甘地。

当倪教授提到甘地的时候，我心头为之一震。我问过几乎所有的库珀蒂诺高中的学生他们敬佩的领导人是谁，而他们之中有很多人告诉我敬佩甘地。我真的很好奇，甘地究竟有什么魔力，会对他们有如此强烈的激励作用？

＊＊＊

据甘地的自传，他是个绝对腼腆而安静的人。还是个孩子的时候，他对一切都感到恐惧：小偷、鬼、蛇、黑暗，他尤其害怕外人。他每天都把自己埋在书堆里，一放学就飞奔回家，唯恐要跟别人讲话。即使是长大以后，当他首次被选入领导者之列，成为素食协会执行委员会的一名成员时，他会出席每一次会议，但是仍然羞于启齿。

"你每次跟我说话的时候都头头是道，"委员会另外一位成员感到很困惑，"但是为什么你在例会上从来都不开口讲话呢？你真是个懒人。"当一次政治斗争在这个委员会爆发时，甘地虽然有合理的想法，可是他很怕把这些想法讲出来。他把这些想法写了下来，打算在会议上大声朗读出来。可是最终，他也没敢这么做。

甘地花了很长时间来控制自己的羞涩，但他从来不曾真正克服它。他不能即兴发言，对于发表演说这类事情，他也是能躲则躲。即使是到了晚年，他写道："我也不喜欢跟朋友在一起谈天说地。"

但也正是他的这种羞涩，成就了他独有的力量——一种克制的力量，我们能从甘地那些鲜为人知的故事里看到。他年轻的时候决定去英格兰学习法律，那时这一做法违背了他所在的巴尼亚亚种姓首领的意愿。该亚种姓成员是禁止食肉的，而种姓首领坚信，在英格兰，素食主义是绝对不可能存在的。然而甘地已经向母亲起誓绝对不会吃肉，所以他觉得英格兰之旅不会有任何危险。他为此跟教会的领导人谢斯大费唇舌。

"难道你胆敢不顾本种姓的命令吗？"谢斯反问他。

"我实在没有办法，"甘地回答说，"我觉得这种问题不该将种姓牵扯进来。"

可悲的是，他最终被逐出了该亚种姓——即使几年之后，他信守承诺从英格兰学成归来，并成了一名年轻有为的讲英语的律师，这个惩罚依然保留着。社群内部在他的问题上也产生了分歧：一派支持恢复他的种姓身份，另一派则表示坚决要把他拒于种姓之外。这就意味着，甘地甚至不能在该亚种姓成员家里受到招待，连自己的姐姐和岳父母都不行，就连喝杯水都不被允许。

甘地知道其他人也可能反对他回归，但是他一直没有得到任何准确的消息。他知道抗争只会换来报复，所以他遵从了谢斯的命令，跟其他人甚至家人都保持距离。他的姐姐和岳父母决定悄悄破除禁例收留他，甘地却不答应。

那么结果是什么呢？该亚种姓的成员不但不再对他构成困扰，而且在他后面的政治工作中无私地予以帮助，包括那些将他逐出种姓的成员。他们以热情和慷慨的方式对待甘地。后来，甘地在自传中写道："我相信，这些可喜的事情都源于我的不抵抗。假如我闹着要恢复种姓身份，假如这个种姓因为我而分成更多阵营，假如我触犯了种姓首领，他们一定会报复，这样一来，我从英格兰回来后就不会像现在这般平安无事，而会使自己陷于一场斗争的旋涡里或者走向虚伪。"

这种事情——委曲求全，在甘地的生命中一次又一次地发生。在南非做律师期间，他申请进入当地的律师协会，但他们拒绝印度成员

第八章 软实力

加入。为了阻止他申请成功，他们甚至要求甘地提供孟买高级法院的证书原件，而这基本是不可能实现的。甘地被激怒了，他知道，这些阻挠的最根本原因是歧视。但他竭力控制自己的情绪，不表现出来。他耐心地同南非当局交涉，最终律师协会同意接受当地开出的证明。

他起誓的那一天，终审法院首席法官让他摘下头巾。就在那一刻，甘地看到了他真正的局限性。他知道他有理由抗议，但他选择以自己的方式战斗，于是他摘下了自己的头巾。他的朋友对此非常失望，他们说甘地太懦弱，他理应为自己的信仰反抗，但甘地认为他应该去学着"欣赏妥协的美丽"。

如果我在讲这些的时候，没有对你提起"甘地"这个名字，也没有提到他的成就，你可能会觉得他是个相当被动的人。在西方，被动是种罪过。在《韦氏词典》中，"被动"的意思是"在外部因素影响下采取的行动"，它也意味着"顺从"。甘地最终拒绝了"消极反抗"的说法，他觉得消极反抗是一种软弱，他喜欢"非暴力不合作"这个说法，他认为这意味着"坚定不移地追求真理"。

正如"非暴力不合作"包含的意义，甘地的被动丝毫不软弱。他的被动意味着专注于一个终极目标，并不会为了沿途中不必要的小冲突而消耗自己的能量。甘地坚信，克己是他最大的资产之一，而这种克制源于他的羞涩：

> 我已经自然而然地形成了这种克制自我想法的习惯。不成熟的想法是不会从我的嘴里或者笔下溜出来的。经验告诉我，沉默是真理崇拜者的精神纪律的一个组成部分。我们发现很多

人对于讲话不够有耐心。这些人的言谈大都对这个世界毫无意义，只是白白浪费时间。我的羞涩在现实中就像是我的盾，它让我成长，帮助我学会明辨真理。

* * *

软实力并不仅限于像圣雄甘地这样的道德楷模。设想一下，比如那些为人们所称颂的在数学、科学等领域卓有成就的亚洲人。前面提到过的倪教授将软实力定义为"沉默的毅力"，这是取得学术成就的核心因素，甘地取得政治胜利也靠的是这种精神。沉默的毅力需要持久的注意力——要能有效克制人们对于外界刺激的反应。

TIMSS（国际数学与科学研究趋势）考试是一项面向全球少年儿童进行的、四年一度的标准化数学和科学测试。考试结束后，研究人员会对结果进行横向和纵向的比较，分析这些来自不同国家的学生在这项考试中的表现，他们发现亚洲国家和地区，比如韩国、新加坡、日本和中国台湾地区的学生取得的成绩一直遥遥领先。例如，1995年，TIMSS考试举行的第一年，韩国、新加坡和日本的中学生数学的平均分最高，来自这3个国家的学生在科学考试中也占据了前四名中的3个席位。2007年，研究人员评估了在某个国家内有多少名学生能够达到国际先进基准（达到该基准的学生都是数学界新星），发现多数佼佼者来自亚洲国家和地区。在新加坡和中国香港，40%的四年级学生达到或超过了这个标准，而在中国台湾地区、韩国和新加坡，约有40%~45%的八年级学生能够达标。在世界范围内，能达到这个基准的人，在四年级学生中只占5%，而在八年级学生中只占 2%。

要如何解释这条横亘在亚洲和世界其他地区之间令人震惊的学业表现鸿沟呢？这个 TIMSS 考试的有趣现象值得深思。在这项考试中，学生们也要回答一系列与自身相关的问题，范围从他们有多喜欢科学到家里有没有可以塞满 3 个甚至更多书架的藏书量。这份问卷要花费不少时间才能完成，因为它不会被计入最终的成绩，所以很多学生选择了交白卷。回答完问卷上的问题需要有足够的毅力。教育学教授厄金·贝的一项研究显示，那些问卷填写情况较好的地区往往也是考试的高分区。换句话说，优秀的学生不仅需要有解决数学和科学问题的认知能力，还要有一个令人受益的性格特点：沉默的毅力。

其他研究也发现，那些年幼的亚洲儿童身上也有着非凡的毅力。举个例子来说，跨文化心理学家普里西拉·布林考让来自日本和美国的一年级学生做一道无解的题目，要求他们独立思考答题思路，不得求助其他同学或老师，从而比较他们在放弃之前用在这道题目上的时间。平均来说，日本的学生在这道题目上用了 13.93 分钟，而美国的孩子只用了 9.47 分钟就放弃了。只有不到 27% 的美国学生能够坚持到日本学生的平均用时，反过来说，只有 10% 的日本学生在 9 分钟左右的时候就放弃了。布林考将这些结果归结为日本人颇有毅力。

沉默的毅力在很多亚洲人和亚裔美国人身上表现得淋漓尽致，这一特质并不仅仅表现在数学和科学领域。我初访库珀蒂诺数年后，曾偶遇蒂法尼·廖，那名斯沃斯莫尔联合高中的学生，我在前面提到，在她还是个孩子的时候，她的父母对她爱读书甚至在公共场合都捧着一本书的兴趣大加赞赏。我第一次见到她的时候，她还是有着稚嫩脸庞的 17 岁姑娘，正为了考入大学而努力。她告诉我，能去东海岸旅行并结识新的朋友让她兴奋不已，但是她也担心住在那里的人都不喝珍珠奶茶，那可是台湾最有名的饮品啊。

而现在的蒂法尼已经是一个练达而成熟的大学生了，还去了西班牙留学。她的签名带着跨国界的意味，是西班牙文的"拥抱，蒂法尼"。她在脸书上的照片，也不见了那稚嫩的脸庞，代之以一个淡淡的微笑，虽然依然温柔而友好，却带上了洞达人情的影子。

蒂法尼正走在实现记者之梦的道路上，不久前她才被选为校报的主编。她依然用"腼腆"一词来形容自己——第一次公开演讲的时候、给陌生人打电话的时候，她还是能感觉到脸上骤升的热度，但是话题一旦打开她就慢慢变得自然起来。她坚信自己这种"沉默的本性"帮助她当上了校报的主编。对于蒂法尼来说，软实力就意味着倾听、认真做笔记，并且在与采访对象进行面对面交流前做深入的准备。"这个过程对于我成为一名成功的记者举足轻重。"蒂法尼这样告诉我。很显然，蒂法尼对于沉默的力量深信不疑。

* * *

我第一次遇见迈克的时候，他希望像自己斯坦福的同学一样洒脱不羁，他说，一个沉默的人不可能成为领导者。"如果你一直沉默不语，你怎么让别人知道你的信念呢？"他这样反问过我。我安慰他说其实并不尽然，但是迈克对于沉默者不能传达其信念深信不疑，不禁让我怀疑他说的有几分道理。

但那是在我同倪教授探讨亚洲式的软实力之前,在我读到甘地的"非暴力不合作"之前,在我想象着蒂法尼成为一名记者的光明未来之前。库珀蒂诺的孩子们教给了我,信念就是信念,无论你以多高的分贝来表达。

第四部分

如何去爱，如何工作

Part
Four

第九章

何时你该戴上外向的面具？

---- * ----

每个人都有很多个社会自我，这是由于人们总是要面对很多不同的社会群体，而且会非常在意这些群体的意见。于是在通常情况下，人们会在不同的群体面前表现不同的自我。

——威廉·詹姆斯

布赖恩·利特尔教授曾是哈佛大学心理学教师，也是 3M 教学奖获得者，该奖项也被称为大学教学的诺贝尔奖。利特尔教授身材矮小，戴着一副眼镜，有一丝固执，也有一点可爱，他有着充满磁性的男中音，讲话的时候习惯一边如唱歌一般断句，一边在讲台上走来走去，用老派演员的方式把强调的辅音和元音拉得长长的。人们说他像罗宾·威廉姆斯和爱因斯坦的结合体，当他讲的笑话逗乐台下的听众时，他看起来比他们还高兴。他在哈佛的课程总是座无虚席，下课的时候根本不需要铃声，大家的掌声就足以说明他受欢迎的程度了。

相比之下，我笔下的这个人似乎就完全不同了：他和妻子住在一间隐蔽的、坐落在遥远的加拿大森林的房子里，儿女和外孙偶尔会来看望他，其他时间基本只有他和妻子两人。他会在空余时间写乐谱、读书、写书、写文章，也会给远方的老朋友发邮件，他把邮件称为"电子书信"。社交方面，他更喜欢一对一的对话。聚会上，只要有机会或者借口"呼吸一点儿新鲜空气"，他就一定会逃离那个喧闹的地方，同朋友进行一些安静的交谈。如果被迫外出太久或者被卷入任何带有冲突性的情境，他就会生病。

如果我告诉你那个舞台上的王者教授和这个喜欢宁静的内心生活的"隐士"是同一个人，你会觉得惊讶吗？如果你考虑到我们会因为情境不同而有不同的行为举止，你也许就不会为此而感到吃惊了。但是如果我们每个人都有这样的灵活性，再来讨论内向者和外向者的差异是不是就变得毫无意义了呢？内向和外向的概念本身是一种二分法吗——内向者是贤明的哲学家，外向者则是无畏的领导者？内向者是诗人或者科学呆子，外向者则是运动员和啦啦队队员？会不会有些人两者兼具呢？

心理学家称之为"特质–情境"之争（Person-Situation Debate）：那种混合的性格特质是真的存在，还是人们根据情境不同而做出的改变？如果你同利特尔教授交谈，他会告诉你，抛开他的公共形象和教学上的荣誉，他其实是个非常忧郁的人，是个绝对的内向者，这一点不仅是从行为学角度来说，从神经心理学角度讲也是如此。（他用我在第4章介绍过的柠檬汁测试给自己做了实验，果然分泌了很多唾液。）这似乎符合特质论的观点：利特尔认为性格特质是存在的，正是这些特质将我们的生命塑造得如此深奥，它们是基于心理机制的，而且在人的一生中是相对稳定的。支持这个观点的都是站在巨人肩膀上的人：希波克拉底、弥尔顿、叔本华、荣格，还有近期实施功能磁共振成像和皮肤导电实验的先驱。

支持情境论的则是一群被称为情境主义者的心理学家。情境主义认为，我们对一个人的概括，包括那些我们常常用来描述他人的词——害羞、积极进取、认真、无主见的——都是种误导。世界上不存在核心的自我，有的只是在 X 情境下的自我、在 Y 情境下的自我，以及在 Z 情境下的自我。情境主义的观点在 1968 年获得极大发展，心理学家沃尔特·米舍尔出版了《性格与评价》（*Dersonality and Assessment*）一书，大大挑战了混合性格特质一说。米舍尔认为情境因素比性格特质更能有效地解释布赖恩·利特尔这类人的行为。

此后的数十年间，情境论一直占据上风。后现代主义视角下的"自我"也在这个时期形成，它受到了理论家的影响，比如《日常生活中的自我呈现》一书的作者欧文·戈夫曼，因此他们认为社会生活是种表现，而社会生活中的这张面具其实就是真实的自我。很多学者甚至怀疑是否存在真正意义上的性格特质。那时，人格研究学者们几乎找不到工作。

正如先天-后天的争论渐渐被互动论取代一样，事实上这两者共同造就了我们，它们之间也在互相影响着，性格-情境之争也在更为细致入微的探索之后，被新的理论取代。人格心理学家承认，我们会在傍晚6点钟感受到自己的社会属性，也会在夜里10点感觉到孤独，而这些波动都是真实存在的，同时也取决于情境。但是他们也强调，诸多证据显示，这种现象是有前提的，无论这种波动多么剧烈，混合型的性格是的确存在的。

最近，连米舍尔也承认了性格特质的存在，但是他认为它们只以某种模式出现。比如：有的人在同事和下属面前很强势，而在权威人士面前很温和；另外一部分人则恰好相反。那些"拒绝敏感"类型的人在有安全感的时候，往往是温暖而富有爱心的，而当他们觉得自己被拒绝的时候，则会表现出敌对的情绪和一定的控制力。

然而这种看似安逸的妥协却引发了我们在第5章曾探讨过的自由意志的变化。我们知道，我们在自我塑造和行为模式方面还受到生理学的限制。那我们是应该尝试操控自己的行为使其在一个我们可以控制的范围之内，还是应该简单地做回自己就好呢？在什么情况下控制自己的行为会徒劳无功，在什么情况下又会让我们苦不堪言？

如果你是个在美国企业工作的内向者，你应该像杰克·韦尔奇在《商业周刊》网络专栏上写的那样，在周末尽量保持自己安静的本性，在工作日努力"走出自己的世界，表现出混合的性格，跟团队和同事联系，调动你可以控制的一切能量"吗？如果你是个外向的大学生，你应该在周末回归本我变得疯狂起来，而在上课的时候专注于学业吗？人们真的能如此收放自如地控制自己的性格吗？

我所知道的唯一能回答这些问题的答案来自布赖恩·利特尔教授。

* * *

1979年10月12日，利特尔参观了位于黎塞留河上游、蒙特利尔以南40千米的圣让皇家军事学院，他的任务是向一批高级军官致辞。内向者通常在演讲前会做一定的准备，他也为演讲做了充分准备，不仅排练了他要讲的内容，还将他最新的研究成果加了进来。即使是在演讲过程中，他也处在他所谓的典型内向模式之中——不停地观察听众有没有出现厌烦情绪，并在需要的时候对演讲的内容做出适当修改，比如这里补充数据来源，那里引用一段笑话。

他那次演讲非常成功（此后每年他都会被邀请来做演讲），然而接下来学院的邀请却让他不安起来：学院邀请他参加高层午餐。利特尔下午还有一场演讲，他知道那一个半小时的闲聊会要了他的命，他必须为下午的演讲充电。

他很快想到了解决办法，他说他对船舶设计非常热爱，所以他希望学院的领导允许他到黎塞留河畔去欣赏一下往来的船只，然后他整个午餐时段都面带欣赏的表情在河边来回散步。

多年来，利特尔每年都会到这所学院做演讲，而每年的午餐时间，他都会在黎塞留河岸上沉溺于他假想的兴趣之中——直到有一天，这所学院搬到了一个没有河流的地方。没有了黎塞留河的掩护，利特尔唯一能逃避的方法就是躲进卫生间。每次演讲结束，他都会飞快跑进卫生间，找一个空位躲起来。有一次，一位军官从门下的空隙看到了利特尔的鞋子，于是开始侃侃而谈，此后利特尔不得不把脚撑在厕所的墙壁上，这样才能逃出他们的视线。（如果你是个内向者，那么你可能知道拿厕所当庇护所实在是个见怪不怪的现象。）"演讲结束后，我会躲进第9个厕所间。"利特尔有一次告诉加拿大著名的脱口秀主持人彼得·佐斯奇。"每次节目结束，我会躲进第8个。"佐斯奇回应道，完全是模仿利特尔的口气。

你可能会感到疑惑，像利特尔教授这样的超级内向者，是怎样让自己在公开演讲中做得这么好呢？利特尔说，答案非常简单，而且与他几乎是单枪匹马开创的心理学新领域相关——自由特质理论（Free Traits Theory）。利特尔相信混合性格特质和自由特质是共存的。自由特质理论认为，我们天生的因素与文化赋予了我们某些性格特质，比如内向，但是我们可以在某些"个人核心项目"中超越自己的性格限制。

换言之，内向者可以为了他们认为重要的工作、他们爱的人，或者任何他们重视的事情而表现出外向的一面。自由特质理论解释了为什么一名内向者会让他外向的妻子去参加一个惊喜派对，或者参加女儿的家长会。同样，自由特质理论也解释了一位外向的科学家如何能有条不紊地在实验室里工作，也解释了为何一个随和的人可以在商业谈判中变得争强好胜，为何一个脾气古怪的叔叔在带着他的侄女去吃冰激凌时可以变得很温柔。以上这些例子说明了自由特质理论适用于很多不同的情境，不过它最适用于解读那些生活在外向理想型理念之下的内向者。

利特尔认为，当我们参与那些个人核心项目时，我们的生活质量会有大幅提升。这些个人核心项目主要是指我们认为有意义、可以进行管理、没有太大的压力，还会得到他人支持的事。当别人问我们"近来可好"时，我们可能会给出一个随意的答案，但是我们内心真实的答案取决于我们的个人核心项目进展如何。

这也就是为什么利特尔教授这个彻头彻尾的内向者，会做出如此激情四溢的演讲。他就如同当代的苏格拉底，深爱着他的学生们，为他们开阔视野和致力于促进他们的成长，是他的两大个人核心项目。利特尔在哈佛的办公时间里，学生们会在走廊上排起长队，好像他会给他们发放免费的摇滚音乐会门票一样。20多年间，他的学生每年都会让他写数百份推荐信。他的一个学生提到他时写道："布赖恩·利特尔是我见过的最吸引人、最有趣也最有人文关怀的教授，我甚至无法细数他对我生活的无数方面带来的积极的影响。"因此，对于布赖恩·利特尔而言，当他看到他的个人核心项目——点亮他人思想的光有了成果，他会为了解决他的天性所造成的障碍付出额外努力也就不难理解了。

乍一看，自由特质理论似乎同西方人珍视的文化传统背道而驰。莎士比亚那句脍炙人口的建议——"对自己忠诚"——似乎已经成了印在西方人基因深处的哲学。很多人会对戴着面具的自我感到不安，哪怕只有一小会儿。如果我们告诉自己那个伪自我才是真实的，而后表现出非自我的特征，我们最终会爆发，甚至会毫无缘由地抓狂。利特尔这个理论的天才之处就在于巧妙地解决了这种不安。是的，我们只是装作外向，没错，这种不真实在道德上也是模棱两可的（更不用说让人筋疲力尽了），但如果这是为了响应爱与事业的召唤，那么我们所做的便正是莎士比亚推崇的理想做法。

* * *

当对自由特质运用自如时，人们很难相信他们所做的是超越自身性格特质的事情。每当利特尔教授说自己是名内向者时，他的学生们往往会深表怀疑。但是利特尔绝对不是个特例——很多人，尤其是那些处在领导地位的人，都处在某种程度的外向伪装之中。比如我的朋友亚历克斯，他在一家金融服务公司做公关主管，在完全匿名的情况下同意接受一次绝对坦诚的采访。亚历克斯告诉我，外向伪装是他在七年级时就教会自己的事情，那时他觉得其他的孩子都欺负他，所以他要变得外向。

"我绝对是你知道的人当中最和善的，"亚历克斯回忆说，"但是这个世界不是这样的。问题就在于，如果你是那个唯一的好人，那你就完蛋了。我绝不要让自己成为别人欺负的对象。那么这里的生存法则是什么呢？还真的有这么一个类似生存法则的东西——我得让他们都听我的。如果我想做一个和善的人，我就得掌控这所学校。"

可是怎样才能实现这个目标呢？"我开始研究社会动态学，我保证我知道的比你认识的任何人都要多。"亚历克斯这么告诉我。他观察人们说话的方式、走路的方式，尤其是那些占据主导地位的男士的动作。他开始调整自己的性格，既让自己保持腼腆、可爱的孩童本性，又能不再受人欺负："任何强硬到可以摧毁你的东西，我都会想'我要去学'。所以到现在为止，我刀枪不入、无坚不摧。因为只有这样，人们才不会给你小鞋穿。"

亚历克斯还从他天生的优势中获益。"我知道男孩子基本上只做一件事——追女孩子。他们得到她们，又失去她们，谈论着她们。我想：'那就是在绕弯子。我真的很喜欢她们。'这也就是亲密关系的开始。与其坐在那里讨论女孩子，不如去了解她们。那时我已经跟几个女生有过交往，而且我很擅长体育，所以自然而然地成了孩子们中的头儿。还有，每过一段时间，你就得'杀鸡儆猴'，给他们敲敲警钟。"

如今，亚历克斯有一派平易近人、和蔼可亲的领导风范。我从来没有见他心情不好过。但是，如果你在谈判桌上遇到他，你会看到他好战的一面。而如果你打算跟他共进晚餐的话，你就会看到他内向的一面。

"我可以除了妻子孩子之外，没有任何朋友。"他说道，"看看你和我。你是我最好的朋友之一，我们真正交谈的次数有多少呢？除非你给我打电话！我不喜欢社交。我的梦想是跟我的家人生活在广阔无人的土地上，在这个梦想里有没有朋友并不重要。所以不管你看到的我的公共形象是什么样子，我还是个彻头彻尾的内向者。我觉得从本质上讲，我还是我。我非常腼腆，但是我会想办法去弥补这一点。"

* * *

然而我们中间又有多少人能真正做到这样超越自己性格本能的事情呢（暂且不论我们愿意与否）？也许利特尔教授刚好是一名优秀的演员，很多公司的首席执行官也有表演的天赋，那么其他人呢？

若干年前，心理学家理查德·利帕尝试过回答这个问题。他召集了一拨内向者到他的实验室，要求他们假装在给学生们上一堂数学课，要变得像一个外向者一样。接下来,利帕和他的研究小组拿着摄像机开始录像,测量这些内向者的步幅、与"学生们"之间的眼神交流情况、讲话时长占课堂总时长的比例、语速和音量,以及每个教学环节的时长。他们还通过记录下来的声音和肢体语言,来评估内向者们普遍意义上的外向行为。

然后,利帕对另外一组真正的外向者也进行了以上实验。他发现,尽管后一组要更外向一些,但很多伪装外向者也足以令人信服。如此看来,大部分人还是知道如何在一定程度上进行伪装的。不论我们是否意识到这一点,但我们的步幅、讲课的时间和脸上的笑容在不知不觉中就会暴露我们是内向者还是外向者。

当然,我们可控制的自我表达程度还是有限的。部分原因是一种被称为"行为泄露"的现象,也就是说我们会在不知不觉中通过我们的肢体语言暴露真实的自我,比如:在某一个时刻,外向者会同别人进行眼神交流,内向者则会微妙地将视线移开;对一个有技巧的内向演讲者来说,他们可能在不知不觉中让观众觉得听讲是一种负担,而外向者只会把演讲进行得更加有趣。

那些在利帕的实验中的外向伪装者是怎样让自己做到如此接近真正的外向者的呢?研究发现,内向者,尤其是那些可以把自己伪装得很像外向者的内向者,通常在一个特质上得分都很高,这个特质被心理学家称为"自我监控"。自我监控者很擅长在不同社交需要的情境下调整自己的行为,会寻找一切线索来告诉自己应该怎么做。《公众表象,隐人真实》(*Public Appearances, Private Realities*)的作者,也就是研发自我监控量表的心理学家马克·斯奈德用"入乡随俗"来对此进行解释。

我认识的人中，埃德加在自我监控方面做得最出色。他在美国社交圈里是个名人，也是个深受大家欢迎的人物。他和妻子几乎每周日晚上都会举办或参加筹款晚会。他其实是一个标新立异的人，他那些滑稽的行为常常成为人们茶余饭后的话题。然而埃德加却自称是名内向者，他说："我宁愿坐在那里，读书或者思考，也不愿意跟人交谈。"

但埃德加却颇为健谈。他在一个高度社会化的家庭中长大，家人都希望他成为一个可以自我监控的人，而他也愿意这样做。"我喜欢政治，"他说，"我喜欢那些条条框框的政策，我喜欢有事情发生，我希望世界可以按照我的方式发生改变，所以我会去做些刻意而为的事情。我不喜欢成为别人宴会上的宾客，因为那样我就得取悦别人。但是我会自己举办宴会，这样我就会成为中心，就不需要做太多的社交工作。"

一旦成为别人宴会上的宾客，埃德加就会进入自己的角色。"从大学开始，甚至是最近，我参加晚宴或鸡尾酒会之前，都要准备一个索引卡片，在上面写上三五个相关的有趣的小故事。白天的时候我就带着这些卡片——如果有什么打动我的事情，我也会记下来。然后，到晚宴的时候，我就会找合适的时机把这些小故事讲出来。有时我还会到洗手间里拿出我的小卡片来看看上面的故事。"

不过，随着时间的推移，埃德加已经不用把这些提示卡片带到晚宴上去了。但他依然认为自己是个内向者，只不过他已经能深深地进入他外向者的角色中，讲那些逸事趣闻对他而言也越来越自然。事实上，最高程度的自我监控并不仅仅是在特定的社交情境下产生预期的效果和情感，处在高程度自我监控中的人也会觉得压力有所减轻。

不同于埃德加这类人，那些自我监控程度较低的人，会根据他们内在的"指南针"来控制自己的行为。他们可以调动的社交行为和面具要少得多，他们对于情境的线索没有那么敏感，比如在一场晚宴上有多少趣事想要分享，而且这类人对于角色扮演也没有太大的兴趣，甚至他们即使知道社交线索是什么，也不愿沿着这条线索往下走。似乎低程度自我监控者和高程度自我监控者是为不同的受众准备的，斯奈德曾经说过：一个是内在的，其他的都是外在的。

如果你想知道你是哪种程度的自我监控者，下面几个选自斯奈德自我监控量表的问题可供参考：

- 当你处在某个不确定要怎样做的社交场合时，你会根据其他人的做法来寻找思路吗？
- 你在选择电影、书籍或音乐时，会经常寻求朋友的意见吗？
- 在不同的情境下与不同的人相处时，你会表现出不同的自我吗？
- 你觉得模仿别人容易吗？
- 你能在讲一个善意的谎言时直视对方的眼睛吗？
- 当你真的很讨厌某个人时，你能让别人觉得你很友好吗？
- 你会为了给别人留下印象或娱乐他人而伪装吗？
- 你会不会在一段感情中表现得比真实的你更投入呢？

在回答以上问题的时候，肯定的回答越多，你自我监控的程度就越高。

现在再来试试下面这些问题：

- 通常来说，你的行为是不是你内心感受、态度和信仰的真实反映呢？
- 你是否发现自己只能捍卫那些你确信的观点？
- 你是否会拒绝为了取悦他人或博得他人好感而改变自己的观点或做事的方式？
- 你是否讨厌哑谜游戏或即兴表演？
- 在为适应不同的人和不同的情境而调整自己的行为上，你是否有困难？

对于上述问题，你回答中的"是"越多，你的自我监控程度就越低。

当利特尔教授将"自我监控"这个概念带到他的人格心理学课堂上时，很多学生针对高程度自我监控的道德问题展开了激烈的讨论。利特尔说，甚至有几对"混搭"的情侣——高程度自我监控者和低程度自我监控者为此分手了。那些高程度自我监控者认为低程度自我监控者不够灵活，在社交上也太无能；而低程度自我监控者觉得高程度自我监控者太过圆滑，也带有太大的欺骗性——用马克·斯奈德的话来说，就是"太过务实而缺乏原则"。事实上，高程度自我监控者确实比低程度自我监控者更会撒谎，这一点似乎印证了低程度自我监控者的道德立场。

然而利特尔，这个道德高尚又富有同情心的人，恰好也是名高程度自我监控者，他对这个问题有不同的见解。他将自我监控视为一种谦逊的行为——这是一种让自我去迁就情境规范的行为，而不是"让一切服务于个人需求和所关注事物"的行为。他说，自我监控并不都是基于伪装或为了掌管全局的。内向性更强的自我监控可能并不是为了寻求关注，而是为了避免不讲社交礼节。当利特尔教授进行一场演讲时，从某种程度上说他是个时刻处在自我监控状态中的人——不断观察自己的听众，从那些微妙的迹象中发现他们是乐在其中还是无聊透顶，以便调整自己的演讲来满足他们的需求。

* * *

如果你可以伪装自己，也可以熟练掌握这些表演的技巧，并且能够发现社交情境中的微妙变化，并遵守自我监控的社交规范，那么你会这么做吗？如果你能够恰当地运用自由特质策略，那么它就会变得很有效；如果你用过头了，只会适得其反。

最近，我在哈佛大学法学院的一次座谈会上发言。这个活动是为了纪念哈佛法学院允许女性入学55周年而举办的。为了庆祝这一壮举，来自全美各地的校友齐聚哈佛。座谈会的主题是"不同的声音：有效的自我表达策略"。会上共有4名发言者：一位出庭律师、一位法官、一位公开演讲讲师，还有我。我很认真地做了准备，因为我知道我要扮演一个什么角色。

那位公开演讲讲师揭开了发言的序幕，她谈到了如何发表一次振奋人心的演说。那位法官是一位韩裔美国人，她讲到了人们都觉得所有的亚洲人都应该是安静好学的，而她恰好是个外向又张扬的人，这一点曾经让她无比沮丧。那位律师是个身材娇小的金发女子，却散发着争强好胜的气息，她谈到有一次她在进行盘问的时候，因为攻击性太强而被法官警告说"老虎,够了!"的故事。

轮到我发言时,我把我的听众定位为那些不把自己视为"老虎"、"流言终结者"和"振奋人心者"的女性。我说,谈判能力并不是天生的,就像那些金黄的头发和整齐的牙齿一样,而且这种能力也不是那些对新政策热烈拥护的冒险家们的专属能力。我告诉他们,人人都能成为优秀的谈判代表,事实上,这种能力需要一点沉默和亲和力,而且要少说多听,因为创造和谐的本能远比造成冲突的能力更重要。只有秉持这样的风格,你才能既有攻击性又不会激怒对方。只有通过倾听,你才能了解什么能真正激发对方的谈判代表,从而提出创造性解决方案,以满足双方的意愿。

我也分享了一些在令人惊恐的情况下让自己感知到平静和安全感的心理技巧。比如,注意自己在自信的情况下脸部与身体的状态,在你需要装作自信的时候,试着去保持这些表情或姿态。研究显示,某些简单的姿态,例如微笑,会让我们感觉自己更加强大、更加幸福,而皱眉则会让我们觉得更糟糕。

发言结束后,听众同发言者进行交流的时候,内向者和伪装外向者开始向我靠拢。在我的记忆中,有两个人给我的印象格外深刻。

其中一个是艾莉森,她是一名出庭律师。艾莉森身材苗条,打扮精致,但她的脸上写满了苍白、无力和沮丧。十多年来,她一直在一家律师事务所做诉讼律师,最近她申请了几家公司的法律总顾问职务,这看起来合情合理,但是在她看来却并非如此。果然,她还没有拿到一份录用通知。她凭实力进入了最后一轮面试,却在最后一刻被淘汰了。她很清楚这是为什么,因为猎头公司根据她的面试表现给出了反馈意见：她的性格不适合这项工作。艾莉森，这个内向者，对于这个评价痛苦万分。

第二个校友是吉利安，她在一家她很中意的环境宣传机构做高层领导。吉利安给人的印象是善良、开朗而朴实。她很幸运，因为她的时间大多都花在了研究她关心的课题和撰写报告上。不过，有时她得主持会议并演讲。虽然她在这些会议结束之后都会觉得很满意，但是她一点儿也不享受这种在聚光灯下的感觉，于是她向我咨询如何能在感到恐惧的时候保持平静。

艾莉森和吉利安之间有什么不同呢？你可能会说，她们两人都是伪装外向者，只是艾莉森的尝试失败了，而吉利安成功了。然而，事实上，艾莉森的问题在于，她这些超越性格的努力用在了一项她并不关注的事情上。她并不热爱律师这一行，之所以选择成为一名华尔街的诉讼律师，是因为她觉得那是一名律师的无上光荣和成功的标志，但她内心深处并不支持她这种伪装外向的行为。她并没有告诉自己，她这样做是为了推进一项自己钟爱的工作，当工作完成之后，她就可以回归真实的自我了。相反，她的内心独白是：成功的方法就是做一个不像我的人。这不是自我监控，而是自我否定。吉利安认为那些超越性格的行为是为了有价值的事业而做出的暂时性改变，而在这个问题上，艾莉森则认为那是她性格上的根本问题。

事实证明，确定你的核心个人项目并不总是件容易的事情。这对于那些内向者来说尤为困难，从他们选择一项工作或职业开始，他们就要花很多时间来适应外向规范，似乎忽略自己的真实喜好变成了一件很正常的事情。他们可能会在法学院、护理学部或者市场系觉得很不自在，但是他们在中学阶段或者夏令营中的感受会更糟糕。

　　我也有过这种不自在的感觉。我曾经很喜欢公司法实务，但是实习了一段时间之后，我说服自己，我其实是个天生的律师。我非常想相信这一点，因为我在法学院攻读了这么多年，也经过了众多的在职培训，"华尔街的律师"的名头听起来又是那么诱人。我的同事（大部分）理性、善良而体贴，我的生活过得也不错。我的办公室在一座摩天大楼的第42层，环境很好，可以看到自由女神像。我对自己的想法很满意，我认为自己可以在这样一个责任重大的环境中取得成功。而且，我很喜欢问一些"但是"和"如果"的问题，这一点在大部分律师的思维过程中占有中心地位。

　　我用了将近10年的时间才明白，律师并不是我终身为之努力的事业，而且与我的个人核心项目相去甚远。如今我可以毫不犹豫地告诉你，什么才是我人生的重心：我的丈夫和儿子、我的写作事业，以及为本书增值。当我意识到这一点时，我就做出了改变。我回顾了在华尔街做律师的日子，那仿佛是生活在国外。这段经历很有趣，也很令人兴奋，我遇到了很多有意思的人，如果没有这段经历，我永远都不会跟他们有交集。即便如此，我也还是个"外籍"人士。

　　我用了很长一段时间进行事业转型，并为他人事业转型提供咨询，我发现，在确定个人核心项目时有3个关键步骤。

　　首先，回想一下你孩提时代最喜欢做的事情是什么。你长大以后想做什么？可能那时你给出的答案不着边际，但那背后隐藏的渴望却是真实的。如果你想做一名消防员，那么消防员对你而言意味着什么呢？一个救人于危难的英雄，一个冒失鬼，还是单纯出于对驾驶卡车的喜好？如果你想成为一名舞蹈家，那是因为你想穿上演出服，还是你渴望得到掌声，抑或纯粹喜欢那种飞速的旋转？在考虑过这些问题之后，你会比现在更了解自己。

其次，注意那些吸引你的工作。我在律师事务所工作时，从来没有主动去承担额外的企业法人的案子，但是我却花了很多时间为一个非营利性女性领导组织无偿工作。我也为很多律师事务所负责培训的委员会服务，专门为事务所的年轻律师做个人发展的指导和培训。你可能已经从本书中看出来了，我并不是那种参与委员会的类型。但正是这些委员会的奋斗目标点燃了我的热情，于是便有了我的投入。

最后，重视让你觉得嫉妒的事情。嫉妒是一种邪恶的情绪，却能说明真实情况。你通常会嫉妒那些拥有你所渴望的一切的人。在一次校友聚会上，在比较了校友们的职业规划后，我深切感受了嫉妒的情绪。他们在谈论一位可以在最高法院的法庭上辩护的同学时，表现出了钦佩和嫉妒之情。起初，我对他们的言论有些不满——那是因为那位同学的能力很强！我还为自己有度量沾沾自喜。后来我才意识到，我的度量其实来得很容易，因为我并不渴望成为一名最高法院的律师，或者得到任何来自律师界的赞誉。当我自问嫉妒哪种人时，答案很快就跑出来了——那些成为作家或心理学家的同学。如今，我也在努力追求成为作家和心理学家。

* * *

然而，即使你在围绕一个个人核心项目拓展自我时，你也不想偏离自己的性格太多或者太久。还记得利特尔教授在两次演讲之间躲进卫生间的习惯吗？他的行为告诉我们，矛盾就在于，扮演超越性格角色的最好方式是尽可能地保持真实自我——为自己在日常生活中打造尽可能多的"恢复壁龛"（restorative niches）。

"恢复壁龛"是利特尔教授提到的一个术语，指那些当你想回归真实自我时要去的地方。它可能是空间上的，就像黎塞留河畔的小径；也可能是时间上的，就像你在两通销售电话之间为自己留出的休息空隙。它可能意味着在一次大型工作会议之前，取消周末的社交计划，来做瑜伽、冥想，或者将面对面的交谈改为电子邮件的交流。（即使是维多利亚时代的女性——她们的任务只是跟朋友和家人聚会，也会想在下午的时候留出一点儿休息的时间。）

在会议间隙，当你选择关上私人办公室的门（如果你有幸有一间的话），你就选择了一个"恢复壁龛"。你甚至可以在一次会议期间创造一个恢复壁龛，方法就是认真地选择你坐的位置，以及你参加的方式和时间。罗伯特·鲁宾是克林顿总统在任期间的财政部长，他在回忆录《一个不确定的世界》中描述了他"总是想要远离中心，无论是在白宫的总统办公室还是在其他官员的办公室里，我都习惯性地坐在桌子的最末端。那一点物理上的距离让我觉得舒服很多，让我能够掌握会议的进程，并且从一个不容易被动摇的角度进行评论。我一点儿也不担心被忽略。无论你站得或者坐得有多远，你都只需要说'尊敬的总统先生，我觉得这样、那样，或者其他什么'"。

如果我们在接受一份新的工作时，能够像考虑探亲假政策或医疗保险一样仔细地去衡量这份工作是否存在恢复壁龛，我们就会过得好很多。内向者需要自我拷问：这份工作是否允许我花一些时间在符合我真实性格的活动上，比如阅读、制订策略、写作以及调研？我是会有私人空间还是会被安排到一个开放的工作环境中？如果这份工作不能给我足够的恢复壁龛，我晚上或者周末会不会有足够的时间留给真实的自己呢？

外向者也需要寻找恢复壁龛。这份工作是不是包括发言、旅行和接触陌生人？办公空间够不够刺激？如果这份工作不够完美，那么下班后的时间够不够灵活，好让我来发泄呢？利用职位描述好好想清楚这些问题。我采访过一个非常外向的女人，她起初对一个亲子网站的社区组织者一职非常感兴趣，直到她意识到她的工作就是独自一人坐在电脑前从上午9点耗到下午5点时，她就再也兴奋不起来了。

有时，人们会在那些最不被看好的工作中发现恢复壁龛的存在。我之前有个同事是一位出庭律师，她大部分时间都是在绝妙的孤独中度过的，比如调研、编写诉讼案情摘要。因为大部分情况下，在她接手的案子结束之后，她就很少去法庭，所以她就不必在意在她需要的时候练习一下伪装外向者的技能。我采访过一个内向的行政助理，她成功凭借她的办公室工作经历开创了自己的事业——她在家依托互联网做起了"虚拟助理"交流站和培训服务。在下一章我们将会看到一个超级销售明星的故事，他凭借坚持内向的性格，在长年的努力中打破了公司的销售纪录。以上这3个人很显然都在一个外向者称霸的领域中工作，并且能将这份工作在自己的性格之内重塑，因此他们大部分时间都可以保持真实的自己，他们有效地将自己的工作时间变成了一个巨大的恢复壁龛。

找到恢复壁龛不是件容易的事情。你可能想在周六晚上靠着壁炉安安静静地读一本书，但如果你的配偶希望你陪她和她的一大帮朋友去聚会，结果会怎样呢？你可能想在两通销售电话之间退回到你的私人办公室这片绿洲里，但如果你的公司刚刚换成开放式办公室呢？如果你打算训练自己的自由特质，那你就需要来自朋友、家人和同事的帮助。这也就是利特尔教授如此强烈地呼唤我们进入"自由特质协议"的一个重要原因。

这是自由特质理论的最后一部分。自由特质协议认为我们每个人都会在某些时间里扮演超乎自己性格的角色，以换得在其他时间做自己的权利。这就是一项自由特质协议：一个希望每个周六晚上都出去玩的妻子，和一个想靠着壁炉放松身心的丈夫可以达成一个协议——一半的时间外出，一半的时间待在家里。这也是一项自由特质协议：你去参加你外向好朋友的订婚仪式、单身派对，但如果你没有出席婚礼前三天的活动，她也会理解。

与朋友和爱人之间达成自由特质协议并非难事，因为你想让他们高兴，他们也发自内心地爱你，而且爱的是真实的你。而对于工作环境而言这就有点儿麻烦了，因为大部分企业还不会从这些角度来思考。因此，你可能要间接地推进这种协议。职业顾问索亚·西奇为我讲述了她的客户的故事。那名客户是一位内向的金融分析师，她的工作环境要求她不是要对客户做报告，就是得跟她办公室进进出出的同事交谈。她实在受不了了，一心想要辞职，直到西奇建议她跟公司协商休假。

如今，这位女士在华尔街一家银行工作，说实话华尔街并不适合这类高度内向的人，所以她认真考虑了要如何阐述她的要求。她告诉老板她的工作——策略分析——需要一些安静的时间来集中精力。一且她用自己的经验来做例子，从心理学角度上讲她的要求——每周两天在家工作——就变得合情合理了。她的老板也同意了。

但是，那个克服了外界的阻力后，能与你达成最佳自由特质协议的人，其实是你自己。

假设现在你单身。你不喜欢酒吧，但是你又渴望亲密关系，你希望谈一场长久的恋爱，在这种恋爱关系中，你可以同你的恋人和几个亲密的朋友共度温馨的夜晚，促膝长谈。为了达到这样的目标，你跟自己达成协议，你强迫自己去参加各种各样的社交活动，因为只有这样你才有希望遇见一个伴侣，以此减少日后参加各种聚会的次数。而当你尝试实现这个目标的时候，你只需要参加可接受范围内的社交活动。你要提前确定这个可接受范围——一周一次、一月一次还是一个季度一次。而且一旦遇到了你的另一半，你就赢得了可以安心待在家中的权利。

也可能，你总是梦想着可以创办一家自己的小型公司，可以在家里办公，这样的话你就可以有充足的时间来陪你的爱人和孩子。你知道你必须维系一定数量的人际关系，所以你跟自己达成了一项自由特质协议：你每周都要去参加一次聚会。每次聚会上，你至少要有一次真正的交谈（这个对你而言要比让你去热情地招呼大家简单多了），而且第二天还要跟那个与你聊天的人保持联系。之后你回到家里，你不会对这种用你自己的方式来展开的人际交往感到不适。

* * *

利特尔教授非常了解，一旦你没有与自己达成自由特质协议将会发生什么。除了偶尔逃到黎塞留河边和躲进卫生间之外，利特尔曾经尝试过最大限度地结合内向和外向性格的能量转换元素。从外向的角度来说，他的日子全部被无休止的讲座、与学生的会面、指导讨论小组，以及写推荐信填得满满的。而从内向的角度来说，他处理这些事情的态度又非常严谨。

他说："可以这样看待我这种行为——我在全身心地投入到这些类似外向的活动中。但是，当然了，如果我是个真正的外向者，我的速度会更快一些，写那些推荐信的严谨程度就会差一些，也不会花那么多时间在准备讲座上，而且那些社交场合也难不倒我。"他同样遭受着某种程度的"名誉困惑"，他因极为活跃而闻名，名声也越来越大。简单来说，就是别人眼中的利特尔是什么样子，他就觉得有责任继续去扮演这种角色。

长此以往，利特尔教授开始觉得力不从心了，不只是精神上，身体上也感觉到了疲惫。但是没有关系，他深爱着他的学生，深爱着他从事的领域，他深爱着这一切。直到有一天他的医生告诉他他患上了双肺炎，只怪他平日里太忙碌，忽略了身体发出的危险信号。他的妻子不顾他的反对，硬是把他拖到了医院，自然，她这么做是对的。医生说，如果再拖久一些，他可能就一命呜呼了。

双肺炎和超负荷生活可能会发生在任何人身上，当然，对利特尔而言，那是长期处在超越性格的角色之中而没有足够的恢复壁龛所致。当你的自觉性促使你去超负荷工作时，你就会慢慢失去兴趣，即使是做那些平时很吸引你的事情。你还会将你的身体健康置于险地。"情绪劳动"指的是我们为了控制以及改变我们的情感而做出的努力，它

第九章 何时你该戴上外向的面具？
+285

与压力、倦怠甚至身体症状（例如心脑血管疾病）等发生率的增加紧密相关。利特尔教授认为，长期从事超越性格的行为可能也会增加自主神经系统的活动，这反过来会损害免疫功能。

一项引人瞩目的研究发现，那些抑制消极情绪的人往往会在之后用意想不到的方式宣泄这些情绪。心理学家朱迪丝·格罗布给实验组展示了一组恶心的图片之后，要求受试者隐藏他们的情绪，甚至让他们用嘴巴咬住铅笔来阻止自己皱眉。她发现实验组对于图片的厌恶反应，远远低于可以正常反应的对照组。然而后来，那些隐藏情绪的人遭受了副作用的折磨。他们的记忆受到了损害，而那些他们试图抑制的消极情绪让他们产生了消极想法。当格罗布要求他们填上"gr_ss"这个单词中漏掉的字母时，他们给出的答案更多的是"gross"（粗野的）而不是"grass"（草地）。格罗布总结说："那些经常抑制消极情绪的人，世界观可能会变得更加消极。"

这也就是为什么这些日子利特尔教授开始自我修复，他从大学里退休，与妻子住在加拿大的乡下，陶醉在妻子的陪伴中。利特尔的妻子休·菲利普斯是卡尔顿大学公共政策与管理学院的主任，利特尔说他们非常相像，因此根本不需要所谓的自由特质协议来约束他们之间的关系。但是他同自己的自由特质协议却让他知道即使"学术和专业活动有绝对的魅力"，自己也"没必要无限流连下去"。

因此，他回到家中，和妻子到壁炉旁边烤火去了。

第十章

沟通障碍

如何跟性格迥异的人沟通

两种性格的碰撞就如同两种化学试剂的接触；无论发生了什么反应，两者都会产生变化。

——卡尔·荣格

如果内向者和外向者是性格的北端和南端——处在单一性格光谱的两端，他们怎么可能融洽相处呢？然而在友情关系中、在商业关系中，特别是在爱情关系中，这两种类型却常常相互吸引。在这种组合里，内向者和外向者都会感受到强烈的兴奋感，也会相互欣赏，他们会觉得对方让他们的生命变得完整。一方聆听，一方倾诉；一方对美好的事物非常敏感，同样也被明枪暗箭搞得心神不宁，另一方则神经大条，每天都过得快快乐乐；还有，一方负责支付账单，另一方则会为孩子们安排游玩的日期。但是，当这种组合中的成员被拉向相反的方向时，问题也就随之而来了。

格雷格和埃米莉就是这样一对内向-外向组合的夫妻，他们彼此相爱又经常被对方搞得抓狂。格雷格刚过而立之年，他步态活力十足，长长的黑发时常垂下来遮住眼睛，而且很爱笑，人们都说他是群居动物。埃米莉则是个27岁的成熟女人，格雷格有多外向，她就有多沉默。她优雅而温柔，总是把那头棕褐色的秀发盘成发髻，而且习惯低垂眼帘凝视他人。

他们两个人在一起相得益彰。没有格雷格，埃米莉除了工作之外，可能就会忘记出门。没有埃米莉，格雷格这种爱社交的人就会觉得孤独难耐。

在他们相遇之前，格雷格大部分女朋友都是外向的。他说他很享受那样的关系，却从未真正了解过她们，因为她们总是"考虑怎么跟一群朋友一起玩"。他谈起埃米莉的时候会带着一种敬畏，仿佛她已经达到了一个更高的层次。他还形容自己的妻子是围绕在他世界周围的"锚"。

埃米莉最珍视的便是格雷格热情洋溢的天性，是他让她感受到了幸福，体味到了生活的真谛。她对外向者而言一直有一种莫名的吸引力，而那些外向者在她眼里总是"想尽一切办法找话题跟你聊天——对他们而言，找话题毫不费力"。

问题是他们在一起有近5年的时间，却总是为了一件事发生争执。格雷格是个音乐爱好者，有一大群朋友，他希望在每个周五举办聚会——那种休闲的、气氛热烈的晚会，盛有意大利面的碗堆得高高的，一瓶瓶的酒大家传着喝。他从大四就开始筹办这样的周末聚会，这已经成了他每周的亮点和让他自豪的一种身份象征。

但埃米莉对这种一周一次的聚会又害怕又厌恶。作为一名艺术博物馆勤奋的律师，同样也是一个注重私人空间的人，她最不想做的事就是下班回家之后参加各种娱乐活动。她对于一个完美周末开端的定义是，有电影相伴的宁静夜晚，而且只有她和格雷格。

这似乎就是一个不可调和的差异：格雷格每年想要52场喧闹的聚会，而埃米莉一场都不想要。

格雷格认为埃米莉应该努力做些改变。他指责她不合群，她反驳道："我很合群。我爱你，我爱我的家庭，我爱我亲密的朋友，我只是不喜欢那些聚会而已。人们不会在那些聚会上拉近彼此之间的距离——他们只是应酬而已。你是幸运的，因为我把我所有的精力都奉献给了你，而你却把精力用在了你身边每一个人身上。"

但是埃米莉很快就做出了让步，部分原因是她讨厌争吵，还因为她有些自我怀疑。"可能我是真的有些不合群，"她这么想，"可能真的是我的问题吧。"每当她跟格雷格因此而争吵的时候，她的脑海中

第十章 沟通障碍

就浮现出儿时的记忆:她上学的感受要远比她情绪稳定的妹妹痛苦;她又想到自己对那些社交问题焦虑得无以复加的情景,例如放学后同学叫她出去玩,而她只想回家待着的时候要怎么拒绝。埃米莉有很多朋友——其实她很会维系友谊——但她很少参加集体活动。

埃米莉提出了一个折中的意见:等她到妹妹家玩的时候,格雷格再来办他的聚会。但是格雷格不想自己办聚会,他很爱埃米莉,他想跟她在一起,其实认识埃米莉的人也都很喜欢她,都喜欢跟她在一起。可是为什么埃米莉总是想逃避呢?

而这个问题在格雷格看来,更像是在赌气。对他来说,孤独简直就像是一种氪星石(夺走人能量的东西),让他变得苍白无力。他曾经期待一种可以共享冒险经历的婚姻生活,他曾经想象着跟妻子成为人群的中心。虽然他从来没有对自己承认这一点,但是对他而言,结婚就意味着可以结束一个人的生活。可是现在,埃米莉却要他一个人去参加社交活动。他觉得埃米莉背弃了他们婚姻中最基本的部分,他觉得错的一定是他的妻子。

* * *

"我真的是哪里做错了吗?"埃米莉存在这样的疑问并不奇怪,格雷格对她的指责也在情理之中。可能对于人类性格类型最常见也最具有误导性的解读,就是内向者是不合群的,而外向者是合群的。正如我们看到的那样,这些想法都是不正确的——内向者和外向者只是社交方式不同。心理学家所说的"亲密需求"不只出现在内向者中间,同样也会出现在外向者身上。事实上,正如心理学家戴维·巴斯所说的那样，那些把亲密关系看得很重的人不一定会是"喧闹、外向、喜欢聚会的外向者"。看重亲密关系的人更可能常跟某几个亲近的朋友在一起，喜欢谈论一些严肃而有意义的问题，而不愿意参与那些疯狂的聚会。这些有亲密需求的人更有可能是埃米莉这类人。

相反，外向者并不一定会从他们的社交行为中寻求亲密关系。"外向者通常需要许多人聚集在一起来填补他们对于社交影响的需要，就像一个将军需要众多士兵来填补他领导的欲望一般。"心理学家威廉·格拉齐亚诺说，"当外向者在一次聚会上出现的时候，每个人都会知道他的存在。"

你的外向程度看似会影响到你朋友的数量，却不能代表你就是好朋友的不二人选。心理学家延斯·阿斯彭多夫和苏珊·维尔佩斯在132名柏林洪堡大学的学生中进行了一项调查，试图了解不同的性格特质会对这些学生与其同学和家人的关系产生什么样的影响。他们把研究的重点放在所谓的大五人格特质上：内向性-外向性、亲和性、经验开放性、责任性，以及情绪稳定性。（很多人格心理学家认为人类的性格可以归为这五点。）

阿斯彭多夫和维尔佩斯假设，那些外向的学生会比内向的学生更容易建立起一段新的友谊，结果证实这个假设是成立的。但是如果内向者真的不合群而外向者合群，那就应该假设，那些可以与他人建立起最和谐关系的人应该也是外向的——这一点却与实际情况完全不符。恰恰相反，那些在一段关系中最不容易引发冲突的人，在亲和性上的得分往往很高。亲和的人待人热情、乐于助人而富有爱心；人格心理学家发现，这类人如果坐在一台电脑前面看着屏幕上出现的词语，会把注意力更多地放在"关怀""安慰""帮助"之类的词上,而不会把太多时间分配给诸如"绑架""斗殴""骚扰"这类词上。内向者和外向者的亲和性水平基本是一致的,外向性与亲和性之间并没有必然的联系。这也就解释了为什么有的外向者虽然很喜欢社交带来的刺激,却不能跟那些特别亲近的人保持良好的关系。

这同样也解释了为什么有的内向者——比如埃米莉,有着经营一段友情的天赋,这表明了她是个亲和性较高的人——会把注意力放在家人和亲密的朋友身上,却不喜欢闲谈。所以格雷格给埃米莉贴上"不合群"的标签,其实犯了一个错误。埃米莉经营婚姻的方式只是一个亲和的内向者出于本能的反应,她把格雷格当成了她社交世界的中心。

此外,还有些其他原因。埃米莉的工作对她的要求很高,有时,她晚上回到家已经筋疲力尽了。她见到格雷格的时候总是很开心,但有时她宁愿坐在他旁边静静地读会儿书,也不想跟他外出吃晚餐,或者与他进行一次热烈的交谈。只要有他在身边相伴就足够了。对于埃米莉来说,这是很美好的事情,而对格雷格来说,他觉得自己受伤了,因为埃米莉仿佛把精力都用在了同事身上,而不是在他身上。

这是在我采访的内向-外向组合的夫妻中,一个共有的令人惋惜的状态:内向者强烈地渴望下班后的休整时间,并且希望从他们的另一半身上得到理解;外向者则渴望陪伴,并且对其他人从自己另一半的"最佳自我状态"中受益深感不满。

对外向者而言,他们很难理解内向者有多么需要在忙碌的一天之后充电。看到彻夜加班的伴侣拖着疲惫的身躯回到家中累得说不出话时，他们也会觉得很心疼；可是，他们却无法理解社交的过度刺激同样也会让人筋疲力尽。

同样，对内向者而言，他们也很难了解到他们的沉默是多么伤人。我采访过一位名叫萨拉的活力十足的高中英语教师，她的丈夫鲍勃是一名内向的法学院院长。他白天的时候忙着为学校筹款，晚上回到家中的时候已几近崩溃。萨拉向我谈起自己的婚姻生活时，为自己的失望和孤独泪流满面。

"他工作的时候，精力是那么旺盛，"她说道，"每个人都跟我说，他是那么幽默，我嫁给他是多么幸运。听到这些话的时候，我真的很愤慨。每天晚上，我们吃完晚餐，他就马上去打扫厨房。然后，他就会一个人去读一些文献，或者玩摄影。9点多的时候，他会走进卧室陪我看一会儿电视。可是即使是这样，他都不是真正地在陪我。他希望我看电视的时候，把头枕在他的肩膀上。这简直就是一个成人版本的'平行游戏'。"萨拉曾经试图劝说鲍勃换一份工作。"我觉得如果他能找一份天天坐在电脑前的工作，我们的生活会变得很幸福，但他一直坚持在做筹款项目。"萨拉抱怨道。

在一对男方内向、女方外向的夫妻中，就像鲍勃和萨拉的组合，我们通常会把性格冲突误认为性别差异，然后会很快走进传统的思维模式中，认为来自火星的男人需要退回到他的岩洞，而来自金星的女人则喜欢互动。但是，无论导致这种社交需求差异的原因是什么——性别还是性格，重要的是，解决这个问题是完全可能的。

例如，在《无畏的希望》一书中，奥巴马讲到了他同米歇尔共结连理的头几年间，他正忙于完成自己的第一本书，并且"常常会躲在我们的铁路公寓后面的办公室里,那些我认为很正常的事情却让米歇尔受尽了孤独的煎熬"。他把他的处事风格归结为写作的需要,归结为他几乎是作为独生子被带大的,之后,他提到了他和米歇尔吸取了过去几年里的教训来满足对方的需要,并且把这些让步看成是合情合理的。

* * *

内向者和外向者对于彼此之间解决分歧的方式也感到互相不理解。我有一个总是穿着考究的客户,她是一名律师,名叫西莉亚。她很想离婚,但又怕丈夫知道她有这个想法。她有充足的理由来解释这个决定,但是她知道丈夫一定会求她留下,她也会因为愧疚而崩溃。总之,西莉亚希望用一种伤害性小的方式对丈夫坦白。

我们决定模拟一下他们的对话,我来扮演她的丈夫。

"我想结束这场婚姻,"西莉亚说道,"我的意思是,我们离婚吧。"

"我已经尽我所能地去维系我们之间的一切了,"我恳求说,"你怎么可以这样对我呢?"

西莉亚想了一下。

"我已经慎重地考虑过了,我觉得离婚才是我们最好的选择。"她用一种低沉的声音回答道。

"我要怎么做才能让你改变主意呢?"我问道。

"你做什么都没有用了。"西莉亚冷漠地复述着我们之前商量好的答案。

我试着去体会她的丈夫会是什么感受，我有点儿蒙了。她简直就是在生搬硬套我们的台词，声音毫无感情色彩，而且如此冷静。想想看，她竟然要跟我离婚——我可是她同床共枕了11年的丈夫！她一点儿都不在意吗？

我让西莉亚再试一次，这一次要在声音里带上感情色彩。

"我不行，"她说，"我做不到！"

而事实上，她做到了。"我想要结束这场婚姻。"她重复道，她的声音哽咽着，悲伤满溢，然后她开始失声痛哭。

西莉亚的问题并不是缺乏感情色彩，而是怎样才能在不失控的情况下表达她的情感。她拿出一张面巾纸擦了擦眼泪，很快就恢复了状态，重新回到清晰、冷静的律师模式。这是她最常有的两种状态——压倒性的情绪和超然的沉着。

我之所以会讲述西莉亚的故事，是因为从很多方面来说，她很像埃米莉，很像我采访过的很多内向者。虽然埃米莉同格雷格聊的不是离婚，而是那些烦人的聚会，但是她的交流风格却和西莉亚如出一辙。当她同格雷格有争执时，她的声音会变得又轻又平淡，她的态度似乎稍稍带着距离感。其实她这样做是为了将挑衅的态度降到最低——埃米莉在别人发火时会感到非常不安——表面上看起来她的情绪的确淡了。与此同时，格雷格则正好相反，他会提高嗓门，用声音来作战，这意味着他更想解决他们之间的问题。埃米莉越让步，就越孤独，越觉得受伤，继而格雷格会更加愤怒；他越生气，埃米莉就越觉得受伤，越觉得反感，继而进一步退让。很快，他们就被禁锢在一个无法逃脱的恶性循环之中，从某种程度上来讲，其原因是夫妻双方都觉得自己

第十章　沟通障碍

解决问题的方式是正确的。

对于熟悉性格和冲突解决方式之间关联的人而言，这个动态博弈过程恐怕并不陌生。正如男人和女人解决纠纷的方式大不相同一样，内向者和外向者解决问题的方式也大相径庭：研究显示，内向者往往是逃避冲突者，外向者则是对抗者，他们对于面前的分歧甚至争论都会泰然自若。

这些做法截然相反，因此他们之间必然会产生摩擦。如果埃米莉不那么介意冲突，她可能就不会对格雷格那种劈头盖脸的方式有如此强烈的反应；如果格雷格的性情稍微温和一点，也许他就会欣赏埃米莉的这种"救火"的方式。如果人们面对冲突时能用同一种方式的话，分歧就很有可能成为彼此确认对方观点的机会。然而，格雷格和埃米莉似乎在每次争吵之后，对对方的理解都会更少一点儿。

他们之间的爱会不会因此缩水，或者说至少在争吵的时候会不再喜欢对方？心理学家威廉·格拉齐亚诺进行了一项启发性实验，结果说明，这个问题的答案可能是肯定的。格拉齐亚诺将 61 名男生分成几支球队，模拟一场足球赛。一半的参与者被分配到一个合作性质的友谊赛中，并被灌输"足球对我们来说是很有用的，因为要想赢得一场足球赛，球队成员就要相互配合"的观念。另一半学生则被分配到一场强调球队之间竞争的比赛中。每个学生都会看到一组幻灯片以及制作好的队友和对手的履历，然后他们要对其他的队员进行打分。

内向者和外向者之间的差异在这期间就非常明显了。被分配在合作友谊赛中的内向者为所有队员的打分——不只是他们的对手，还包括他们的队友——比那些被分配在竞争赛中的内向者所打的分数要高一些。外向者则恰恰相反，他们在被分配到竞争组时的打分更高。这一结果显示了一些很重要的规律：内向者喜欢在友好的情境下认识的朋友，外向者则喜欢竞争中的对手。

另外一项针对中风病人在康复训练中与机器人互动的研究，也得出了极为相似的结果。内向者在与那些讲话舒缓而温柔的机器人互动时表现得更好，而且可以进行更长时间的互动，这些机器人会说"我知道这对你来说很难，但是请记住，这是为了你好"，还会说"做得很好，继续加油"。而对于外向者来说，情况也刚好相反，他们会在那些鼓舞人心的和挑衅的督促下更加努力，比如"你能做得更好，我知道你可以"，或者是用那种严苛的口气说"专心做你的训练"。

这些研究成果表明，格雷格和埃米莉必须面对一个有趣的挑战。如果格雷格更喜欢那种强悍或带有竞争性行为的人，埃米莉喜欢那种温柔而亲和的人，那么他们之间对于聚会这一僵局要如何以一种有爱的方式达成一致呢？

密歇根大学商学院在一项研究中给出了一个有趣的答案，这项研究不是针对性格截然相反的夫妻，而是针对来自不同文化的商务经理——76名来自中国香港和以色列的MBA学生参加了这项实验，他们想象自己会在几个月内结婚，因此要同一家餐饮公司协商安排好婚宴。这个协商是通过视频来完成的。

有的学生在视频中见到的经理非常友好，他们面带笑容；其他学生在视频中见到的经理却易怒而充满敌意。但是餐饮服务商的情况是固定不变的：还有一对新人也会在同一天完婚，所以价格有所上涨，你会接受，还是会放弃？

来自不同地区的学生对此事的反应完全不同。如果面对的经理比较友善，那么香港人接受提案的可能性更高；仅有14%的人愿意同那些难以相处的经理合作，而71%的人愿意接受服务态度好一些的餐厅的提案。但是，以色列人无论面对的经理态度如何，接受提案的可能性基本相同。换言之，同香港人之间的协商，态度同物质一样重要，而以色列人更关注传递的信息，不会因为对方表现出的态度是否和善而有所动摇。

对这个鲜明差异的解释，与这两种文化如何定义"尊重"有关。正如我们在第8章中提到的，很多香港人通过把冲突最小化来表现尊重。研究人员称，对于以色列人来说，"他们不会把'分歧'视为无礼的标志，反而把它当成对方对此是关心的，并且是热情投入其中的标志"。

可以说，对格雷格和埃米莉来说，情况是相似的。当埃米莉在同格雷格的争吵中压低自己的声音并让自己变得平静时，她认为她在做出让步，不让自己的负面情绪表现出来，是对格雷格尊重的表现。但格雷格觉得埃米莉不在乎他，更糟糕的是，她都不屑于跟他争吵了。与此类似，当格雷格宣泄自己的愤怒时，他假定埃米莉像他一样，认为这种方式是对他们之间承诺关系的一种健康而诚实的表现。但是对她而言，这仿佛表示格雷格对她厌倦了。

***

卡罗尔·塔夫里斯在《愤怒：被误解的情绪》（*Anger: The Misunderstood Emotion*）一书中，讲述了一个有关一条孟加拉眼镜蛇喜欢咬过往村民的故事。一天，一位哲人——一个可以做到自我控制的人——说服这条眼镜蛇，咬人是不对的。眼镜蛇发誓再也不会咬人了，而事实上它也做到了。不久之后，村里的男孩子就不再惧怕这条眼镜蛇，甚至开始虐待它，把它打得鲜血淋漓。眼镜蛇对哲人抱怨说："难道这就是我遵守承诺应得的后果吗？"

哲人告诉它："我是告诉你不要咬人，但我没有不让你吐芯子吓唬他们啊。"

塔夫里斯写道："很多人，就像那条眼镜蛇一样，把咬人和吐芯子混为一谈。"

很多像格雷格和埃米莉一样的人都应该从这个故事中有所领悟：格雷格不应该总是咬人，但"吐芯子"是可以的；不仅他可以"吐芯子"，埃米莉也可以。

格雷格应该从他对愤怒的假设开始改变。他认为，正如大多数人那样，发怒会宣泄被压制的过剩精力。这种"宣泄假说"指的是攻击性会在我们的内心滋长，直到我们能找到正确的方式发泄为止。这种假说可以追溯到古希腊时期，后来，弗洛伊德将这个假说再次带回大众视野，它于20世纪60年代自由随性的风潮中大行其道，具体表达方式是打沙包和近乎原始的嘶喊。宣泄假说依然是个谜，虽然它似乎合情合理又很文雅，但正确与否还是个谜。研究显示，发泄并不能排遣愤懑，反而会让它更为剧烈。

当我们不能随意发脾气的时候，我们最好能关上自己的"闸门"。令人惊讶的是，神经科学家甚至发现有人利用注射肉毒杆菌来防止脸上出现生气的表情，这种方法似乎是有效的，因为皱眉的表情会引发杏仁核产生消极的情绪。生气不仅会破坏这种情绪产生的那一刻，数天之后，那个发泄情绪的人还要想办法来向自己的另一半弥补过错。尽管在争吵之后通过做爱这种神奇的方式来补救是种很流行的方式，但对很多夫妻来说，重新共浴爱河是需要时间的。

那么格雷格在感觉自己十分愤怒的时候，要怎样才能平静下来呢？他可以做一个深呼吸，可以让自己放空10分钟，也可以问问自己让他这么生气的事情是不是真的那么重要，如果不是，那他就可以让这件事情烟消云散了。如果他仍然觉得这件事情很重要，那他就应该用一种客观的立场来表达他的需要，而不是用带有人身攻击意味的方式。"你太不合群了"其实可以换成"我们能不能想个办法来安排一下我们的周末，好让你我都满意"。

即使埃米莉不是个敏感的内向者，格雷格也应该接受这条建议（没有人喜欢被控制，或者觉得自己不被尊重）。但是恰好格雷格娶了一个害怕对方生气的女人，所以他应该对他逃避冲突型的妻子有所回应，而不是顺着自己的意思采取强硬的对抗措施，至少从他结婚的那一刻开始，他就应该意识到。

我们再来看看这段关系中埃米莉这一边。她能做些什么改变呢？在格雷格攻击人的时候，她可以反抗，当然前提是对方的攻击是不对的，但是如果他没有咬人只是吐芯子呢？埃米莉可能会有很多对于气愤的自然而然的反应，在这些反应中，她可能会倾向于陷入自责和防御的圈子中而不能自拔。我们从第六章的内容可以得知，很多内向者从很小的时候开始就容易陷入强烈的内疚感之中；我们也知道，人们往往会把自己的某些反应投射到别人身上。逃避冲突型的埃米莉是不会咬人的，她或许连吐芯子都不会，除非格雷格真的做了什么令她伤心欲绝的事情，从某种程度上讲，她对格雷格咬人的反应只是由于满腹的内疚感——可能是某些时候在某些事情上，也可能是在所有的事情上，谁知道呢？当她的内疚感强烈到她无法容忍的时候，她甚至会拒绝格雷格的所有要求，包括那些被愤怒放大了的合理要求，即夫妻之间的陪伴。自然而然，这会引发一个恶性循环，而在这个恶性循环之中，她关上了同情的心门，格雷格也感觉不到任何来自她的关心。

因此，埃米莉需要接受的教训是，有时犯错误也没有关系。她可能对自己什么时候是对的、什么时候是错的本来就颇感疑惑——格雷格总是以那么强烈的情绪来表达他的不满，这让埃米莉更加难以分辨。但是，埃米莉必须尽量不让自己被拖进这个泥淖之中。当格雷格指出一些合情合理的问题时，她应该勇于承认，不仅要做丈夫的好妻子，也应该教会自己"犯错误是在所难免的"。这样会让她变得不那么容易受伤，而且可以让她在格雷格不讲理的时候进行反击。

反击？可是埃米莉讨厌冲突啊。

其实这是合情合理的，她需要适应自己吐芯子的声音。内向者的犹豫不决可能会引发争端，但是，就像那条被动的眼镜蛇一样，他们同样应该担心对方会不会向他们泼硫酸。当然，反击可能并不像埃米莉担心的那样会招致报复；相反，反击可能会让格雷格做出让步。她其实根本不需要做什么大的改变，通常情况下，那些"这对我来说不行"之类的回击就能起作用。

每过一段时间，埃米莉可能也想走出她的舒适区，发泄一下愤怒。还记得吗？对于格雷格来说，争吵意味着感情的联系。这与那些实验中外向的足球队员对他们的对手有极大的好感一样，如果埃米莉能面露愠色地与他争执一番的话，格雷格可能会觉得他与埃米莉之间的距离拉近了。

埃米莉同样可以通过提醒自己格雷格其实没有他看起来的那么凶，来克服她对格雷格的厌恶情绪。我曾经采访过一个名叫约翰的内向者，他同他那性格火爆的妻子相处得非常融洽，他描述了他是如何在25年的婚姻生活中学会与外向者相处的：

当珍妮弗因为某些事情冲我发火时，她真的是像在追杀我一样。如果我前一晚没有整理厨房就上床睡觉，第二天早上她就会对我大吼大叫："看看这厨房有多脏！"我走进去看了一圈，其实只有三四个杯子在外面堆着没有刷而已，根本就没有她说的那么脏。但是她对这种情况如此夸张的反应恰恰体现了她的天性，那就是她说"哎呀，如果你有时间把厨房打扫得稍微干净一点我会很高兴"的方式。如果她用客气一点的态度对我说的话，我一定会说"我很乐意效劳，抱歉没有及时打扫"。但是因为她是气势汹汹地冲过来的，我也很不开心，很想让她控制一下，跟她说这样不好。但是我没有这样做，因为我们已经结婚25年了，我已经明白了她这样气势汹汹地冲过来，并不是真的想杀了我。

那么约翰跟他暴脾气的妻子相处的秘诀是什么呢？他会告诉她，

她说的话有些不妥，但是他也会努力听明白其中包含的意义。他说："我试着让自己去包容，不把她的口气当真。我忽略掉我感觉到的攻击性，试着去领悟她真正想要表达的意思。"

在珍妮弗机关枪一般的抱怨下，她真心想要表达的意思其实很简单：尊重我，关心我，爱我。

如今，格雷格和埃米莉在如何通过对话解决彼此之间的分歧上有了些见解。但是，这里还有一个非常重要的问题需要他们回答：究竟为什么周末聚会在他们眼中如此不同？我们知道，当埃米莉走进一间拥挤的房间时，她的神经系统可能会处于超负荷状态之下。我们也知道，格雷格的感受恰好相反：他会向人潮靠拢，向各式各样的话题靠拢，向各种活动靠拢，向一切能释放他的多巴胺、触发激情的事物靠拢，这种感觉是外向者所渴望的。还是让我们深入剖析一下聚会上的闲谈吧！弥合格雷格和埃米莉分歧的关键点就在这些细节之中。

***

若干年前，当神经科学家马修·利伯曼博士还是哈佛大学的一名研究生时，他进行了一项实验，实验的一部分是让32对彼此陌生的内向者和外向者用电话交谈数分钟。电话挂断之后，他们要填写一份问卷，来评价他们在这次谈话过程中的感受和行为。比如：你喜不喜欢与你交谈的人？你有多友好？你还想不想再与这个人联系？他们还要从对方的角度回答问题：你觉得你的同伴有多喜欢你？对方对你敏感吗？有没有促进你谈话的冲动？

利伯曼和他的研究小组对比了这些问卷的答案，也倾听了这些谈话，他们就电话两头的人如何评价对方做出了自己的评判。他们发现，外向者在判断对方是否喜欢与他们交谈方面的回答更为准确。这些结果表明，外向者在解读社交线索方面要比内向者更出色。利伯曼写道，这似乎不足为奇，这一结果刚好呼应了当时流行的假说——外向者在解读社交情境方面更有优势。唯一的问题是，正如利伯曼在进一步实验中证明的，这一假设并不完全正确。

利伯曼的研究小组让一组参与者在填写问卷之前听一遍他们的电话录音。在这个小组中，他发现，内向者和外向者在解读社交线索能力上没有丝毫差别。这是为什么呢？

答案便是，那些听电话录音的研究对象，在解读社交线索的同时不需要做其他事情。利伯曼之前的一些实验结果显示，内向者是非常出色的解读者。有一项实验甚至发现内向者是比外向者更出色的解读者。

但是这些研究测量的是内向者在观察社交动态过程中的表现，而非他们参与其中的表现。与观察行为相比，参与行为向大脑投射的一系列需求不同，它要求大脑进行多任务处理——在专心致志或无压力的情况下，瞬间处理多种短期信息。这恰恰是一种很适合外向者的大脑运作模式。换言之，外向者善于交际是因为他们的大脑可以很好地处理吸引他们注意的多种信息，聚会谈话中包含的内容往往就是如此。相反，内向者会排斥那些强迫自己一次性面对很多人的社交活动。

仔细考虑一下两个人之间最简单的社交互动，其实他们需要完成惊人的一系列任务：理解对方在讲什么，解读其肢体语言和面部表情，自然而然地轮流接话和聆听，回应对方的话题，判断对方是不是理解自己，确定自己有没有被接纳，如果没有被接纳，那就要想想怎样改善目前的情境，或者怎样从这个情境中走出来。这么简单的一次互动就要同时处理这么多事情！而且，这还只是一次一对一的交谈，你可以想象在一次群体活动，比如聚会这样的场合中，一个人需要同时执行多少任务了。

因此，当内向者充当观察者的角色时，他们就像是在写小说，或者思考统一场论，即在聚会上陷入沉默状态——他们并不是在表现一种不情愿或疲惫，他们只是习惯这样而已。

***

利伯曼的实验帮助我们理解了是什么阻碍了内向者的社交行为，但这项实验并没有向我们显示他们如何能够大放异彩。

让我们再来看一个例子。乔恩·伯格霍夫是一名谦逊的研究员，也是一个刻板的内向者，从他的外表就可以看出：身体瘦而结实，鼻子和颧骨轮廓分明，戴着一副眼镜，脸上满是沉思的表情。他的话真的不多，但是他所说的每一句话都是经过深思熟虑的，当他处在某个群体中时，这一点表现得尤为明显。他说："如果我处在一个有10人在场的房间，而且可以选择说话与否，那我一定一言不发。当人们问我'你怎么不说点儿什么'时，我就会告诉他们'我是你们的倾听者'。"

乔恩还是个出色的推销员，从十几岁时崭露头角开始，他就一直很成功。1999年夏天，还在11年级的他就已经开始以初级营销员的身份向人们销售Cutco公司的厨房用品了。这份工作要求他上门推销刀具。可想而知，这是一种近距离的推销模式，不是在会议室，不是在汽车经销店，而是在潜在客户的厨房里，向他们推销一种他们每天都要用来准备食物的工具。

在乔恩开始工作的前 8 周里，他总共卖出了价值约为 50 000 美元的刀具。那一年，他成了公司 40 000 名新人中最出色的销售代表。2000 年时，他还在读 12 年级，已经赚了 135 000 美元，而且打破了超过 25 个国家和地区的销售纪录。但与此同时，在学校里，他依然是个不善交际的家伙，每天午饭时就会躲进图书馆。2002 年，他招募、雇用并训练了其他 90 名营销人员，业绩比前一年增长了 500%。从那时起，他就着手成立了"全球活性化培训"（Global Empowerment Coaching）公司，这是一家属于他个人的培训和销售训练公司。迄今为止，他开办了数百场演讲和培训研习班，并且给 30 000 多名销售人员和经理提供私人咨询服务。

乔恩成功的秘诀是什么呢？其中一个很重要的线索可以追溯到发展心理学家艾薇尔·索恩的一项实验中，如今索恩已经是加州大学圣克鲁兹分校的教授了。那时索恩招募了 52 名年轻的女性（26 名内向者，26 名外向者），让她们进行两组会话。每个人都要参加两个部分的会话：和一名与自己性格相同的人进行 10 分钟的会话，然后和一名与自己性格相反的人进行同等时长的会话。索恩的研究小组将这些对话进行了录音，并要求参与者听一次自己对话的录音。

这个过程有一些令人震惊的发现。内向参与者和外向参与者讲话的时间没有显著差别，这证明内向者不爱说话的观点是错的。然而，两个内向者在交谈时往往会聚焦在一两个严肃的话题上，而两个外向者则会选择一些轻松而范围颇广的话题。内向者往往会探讨一些生活中的问题或冲突，例如上学、工作、友情等。可能是由于对这种"问题话题"的偏好，她们会扮演顾问的角色，轮流为对方解决面临的问题。外向者则恰好相反，她们喜欢提供一些关于自身的简单信息，通过这些信息来建立彼此之间的共性："你刚刚养了一条小狗？太好了。我有一个朋友有一卡车的咸水鱼呢！"

但在索恩的实验中，最有趣的部分是这两种不同性格的人之间都相互欣赏。内向者在与外向者交谈时会选择一些轻松的话题和内容，让这场对话变得更加容易，她们也把与外向者的对话描述为"轻松愉快"。相应地，外向者也觉得她们同内向者交流起来更加放松，可以更自由地倾诉她们的问题。她们从需要装作乐观的压力中解脱了出来。

以下是一些有用的社交信息。内向者和外向者之间有时会觉得互相有所保留，但索恩的研究结果却显示，他们之间是可以相互给予很多东西的。外向者要知道，那些平常看起来对于肤浅的问题不屑一顾的内向者，可能只是因为被兴奋的情绪冲昏了头脑，从而无法进入一个轻松的情境中；那些觉得自己对于问题话题的偏好会让他们变得很扫兴的内向者应该知道，这种方式会让别人自然而然变得严肃起来。

索恩的研究同样有助于我们理解乔恩·伯格霍夫在销售方面的惊人成就。他将他的亲和力用在严肃的话题上，用在扮演一个顾问而不是劝说者的角色上，因此这种亲和力就变成了为他前程服务的一剂良方。"我发现，早期人们不买我的东西是因为他们明白我在卖什么，"乔恩解释说，"他们买我的刀具则是因为他们觉得自己被理解了。"

乔恩从他喜欢问问题并认真听取解答的天性中获益良多："我发

现,如果我能走进别人家,我可以问很多问题,而不是试图向他们推销刀具。我其实可以通过询问一些合适的问题来引出我的主题。"如今,在他的培训业务上,乔恩也采取了这种策略。"我试着让自己去适应那些跟我一起工作的人,我会注意他们身上散发出的能量和气场。对我而言,这些都不算难事,毕竟我想得很周到。"

但是销售不是需要那种激发人们热情、煽动受众情绪的能力吗?乔恩可不这么认为:"很多人认为销售要求你成为一个能说会道的人,或者成为一个了解如何运用个人魅力进行劝说的人。这些东西是一种外向的沟通方式所必需的。但是在营销界有一个真理——'我们有两只耳朵、一张嘴,所以要多倾听少说话'。我相信这就是让很多人在营销或咨询方面做得出色的原因——最重要的就是他们懂得倾听。在我的公司里,我观察到那些顶尖的销售人员,没有一个是因为某个外向的品质而获得成功的。"

* * *

现在,让我们回到格雷格和埃米莉的僵局中来。我们刚刚获得了两条重要的信息:第一,埃米莉对于多任务交谈的厌恶是真实的,也是可以解释的;第二,当内向者能够与他人以自己的方式交谈时,他们完全可以与他人建立起深厚而令人愉悦的关系。

一旦他们接受了这个现实,格雷格和埃米莉就能找到一种方法来打破僵局:不要把焦点放在一年要举行多少次聚会上,而是应该谈谈聚会的形式。不要让所有人围着一张大桌子坐,这样会导致埃米莉最厌恶的多任务对话,为什么不办一场自助式的晚宴呢?大家可以随意坐在沙发上、地板上，几个人在一起随便聊聊天、吃东西，这样不是很好吗？这样的聚会可以让格雷格成为聚会的中心人物，吸引他人的目光，而埃米莉也可以找个不起眼的位置，她可以在角落里进行一些她喜欢的一对一交谈。

　　解决了这个问题，这对夫妻就可以探讨举办多少次聚会这个更加棘手的问题了。经过几个回合的商议，他们决定每个月举办两次聚会，也就是说每年会有24次，而不是52次。埃米莉依然不期待这样的活动，但是她有时也会享受其中；而格雷格可以举办那些他非常喜欢的聚会来坚持自我的身份认同，同时也可以和他最爱的人在一起了。

第十一章

鞋匠与将军

---- * ----

子不语,要如何培养之?

开始是所有事情最重要的部分,特别是那些年轻的和脆弱的事物,因为正是在此时,性格开始形成,好的事情最容易留下深刻的印象。

——柏拉图,《理想国》

马克·吐温曾经写过这样一个故事：有个男人走遍全世界想要寻找有史以来最伟大的将军，当他知道他要找的那个人已经进了天堂时，他决定去天国之门寻找。圣彼得指着一个普通人说，那就是他要找的人。

这个男人不高兴了，他说："他绝对不是我要找的人，我认识他，他在世的时候只是个鞋匠而已。"

"我知道，"圣彼得说道，"但是如果他曾经做过将军的话，那他一定是最伟大的将军。"

我们应该留意那些鞋匠，因为他们很可能成为最伟大的将领。这也就意味着，我们应该留心身边那些内向的孩子，因为他们的才能可能会被扼杀，无论是在家里、在学校里，还是在操场上。

好好思考一下这个警世故事吧。我是从儿童心理学家杰里·米勒博士那里听到这个故事的，他是密歇根大学儿童与家庭研究中心的主任。他有一个名叫伊桑的患者。伊桑的父母已经带他去了4个地方治疗过。每一次，伊桑的父母都说他们觉得自己的孩子有问题，可是不知问题出在哪里。而每次他们这么说，米勒都会向他们保证伊桑非常健康。

伊桑最初引起父母关注的原因很简单。伊桑已经7岁了，还经常被小他3岁的弟弟揍，但他从来不还手。伊桑的父母都很外向，都是企业的骨干员工，而且喜欢竞技性强的高尔夫和网球运动，所以他们可以接受小儿子的攻击性性格，却十分担心伊桑这种消极的行为将会拖他的后腿。

随着伊桑年龄的增长，他的父母试图给他灌输"战斗精神"。他们把伊桑送到棒球场和足球场上，但是伊桑只想回家读书，他在学校里也没有竞争力。虽然他很聪明，可他的成绩也只是中游水平。他完全可以在学业上做得更好，可是他更喜欢把精力放在他的兴趣爱好上，尤其喜欢制作汽车模型。他有几个不错的朋友，但是从来不参加班上的社交活动。伊桑的行为让他的父母感到费解，他们觉得他可能得了抑郁症。

但是米勒认为，伊桑并没有得抑郁症，而是一种典型的低度"亲子契合"。伊桑又高又瘦，而且不善运动，看起来就像一个典型的书呆子。他的父母都很善交际，很有主见，他们"时刻保持微笑，常常一边跟别人交谈，一边想要拖出藏在他们身后的伊桑"。

相对于他们对伊桑的担忧，米勒的态度倒是很乐观，他说："伊桑就像是一个典型的哈利·波特型的孩子——喜欢读书。他喜欢参加各种形式的富于想象力的游戏，他喜欢动手制作，他有很多事情想与别人分享，他对父母的接受程度远大于他们对他的接受程度。伊桑不觉得他们是反常的，只是跟自己不同而已。这样的孩子在其他的家庭中会被当成模范的。"

但是伊桑的父母却从来没有看到他的光芒。米勒得知的关于伊桑的最后一件事情，便是他的父母终于找到一位心理学家愿意对伊桑进行"治疗"了。现在，轮到米勒担心伊桑了。

"这显然是一个'医源性'问题，"他说道，"是那些所谓的治疗让你生病。最典型的例子就是，你试图让一个有同性恋倾向的孩子接受治疗，从而获得你所认可的性取向。我很担心这样的孩子。其实他们的父母是很关心他们的，而且也是出于好意。他们认为，如果不接受治疗,他们的孩子可能很难适应社会,所以他们需要在他身上多下点儿功夫。我不知道,也许真的可能是这样。但是,无论是否接受治疗,我都可以非常肯定地说,想要改变这个孩子简直就是不可能的事情。我担心的是,他们会把一个非常健康的孩子变得不正常,而且还会破坏他对自我的认识。"

当然了,一对外向的夫妻有一个内向的孩子并不是件坏事。米勒认为,父母只要多一点关心和理解,他们可以跟任何性格的孩子相处得很好。但是父母需要从自己的喜好中退一步,来理解他们"沉闷"的孩子眼中的世界。

* * *

再来说说乔伊丝和她 7 岁的女儿伊莎贝尔之间的故事。伊莎贝尔是一个瘦瘦小小的二年级学生,她很喜欢穿亮晶晶的凉鞋,喜欢在她纤细的手腕上挂一串彩色的橡胶手镯。她有几个特别贴心的朋友,她们之间无话不谈,而且她跟班里大部分同学相处得颇为融洽。她会给遭遇挫折的同学一个温暖的拥抱,甚至把她的生日礼物都捐献给慈善机构。这样一个女孩应该是很受欢迎的,可是乔伊丝在学校里看到的伊莎贝尔却并非如此。为什么会这样呢?再来说说乔伊丝,她是个散发着魅力且心地善良的女性,她很幽默,会讲一些俏皮话,同时也带着一种不容侵犯的气场。

一年级的时候,伊莎贝尔回家后总是会因为班里的"小霸王"而苦恼不已,他们的那些言论足以让敏感的孩子觉得伤痕累累。即使班里的小霸王欺负的是其他人,伊莎贝尔也会花好几个小时来剖析她的话，想一想她真实的意图是什么，伊莎贝尔甚至觉得会不会是因为她在家里遭受了什么不好的事情，才让她在学校里表现得如此不堪。

到了二年级，伊莎贝尔告诉妈妈不要在没有跟她商量的情况下安排各种游乐活动。一般情况下，她喜欢待在家里。乔伊丝去学校接伊莎贝尔回家的时候，常常发现其他女孩子总是凑在一起，而伊莎贝尔却一个人在操场上投篮。"她是真的有点儿不合群。从那时起，我有那么一段时间没有去学校接她放学，"乔伊丝回顾道，"看到那一幕真的让我很沮丧。"乔伊丝非常不理解的是，为什么她可爱而讨巧的女儿会那么喜欢一个人待着，她很担心伊莎贝尔出了什么问题。女儿虽有天生的共情能力，但她是不是缺乏与别人相处的能力呢？

直到我暗示乔伊丝她的女儿可能是个内向者，并跟她解释了内向者的一些特质之后，乔伊丝才开始以另外一种方式来思考伊莎贝尔在学校的经历。从伊莎贝尔的角度来看，这些根本就不是什么警示信号。"我只是想在放学之后休息一下而已，"伊莎贝尔后来这么告诉我，"上学是件很痛苦的事情，因为很多人在一个房间里，所以很容易就会觉得累了。如果我妈妈没有跟我商量就为我安排一些活动，我会觉得很恐慌，因为我不想伤害我的朋友。但我实在很想待在家里，因为去别人家你就得做一些别人想做的事情。我喜欢放学以后跟妈妈一起玩，因为我可以从她身上学到很多东西。她比我在这个世界上生活得久，经历比我丰富，我们可以谈一些有思想的话题。我喜欢有想法的交谈，因为那会让我觉得很开心。"（很多人在出版前读到这一章的时候都评论说，这段引自伊莎贝尔的话可能不够准确，说"二年级的孩子不会讲这种话"，但这确实是她的原话。）

第十一章　鞋匠与将军

伊莎贝尔其实是在告诉我们，在一个二年级的孩子看来，内向者也是与他人联结在一起的。这是必然的，只不过他们有属于自己的方式。

既然乔伊丝了解了伊莎贝尔的需要，那么妈妈和女儿就能开心地坐在一起聊一聊，找一找帮伊莎贝尔顺利度过学校生活的策略。"之前，我总是带伊莎贝尔出门，认识形形色色的人，让她的课余生活被各种活动填满，"乔伊丝说，"现在我明白了，对她来说，学校生活的压力已经很大了，所以我们要探讨一下参加多少社交活动是合适的、什么时候参加是合适的。"乔伊丝不介意伊莎贝尔喜欢自己一个人在房间里玩，也不介意她在一场生日宴会上提前离场。她也意识到只要伊莎贝尔不把这当成问题，她也就没有理由把这当成问题。

乔伊丝也在帮助女儿处理操场政治方面有了一些见地。有一次，伊莎贝尔困惑于如何在 3 个彼此相处不来的朋友之间分配自己的时间。乔伊丝说："我的本能会说，不要担心，就跟他们一起玩儿好了！但是现在我明白了，伊莎贝尔是个特殊的孩子。当这 3 个人同时出现在操场上时，她就不知道该如何是好了。于是我们就探讨了一下她要跟谁在一起玩、什么时候在一起玩的问题，我们还排练了她应该如何跟朋友交流，以让事情顺利进行。"

还有一次，在伊莎贝尔稍微长大一些后，她因为几个朋友吃午饭时分坐两张桌子而苦恼不已。一张桌子边坐的是她内向一些的朋友，另一张桌子边坐的是她外向的朋友和班里的其他人，伊莎贝尔把这群人形容为："喧闹，一直讲个不停，还会坐到别人身上——天啊！"但是伊莎贝尔觉得很苦恼，因为她最好的朋友阿曼达很喜欢坐在那张

"疯狂"的桌子边，虽然她也同另外一桌的女孩子关系不错。伊莎贝尔觉得自己要被撕裂了，她到底要坐到哪边去呢？

乔伊丝最初认为那张"疯狂"的桌子可能听起来会更有趣，她问伊莎贝尔她更倾向于哪一张。伊莎贝尔想了想说："其实如果哪一张都可以，我就会跟阿曼达坐在一起，但是我确实很想安静一点，利用午饭时间从所有的事情中解脱出来，让自己放松一下。"

"你为什么想这样呢？"乔伊丝心里想道。但是在这句话脱口而出之前她就把话咽了下去。"听起来不错，"她对伊莎贝尔说，"阿曼达也会理解你的。她只是喜欢那张桌子的热闹而已，这并不意味着她不喜欢你了。我觉得你应该给自己想要的那一刻宁静。"

乔伊丝说，学会理解内向者，改变了她做母亲的方式，她都不敢相信她用了那么长的时间才学会这一点。"当我看到伊莎贝尔在自己的世界里表现得那么出色时，我很珍视这一点，即使整个世界都告诉她应该坐到阿曼达身边，我也会支持她的选择。事实上，透过她的眼睛来看待这两张桌子的问题，我明白了我在别人眼中可能是什么样子的，也明白了应该怎么注意和控制自己以外向为标准的默认准则，这样一来，我也就不会误解公司里那些同我女儿一样内向的人了。"

乔伊丝同样很欣赏女儿这种敏感的方式。她说："伊莎贝尔真的很成熟，有时你甚至会忘了她还只是个孩子。同她交谈的时候，我不需要像别人同孩子讲话那样，用一种特殊的音调，我也不需要调整我的措辞去适应她。我跟她讲话就像和一个大人讲话一样。她非常敏感，也非常体贴，她会在意别人感觉好不好。她可能会被轻易地击倒，但是这一切加起来就是我的女儿，我是那么爱她。"

第十一章 鞋匠与将军

***

乔伊丝与其他母亲一样悉心照顾自己的孩子，但她在作为母亲抚育与自己性格有别的孩子的过程中，其认知曲线陡然爬升。如果她自身也是个内向者，她与孩子之间的亲子契合度会不会更加自然而舒适呢？其实也不尽然。因为很多内向的父母可能会面临来自自身的挑战——他们童年的痛苦记忆会偶尔跑出来捣乱。

埃米莉·米勒是密歇根州安阿伯市的一名临床社工，她给我讲过一个经她治疗的小女孩艾娃的故事。艾娃太过腼腆，这种腼腆让她无法交到朋友，也无法在课堂上集中精力。当老师要她加入一个合唱小组在全班面前表演时，她竟然哭了起来。她的母亲萨拉是一名成功的财经记者，却对自己的女儿无能为力，于是她决定向米勒求助。米勒要求萨拉在艾娃的治疗过程中扮演艾娃同伴的角色，萨拉忍不住潸然泪下。她小时候也是羞涩的孩子，是她把这个可怕的负担遗传给了自己的女儿，为此她觉得非常内疚。

"我现在已经能够隐藏我的内向了，但是本质上我同我的女儿一样，"她解释道，"我可以跟别人接触，但是只有躲在采访本后面我才能做到。"

米勒说，萨拉的反应对于一个伪装外向的母亲和内向的孩子来说是很正常的。萨拉不仅在女儿的经历中重温了自己的童年，反过来，她也把自己最糟糕的经历投射到了艾娃身上。但是萨拉必须明白，她和艾娃毕竟不是同一个人，即使她们有相同的性情。艾娃同样也会受到她父亲以及很多来自环境因素的影响，所以她的性情势必会有一些不同的表现。萨拉自己的苦恼不一定会成为女儿的苦恼，况且如果让艾娃觉得她会经历母亲的烦恼，那对她而言也会是极大的伤害。如果得以正确引导，艾娃可能会明白她的羞涩不过是件小事而已。

　　米勒认为，即使是那些自身也需要在自信方面下功夫的父母，在孩子的成长中依然可以起到巨大的帮助作用。来自一个能够体会孩子感受的父辈的意见显得弥足珍贵。如果你的儿子第一天上学的时候感到很紧张，你就应该告诉他你入学的时候也有同样的感觉，甚至有时在工作中也会觉得紧张，但是随着时间的推移这些都会好的。万一他不相信你，你就要表现出你可以理解他，并且可以接受他的这种感觉。

　　你同样可以用你的共鸣来判断什么时候应该鼓励他去直面自己的恐惧，什么时候他也许会承受不住。举个例子，萨拉可能明白在全班面前演唱对于艾娃来说是一个太大的挑战。但她或许也能感觉得到，如果在一个规模小一点、关系亲密一点的群体面前，或者在一两个亲密的朋友面前让艾娃先试试水，那就是可行的第一步，即使艾娃一开始也会反对。换句话说，萨拉能够感受到什么时候该推艾娃一把，而且她也能把握好这个度。

＊＊＊

　　我在第 6 章提到过，专注于敏感性研究的心理学家伊莱恩·阿伦认为，她认识的人中有一位优秀的父亲，那便是吉姆，根据他的案例，阿伦就孩子的培养问题提出了一些见解。吉姆有两个可爱的女儿，他本身也是个无忧无虑的外向者。他的大女儿叫贝齐，性格同他很像，而小女儿莉莉更敏感一些——一个对生活充满热情却焦虑的观察者。吉姆是阿伦的朋友，所以他对敏感和内向颇为了解。他对莉莉为人处世的方式表示支持，但同时，他又不希望莉莉就这么一直伴着羞涩长大。

因此，阿伦说，吉姆"决定带着莉莉见识生活中所有可能带来快乐的事情，从冲浪、爬树、尝试新的食品，到家庭聚会、足球，他还给她买了各种各样的衣服，不让她总穿一套舒适的套装"。几乎每一次，莉莉起初都觉得这些新鲜的经历并不是什么好事，而吉姆也很尊重她的想法。他从来不勉强她做什么，虽然吉姆其实是个很有说服力的人。他只是同她分享他对于某件事的观点——包括安全性和娱乐性，以及同她喜欢的东西的相似性。他会一直等到她的眼睛里流露出一点儿想要参加的意愿，即使她还有些排斥的情绪。

"吉姆会很认真地判断这些情境，以确保她不会被吓到，保证她能够体验到快乐和成功的感觉。如果他觉得莉莉还没有准备好，他便会阻止她。总之，他把这种情况当成一种内在矛盾，而不是他们父女之间的矛盾……如果莉莉或者其他人对她的沉默或犹豫提出批评，吉姆总是会宽慰莉莉说：'那只是你的风格罢了，有些人是不一样的。但是这就是你，你喜欢给自己一点时间，喜欢等到确定了才行动。'吉姆同样明白，她的性格决定了她会同那些被人取笑的人交朋友，她对待工作会一丝不苟，会注意到家里的一切，也会成为足球联赛中最优秀的战略家。"

对于一个内向的孩子来说，你能为他做的就是在他对新鲜事物做出反应时，陪在他身边予以指导。内向者不只是会对陌生人有所反应，也会对新的环境和事件有所反应。所以，不要错把孩子对于新环境的谨慎当成与他人交往的无能。他的畏缩源于新事物或过度刺激，而不是惧怕同他人的接触。正如我们在前一章里看到的，内向/外向程度与亲和性和对亲密关系的认同没有必然联系。内向者也会像外向者一样寻求他人的陪伴，只是他们的做法比较微妙而已。

关键在于要让你的孩子慢慢地接触新的情境和人——注意要尊重他们的接受限度，即使他们有时会有些偏激。这样你才能培养出更加自信的孩子，过分保护或强迫他们都不会得到你想要的效果。让他知道他的感受是正常的，也是天生的，根本没有什么好担心的："我知道跟一些从未谋面的人一起玩是一件很可笑的事情，但是我敢打赌，如果你问那个男孩愿不愿意跟你一起玩汽车，他一定会点头的。"一定要按照孩子的步调，不要催促他们。如果你的孩子还小，那么有必要的话，向其他的孩子介绍他。或者，如果他真的很年幼，那就不要让他离开你的视线，轻轻地把手放在他的背上支持他，让他能感受到你的存在，并从中获得力量。当他遇到社交问题时，让他知道他的努力会得到你的称赞："昨天我看到你和几个新认识的小朋友在一起玩。我知道这可能很难，但是我真的为你骄傲。"

在适应新环境方面，这种做法也是必要的。想象一下有这么一个孩子，她对大海的恐惧程度要远远大于同龄人。细心的家长会意识到这种恐惧是天生的，甚至可以说是明智的，因为大海确实很危险。但是他们不会让她整个夏天都待在安全的沙丘上，也不会直接把她丢进水里让她学游泳；他们会告诉她他们理解她的不安，同时又会敦促她一步一步来。或许，他们会带她到沙滩上玩几天，让她待在会有海浪打来而又很安全的地方。然后有一天，他们带着她到大海的边缘，也许可以让孩子骑在爸妈的肩膀上。等到风平浪静或者退潮的时候，在海水中浸一浸她的脚趾，然后是双脚，进而是膝盖。他们不会急于求成，每一小步在孩子的世界里都是巨大的进步。最终有一天，当她能像鱼儿一样游来游去时，她就到了一个至关重要的转折点——不仅改变了她与水的关系，也改变了她与恐惧的关系。

慢慢地，你的孩子就会发现，只要她打破为自己筑起的保护墙，她就会在另一端发现乐趣，于是也会学会自己去打破这堵墙。正如马里兰大学儿童、关系与文化中心主任肯尼思·鲁宾博士所言："如果你一直用安慰和支持的方式来帮助你的孩子规范他（她）的情绪和行为，你就会发现神奇的事情发生了。渐渐地，你可能会看到你的女儿默默地为自己打气——'那些孩子在一起玩得很开心，我也可以加入他们。'他（她）就这样开始学着自我调节恐惧与谨慎之间的平衡了。"

如果你希望你的孩子学会这些技能，那就不要让她听到你说她"腼腆"：她会对这个标签信以为真，甚至把她的紧张当成她固有的特质，而非一种可以自我控制的情绪。她也深知"腼腆"在当今社会是一个消极的词语，因此，不要让她因为自己的腼腆而感到羞愧。

如果可以，最好能在你的孩子还很小的时候，教他"自欺"的技能，那个时候，他还不太会因为自己不愿社交而产生耻辱感。通过向陌生人平静而友好地问好以及跟自己的朋友时不时地聚会，来为你的孩子做榜样。同样，邀请他的同学来你家里做客。让他知道，当你和别人在一起的时候，轻轻跟你耳语或者拉拉你的裤腿告诉你他需要什么是不合适的，他必须开口讲话。选择那些不带有过度攻击性的玩伴和对他友好的群体，来确保他的社交体验是愉快的。跟那些年纪小的孩子在一起玩可以让你的孩子增加自信，年纪大一些的孩子则可以起到鼓励作用。

如果他跟某个孩子不太合得来，那就不要强迫他；你应该保证他最初的社交经历都是积极的。尽可能逐步安排他进入新的社交环境。比如，当你要带他参加一场生日宴会时，一定要提前打听这个宴会是什么样子的，那些孩子同伙伴们是怎么相处的（比如，首先你要说"生日快乐，乔伊"，然后再跟其他人打招呼说"嗨，萨布里纳"），而且一定要提前到达宴会现场。做最早到的几个客人之一会更好一些，这样的话你的孩子就会感觉仿佛是别人到自己的地盘上来，他才是主人，而不会觉得自己进入了别人的地盘。

同样，如果你的孩子对新学期开学感到紧张，那就先带他去教室看看，理想的情况下，跟老师进行一次一对一的交谈，见一见那些友善的大人，比如校长、辅导员、校工以及餐厅工作人员等。你应该用一种微妙的方式来做这些事，比如你可以说："我还没有见过你的新教室，为什么不开车过去看看呢？"带着他搞清楚卫生间在什么地方，去卫生间之前要怎样跟老师汇报，从教室到食堂的路线，以及放学之后载他回家的校车在什么地方。夏天的时候，安排他跟一些投缘的孩子一起玩。

你还可以教你的孩子一些简单的社交策略，帮助他度过一些尴尬的时刻。鼓励他时刻保持自信，即使他并没有自信的感觉。提醒他有三点要一直保持：微笑，站姿，跟对方进行眼神交流。教会他从人群中寻找友好的人。鲍比是个3岁的孩子，他非常不喜欢去幼儿园，因为课间的时候班里的孩子会跑出教室，跑到屋顶上跟那些大班的孩子一起玩耍。他真的很害怕，他只有在下雨天的时候才愿意去学校，因为那种天气没法去屋顶玩。他的父母帮他厘清了他跟哪种类型的孩子相处会觉得舒服，并且让他明白，其实他可以摆脱那些大班的孩子带来的困扰。

如果你觉得你做不到这些，或者你的孩子可能需要一些额外的练习，那就向儿科医生求助，让他到你所在的区域开一个关于社交技能的研习班。这些研习班会教孩子怎样融入一个群体，如何向新认识的同伴介绍自己，并教会他们读懂肢体语言和面部表情。这还可以帮助你的孩子顺利度过大多数内向者在社交生涯中最头疼的部分——学校生活。

***

下面这个故事发生在10月的一个周二上午，一所纽约市公立学校五年级某班正准备上一堂关于美国政府行政机构的课。学生们都盘腿坐在教室角落的一块地毯上，教室明亮而宽敞，老师则坐在椅子上，把课本闲适地放在膝盖上，用了几分钟时间来解释几个基本概念。接下来就是课堂小组活动时间。

"午餐过后我们的教室变得好乱，"老师说，"桌子底下有口香糖，食品包装纸随处可见，咸饼干扔得满地都是。我们讨厌我们的教室变得这么乱，对吗？"

学生们都点头说"是"。

"那么今天，我们就这个问题来做点儿什么吧。"老师说。

她把这个班分成了3个小组，每组7个人：一个立法小组，负责制定条例来规范午餐时间的行为；一个执行小组，决定如何执行条例；还有一个司法部门，负责制定一个系统来审理违反午餐规定的人。

孩子们很兴奋地找到自己的小组坐好。分组甚至都不需要移动教室的设施，因为很多课程都设计了小组作业，所以教室的课桌被安排成了 7 张桌子一组的豆荚形。课堂立马变得活跃起来。有些在听课时无聊得要命的孩子，现在也开始愉快地跟同伴们聊了起来。

但并不是所有人都这样。当你把这些孩子看成一个大的集体时，他们看上去就像一群可爱的小狗。但如果你把注意力放在单个孩子身上的话——比如玛雅，她红头发、扎着马尾，戴着黑边眼镜，看上去心不在焉——你就会有不同的感受了。

玛雅被分在执行小组里，刚刚分好组，大家就开始讲话了。玛雅有点儿害怕，犹豫不决。萨曼莎是这个小组的负责人，她又高大又结实，穿了一件紫色 T 恤。她从包里翻出一个三明治包装袋，然后说："这个袋子传到谁的手上，谁就来发言。"大家开始传袋子，人们轮流讲出了自己的想法。这让我想到了《蝇王》里面的孩子——起初还公平地在持有海螺时才发言，直到邪恶侵蚀了和睦。

当袋子传到玛雅手上时，她看起来有点儿不堪重负。

"我同意他们的意见。"她说，然后就像抛出一块烫手山芋一样赶紧把袋子递给了下一个人。

这个包装袋在这群孩子之间传了好多次。每一次到玛雅那儿的时候，她都很快地传给下一个人，什么也不说。最终讨论结束了。玛雅看起来有些不安，我猜她应该是因为自己没参与而有些尴尬。萨曼莎对着她的本子开始宣读大家集思广益得出的执行条例。

第十一章 鞋匠与将军

"第一条,"她说道,"如果你违反了条例,你错过了午餐……"

"等一下!"玛雅突然打断了她,"我有一个想法。"

"说吧!"萨曼莎显然有些不耐烦了。但是玛雅与很多敏感的内向者一样,似乎对于微妙的反对之声很在意,她听出萨曼莎口气中的尖锐。她张开嘴巴想讲话,却低下了头,只嘟囔了一些不知所云的只言片语。没有人能听到她在说什么,也没有人愿意去听。小组中有个酷酷的女孩——她修身而时尚的打扮让她非常突出——深深地叹了口气。玛雅的声音渐渐在混乱中消失,那个打扮得酷酷的女孩说:"好了,萨曼莎,你现在可以继续宣读条例了。"

老师让各个小组汇总一下刚刚的任务完成情况,每个人都争着发言,当然,除了玛雅。萨曼莎继续做负责人,她用足以压过所有人的声音开始汇报,渐渐地大家都安静了下来。其实她的报告并没有太大的意义,但她是那么自信、那么和善,以至于她所讲的内容是好是坏都不再重要。

而玛雅坐在小组的外围,在她的笔记本上一遍又一遍地写着自己的名字,仿佛在重申她的存在,至少是在对自己重申。

之前,玛雅的老师曾经告诉我她是个非常聪明的孩子,从她优秀的写作能力中就可以看到她的闪光点。她还是个颇具天赋的垒球运动员,为人友善,常常会给那些在学业上落后的孩子补习。但是玛雅的所有优点都没有在这天早晨表现出来。

***

如果这件事发生在自己孩子身上,所有的父母可能都会对孩子在学习、社交和自我方面的表现感到失望。玛雅是个内向者，在大规模的小组式课堂上，她在喧闹和刺激过度的教室里根本无法发挥自己的能力。她的老师告诉我，如果她在安静的氛围里跟几个同她一样努力而注重细节的孩子一起合作，她会把各种任务完成得非常出色，或者在有大量需要独立完成的作业时，玛雅也能做得很好。当然，玛雅需要学会融入小组，但是像今天我见到的这种经历能教会她这种技巧吗？

事实是，很多学校都是为外向者而建的。来自威廉玛丽学院的教育学学者吉尔·布罗斯和莉萨·坎齐希认为，内向者需要不同于外向者的授课方式。大多数情况是，"很少有适合内向者的课堂，别人总是建议他们要变得会交际一些，要合群一些"。

我们常常忘了大规模小组学习课堂并不是什么神圣不可侵犯的东西，我们用这种方式来组织学生并不是因为这是最佳的学习方式，而是因为它经济高效。想想吧，当大人都在工作的时候，孩子们能做什么呢？如果你的孩子喜欢一个人做事情，喜欢一对一的社交，那并不能说明她有什么问题，她只是凑巧不适应主流的形式而已。学校的宗旨是培养孩子们去适应未来的生活，但问题是，孩子们现在不得不为了在学校生存而努力。

学校的环境可能会违反天性，尤其是对那些内向的孩子来说，他们喜欢专注于自己喜欢的项目上，喜欢每次只跟一两个朋友在一起玩。早上，校车门打开，他伴着拥挤而嘈杂的人群挤了上去。课堂教学以小组讨论为主，老师会让他站起来发言。他要在嘈杂而喧闹的食堂吃午饭，想要找一张有空位的桌子也不容易。最糟糕的是，他没有什么时间思考或者创造。每一天都像是要耗尽他的能量，每一天都没有什么可以激发他。

我们为什么要接受这么一个以不变应万变的模式呢？我们明明知道那些大人根本就不会让自己这样。我们常常惊叹于那些内向而不讨人喜欢的孩子，长大后突然变成一个可靠而幸福的人。我们常常把这种情况叫作蜕变。但是，也许并不是这些孩子改变了，而是他们所处的环境变了。对于成年人来说，他们可以自主选择职业、配偶，以及适合自己的交际圈。他们根本不需要生活在让自己难受的境地之中。一项关于"个人-环境适配模式"的研究表明——用心理学家布赖恩·利特尔的话说——人们会在"与他们的性格相匹配的职业、角色或环境中"得以良好发展。反之亦然，孩子们会在他们觉得情感上受到威胁的时候停止学习。

卢安·约翰逊深谙此间真谛，她言辞犀利，曾经做过海军，也是加州公立学校系统里在教育问题学生方面广受认可的一名教师。（在电影《危险游戏》中，米歇尔·法伊佛扮演的角色就是以她为原型设计的。）我到约翰逊在新墨西哥州的家中拜访了她，希望能从她接触各式各样学生的教学经历中获得更多信息。

约翰逊恰好对教育那些特别腼腆的孩子很有一套——这绝非偶然，其中一种有效方式就是同她的学生们分享她曾经胆小的故事。她关于学校的最初记忆便是自己在幼儿园里被罚站的事，因为那时她喜欢一个人坐在角落里看书，老师则要求她跟其他人"互动"。"很多内向的孩子在发现他们的老师曾经同他们一样腼腆时，会非常高兴，"她告诉我，"我记得我教高中时班上有个女孩，她非常非常腼腆，她的妈妈曾经来找我，感谢我告诉她女儿我相信她在将来会有所成就，所以不要担心自己在高中的时候没有发光。她说，一句话就足以改变她女儿对于整个人生的看法。那么想象一下，一个随意的评论会给一个年幼的孩子带来多大的影响呢？"

约翰逊说，在鼓励内向的孩子发言时，选择一些能引起人兴趣的话题会有助于他们忘记自己的顾虑。她建议让学生们讨论一些热点话题，比如"男孩的生活要比女孩容易很多"。约翰逊作为一名天生的公开演讲恐惧症患者，却频频出现在演讲台上，因此她对于这一点有很多切身体会。"我至今仍没有克服我的腼腆，"她说，"它就在角落里，时常会来招惹我。但是我热衷于改变我们的学校，因此每当我开始演讲时，热情就会克服羞涩。如果你发现某些事情唤起了你的激情，或者为你提供了一个会让你欣然接受的挑战，你就会在一段时间内忘了你是谁。这就像是一个情绪上的假期。"

但是，不要轻易冒险让孩子在全班同学面前演讲，除非你教给他们一些方法，让他们有充分理由相信演讲会很顺利。可以先让孩子在一个朋友或者一个小组面前进行练习，如果这样他们还觉得害怕，那就千万不要强迫他们。专家认为，童年时代消极的公开演讲经历可能会给孩子留下终生惧怕讲台的阴影。

那么，什么样的学校环境对于玛雅这类孩子来说才是最好的呢？以下是给老师的一些建议：

- 不要认为内向需要治疗。如果一个内向的孩子需要社交技巧方面的帮助，一定要在课后教她或者给她一些建议，就像你给那些需要在数学或阅读方面额外关注的孩子补习一样，但同时要赞赏这些孩子。"学生们的成绩报告单上最典型的评论就是'我希望莫莉能在课堂上积极发言'，"密歇根州安阿伯市专收尖子生的爱默生学校的前任校长帕特·亚当斯说，"但是我们也明白很多孩子是内向型的。我们其实也会努力把他们从自己的世界里拉出来，但是我们并不觉得那是个大问题。我们认为那些内向的孩子有自己不同的学习方式。"

- 研究发现，有 1/3~1/2 的人是内向者。这就意味着，在你的班级里，内向者的人数要远比你想象的多。很多内向者小时候就已经能熟练地把自己伪装成外向者了，这让我们很难发现他们的本性。平衡教学方式，适应班里所有学生的需要。外向者喜欢运动、刺激和协作性工作，而内向者喜欢听课、休息和独立作业。恰当地将这两点融合起来。

- 内向者往往会有一两个不被同龄人广泛接受的兴趣。有时，别人会觉得他们对这些事情的热情让人难以理解，而事实上，研究表明这种强烈的热情正是才能发展的先决条件。为他们的兴趣表扬他们、鼓励他们，并帮助他们找到一些志趣相投的朋友，如果班里没有，就鼓励他们去外面寻找。

- 某些协作性任务对于内向者来说也是可以完成的，甚至是可以从中获益的。但是这些任务必须在小型的活动组中进行——以两三个人为宜，在安排小组的时候一定要仔细，让每一个孩子都明白自己的角色。罗杰·约翰逊是明尼苏达大学合作学习研究中心的主任，他说那些腼腆或内向的孩子会在组织有序的小组中获益匪浅，因为"他们通常在跟一两个同学讨论问题的答案或完成任务时感觉很舒服，但他们绝对不会举手站起来在全班同学面前发言。对这些学生来说，能有机会让他们把想法变成语言表述出来是非常重要的"。想象一下，如果玛雅在一个规模小一些的小组中，而且有人告诉他们"萨曼莎，你的任务是负责组织小组有秩序地进行讨论。玛雅，你的任务就是做记录，并在会后向大家汇报"，那么她的经历可能就会不同了。

- 另一方面，还记得我们在第3章里提到的安德斯·埃里克森在刻意练习方面所进行的研究吧？在很多领域，如果你不知道要如何独立工作，你是不可能掌握知识或技能的。让那些外向的学生也向内向的学生学习一下吧。让所有的学生都学会独立完成任务。

- 传播学教授詹姆斯·麦克罗斯基说，不要让那些安静的孩子坐在教室"高互动性"的区域里。在那些地方，他们不但不会多说话，反而会觉得更害怕，也更难集中精力。帮那些内向的孩子营造参与课堂互动的氛围，但是不要强求。"强迫那些高度焦虑的年轻人开口说话，是有百害而无一利的，"麦克罗斯基写道，"那样做会增加他们的焦虑，伤害他们的自尊。"

- 如果你所在的学校有选拔性招生政策，那么在决定录取谁之前，认真考虑你是不是要根据他在小组中的表现做决定。很多内向的孩子在陌生人中变得很安静，除非他们觉得放松、觉得舒服，否则你别想看出来他们到底是什么样子的。

第十一章 鞋匠与将军

这里还有一些给父母的建议。如果你有幸可以为你的孩子选择学校，无论是通过考察一所有吸引力的学校、搬去一所你喜欢的公立学校附近，还是把你的孩子送到私立学校或教会学校，你都应该注意学校要具备以下特征：

- 重视个体利益并强调自主性。
- 小组活动适量，并且小组规模小，组织细致。
- 重视善良、仁爱、共情等优秀品质。
- 坚持维护教室和走廊的秩序（相对于豆荚形排列的教室）。
- 每个班人数少而安静。
- 选择那些看起来可以理解腼腆、严肃、内向、敏感性格的老师。
- 侧重的学科、运动或课外活动会吸引你的孩子。
- 坚决执行反欺凌计划。
- 强调一种宽容、务实的文化。
- 吸引志趣相投的孩子，例如那些聪明的孩子，或者以艺术、体育见长的孩子，这一点取决于你孩子的喜好。

对于很多家庭来说，亲自挑选学校是件很不切实际的事情。但是不管学校如何，你还是可以做很多事情来帮助你的孩子在学校的大环境下生存。找出最能激发孩子能量的科目，让他继续在上面下功夫，比如参加校外辅导，或者参与相关课外活动，例如科技展或创意写作班等。在集体活动方面，教他在大团体中寻找适合自己的角色。对内向者而言，小组作业的一大优势便是，其间提供了很多不同的恢复壁龛。敦促你的孩子采取主动措施,告诉别人自己可以承担记录、绘图,或者任何他最感兴趣的任务。当他知道他在小组中可以做什么贡献时,他就会觉得舒服多了。

你还可以帮助他练习开口讲话。让他知道,在说话之前,花一点时间来整合自己的想法是完全可以的,即使大家都已经加入了讨论,他也完全不用着急。同时,建议他在一次讨论中早一点发表意见,因为这样比等到每个人都讲完之后,整个场面仿佛都在等着他开口要好得多。如果他不确定要说什么,或者觉得提出某个主张令他很难为情,那就帮助他发挥他的优势。他是不是喜欢问一些有想法的问题呢?那就针对这个问题的质量表扬他,并且告诉他好的问题要比那些建设性的回答更有用。他看待问题是不是喜欢从自己独特的视角出发呢?那就告诉他要珍视这一点,并告诉他如何跟别人分享他的观点。

让我们再来探索一下现实生活中的场景。比方说,玛雅的父母要坐下来跟她探讨一下她怎样才能在那个执行小组的练习中有不同的表现。他们可以试着做一些角色扮演的练习,场景设计要尽可能细致。那么玛雅就可以用她自己的话来演练了,比如"让我来记录吧"或者"我们可不可以制定这样一个规则,如果有人乱扔包装袋,那就让他在午饭时间的最后 10 分钟里负责打扫"。

美中不足的一点是,这些都取决于玛雅会不会开口讲她在学校里的事情。虽然父母们随时准备着为孩子们服务,可是很多孩子还是不愿意跟父母分享他们在学校里尴尬的经历。孩子年纪越小,对你开口的可能性就越大,所以你应该尽早开始这个过程。用温和而不带主观色彩的方式从你的孩子口中获取信息,尽量问一些明确、清楚的问

第十一章 鞋匠与将军

题。不要问她"你今天怎么样",而应该问"今天在数学课上做了什么"。不要问她"你喜不喜欢你的老师",而应该问她"你觉得你的老师怎么样",或者问"你不太喜欢什么"。给她一点时间来思考如何回答。尽量避免用大多数父母采用的那种响亮的声音来问她"今天在学校过得好吗",这样她会觉得她应该给你肯定的回答。

  如果她还是不想说话,那你就耐心等她。有时,在她对你讲述这一天的遭遇之前,她需要几个小时的时间来给自己减压。你可能会发现,她会在舒适放松的时候开口,比如洗澡或上床睡觉的时候。如果是这样,那就要保证每天都给她安排这样的时间。如果她会跟其他人讲,比如信任的保姆、阿姨或者兄长,而不愿意跟你说,那你就要收起你的骄傲,向他们寻求帮助。

  最后,如果所有的迹象都显示,你内向的孩子在学校里并不受欢迎,那也不要担心。儿童发展专家告诉我们,孩子们有一两个亲密的好朋友,对于他们的情绪和社会性发展是至关重要的,在学校受不受欢迎其实并不重要。很多内向的孩子长大之后都有很出色的社交技能,虽然他们会以自己的方式加入到各种团体之中——投入其中之前可能需要一段时间的预热,或者只会在聚会中待很短的一段时间。其实这样是完全没问题的。你的孩子需要的是习得社交技能,交到一些朋友,而不是要变成学校里最活跃的人。这并不意味着受欢迎不是件有趣的事情。你希望你的孩子在学校里受欢迎,就像你希望他可以帅气美貌、机智或者有运动天赋一样。但是,你要确保你没有把自己的意愿强加在孩子身上,要记住,想拥有一个令人满意的人生,途径有很多。

＊＊＊

很多通往成功的途径都是在课外兴趣中获得的。外向者更容易从一项爱好跳到另一项,但内向者通常会坚持自己热衷的事情。这就在内向者成长的过程中为他们提供了一个巨大的优势,因为真正的自信来源于竞争,而非其他方式。研究发现,积极地参与并忠实于某项活动,是通往幸福和安乐的必由之路。得以良好发展的天赋和兴趣可能是孩子们信心的源泉,无论他觉得自己与同龄人之间有多大的不同。

例如,玛雅这个在执行小组中如此安静的成员,喜欢每天放学之后回家读书。但是她同样也喜欢垒球,这也是一项充满了社交压力和表现压力的活动。她至今仍记得她参加球队后打进预赛的那天,她紧张得快要僵住了,但她依然觉得自己很强大——她能强有力地打出一个漂亮的回击。"我想是那些练习最终得到了回报,"她后来说,"我只是保持微笑。我是那么激动和骄傲,这种感觉一刻都不曾离开。"

然而,对于父母来说,营造一种可以激发这些深藏在内心的满足感的情境绝非易事。例如,你可能会觉得,应该鼓励自己内向的孩子参与到各种各样的运动中,因为那是友情和自信的通行证。如果他喜欢这项运动并且很在行,就像垒球之于玛雅一样,那么这是可行的。团体运动对任何人来说都可能是一大福音,尤其是对那些不喜欢参与集体活动的孩子来说。但是,在选择这些活动时,要让你的孩子拥有主动权。他可能不喜欢任何团体项目,那也没关系。帮他寻找那些既可以遇见其他孩子,又可以有足够自我空间的活动,培养他的性格优势。如果他的兴趣对你来说太过孤立,要记得即使是那些独立的活动,比如绘画、工程或者创意写作,他在这个领域中也终能找到三五同好之人。

米勒博士说："我知道很多孩子通过分享其兴趣来寻找同伴，比如象棋、精心设计的角色扮演活动，甚至是探讨一些沉闷的兴趣，比如数学或历史。"丽贝卡·华莱士－塞加尔是纽约市"写作乌托邦实验室"的主任，她专门教儿童和青少年学习创意写作。她说，报名上课的孩子"往往不是那些愿意花很长时间来聊时尚和明星的人。那类喜欢时尚和明星的孩子通常不太可能来上这样的课，或许因为他们不喜欢做分析和深度挖掘——那不是他们的舒适区。那些所谓的腼腆的孩子通常会对头脑风暴中得到的想法如痴如狂，他们会解构这些想法并付诸实践，矛盾就在于，当他们可以用这种方式进行互动时，他们变得一点儿也不腼腆。他们之间互相联系，但是这种联系存在于一个更深层的区域，这个区域在其他同龄人眼中显然是无聊而沉闷的"。而这些内向的孩子在准备充足之后也会从自己的世界里走出来——写作乌托邦的孩子们会在当地的书店里朗读他们的作品，而且在著名的全美征文大赛中获奖的人数也非常惊人。

如果你的孩子是个很敏感、很容易受到刺激的人，让她从事艺术或长跑类的活动是个不错的主意，这类活动不会有太大的压力。如果她喜欢从事一些需要表现的活动，那你就要帮她在这些活动中茁壮成长。

小时候，我很喜欢花样滑冰。我会在滑冰场待很久，欢快地沿着"八"字形滑着、旋转着，或者跳起来腾空。但是一到比赛的日子，我就像一艘沉船一样力不从心了。我在前一晚总会难以入眠，还会在做我练习得很好的动作时摔倒。起初，我相信人们对我说的——我只是太紧张了，就像其他人会紧张一样。但是后来，在看过一次对奥运金牌得主卡特琳娜·维特的电视专访之后，我有了不同的想法，我记得她说，正是赛前的紧张让她释放了充足的肾上腺素，从而让她赢得了冠军。

那时我就知道卡特琳娜跟我是完全不同的人，但是找出其中的原因，却让我花了几十年的时间。她的神经非常松弛，平稳地给予她能量，而我的神经紧张到足以让我窒息。那时，我的母亲给予我极大的支持，她问过其他女孩子的母亲，她们的女儿是怎么处理赛前紧张的，并且给我带来了一些建议，她希望这样能让我好过一些。"克里斯滕也会觉得紧张，"她说，"勒妮的妈妈说她在比赛的前一晚紧张得睡不着。"其实我很了解她们俩，她们绝对不会像我那么害怕。

我想如果我当时能更好地了解自己的话，或许会给自己一些帮助。如果你的女儿想成为一名花样滑冰运动员，那你就要帮她接受她会严重紧张的现实，但是不要告诉她紧张对她的成功而言是致命的。她最害怕的是在众人面前摔倒，她需要通过习惯竞争，甚至是习惯失败，使自己对这种恐惧不再敏感。鼓励她参加远离家乡的低风险比赛，因为那里没有人认识她，即使摔倒也没有关系。确保她从头到尾排练过。如果她打算去一个陌生的地方参加滑冰比赛，要记得让她先在那里练习几次。事先同她探讨一下可能出现的问题以及如何处理："好的，如果你真的摔倒了，得了最后一名，那么生活是不是还得继续呢？"而且还要帮她想象一下如果表演过程一切顺利，她会有什么感受，等等。

* * *

激情的释放可以改变一个人的人生，这种影响不光发生在孩子们小学、初中或高中的时光里，还会在未来发挥作用。我不禁想到了戴维·魏斯的故事，他是一个鼓手兼音乐记者。戴维是个很好的例子，他的成长经历有点儿像查理·布朗，最终创造了一种充满创造力、成果丰富和有意义的人生。他爱他的妻子和儿子，喜欢自己的工作，有个丰富而有趣的朋友圈，他们都生活在纽约，因为他认为对于音乐爱好者来说，纽约是最有活力的天堂。如果你通过典型的爱情与工作的标准来衡量戴维的生活，那么他绝对是成功的。

但是生活并不总是一帆风顺，至少对戴维来说不是，他的生活也会在阴霾中展开。戴维小时候既腼腆又笨拙，那些他感兴趣的事情——音乐与写作，在他最重要的同伴们看来是毫无价值的。"人们总是对我说'这是你人生中最好的年华'，"他回忆道，"考虑到我自身，我真希望这不是！我讨厌上学。我记得那时我总是想，我要离开这里。六年级的时候，《菜鸟大反攻》(Revenge of the Nerds) 上映了，我觉得我简直就是从电影里走出来的人。我知道我很聪明，但我是在底特律的郊区长大的，那里同这个国家其余 99% 的地方一样：如果你长得不错还是个运动员的话，那你就不会有什么困扰了。但是如果你只是看起来很聪明，这却不足以让其他的孩子尊重你，他们会想方设法打败你。聪明绝对是我最好的特质，我也绝对喜欢运用这一特质，但是，聪明这个东西也要适可而止。"

那么他是怎么从那个小地方来到这里的呢？对戴维来说，给他带来转折的东西是架子鼓。戴维说："从某个方面讲，我完全克服了童年时期的问题，而且我非常清楚自己是如何做到的：我开始玩架子鼓了。架子鼓简直就是我的女神，是我的尤达大师。在我读初中的时候，高中的爵士乐队来为我们表演，我觉得乐队里最酷的就是那个打架子鼓的孩子。对我来说，鼓手就如同某种运动员一样，只不过是音乐运动员而已，而我又是那么深爱着音乐。"

起初，对戴维来说，架子鼓更像是种社交能力的认证：如果他学会了打鼓，就不会在各种聚会上被比他高大许多的运动员踢出来了。但是不久之后，架子鼓变成了一种更深层次的东西："我突然发现这是种创造性的东西，它在我的脑海中翻腾不息。那年我15岁，从那时起，我就开始坚持练习。我的整个人生因为架子鼓而改变了，就算是到了今天，它仍然在影响我的人生。"

戴维依然清楚地记得他9岁的时候是什么样子。"我觉得直到今天，我好像还跟那时的我保持着联系，"他说，"无论我做了什么让我觉得很酷的事情，比如在纽约一个挤满了人的房间里采访艾丽西亚·凯斯还是做些其他什么事情，我都想给那个时候的我发一条信息，告诉他一切顺利。我觉得在我9岁的时候，我能收到来自未来的信号，这便是给我力量、支持我一路走来的很重要的东西。我可以创造出现在的我和那时的我之间的循环。"

给予戴维力量的还有他的父母。他们把更多的注意力放在确保他找到做事情有效的方式上，而不是把精力放在发展他的自信上。他对什么感兴趣根本不重要，只要他愿意去追求，并能乐在其中就好了。戴维回忆道，他的父亲是个狂热的足球迷，但是绝对不会对他说"你怎么不去足球场练练？"。戴维先学了钢琴，又喜欢上了大提琴。当他说想学架子鼓的时候，他的父母有些惊讶，但他们从未干涉过他的决定。他们支持他的新兴趣，这就是他们支持儿子的方式。

第十一章 鞋匠与将军

※ ※ ※

如果你对戴维·魏斯的故事产生了共鸣,那也是有据可循的。心理学家丹·麦克亚当斯提供了一种解释,他称之为"挽救性人生叙事",认为这也是心理健康的一大标志。

麦克亚当斯在西北大学福利生命研究中心工作,他相信,人们都在书写自己的人生故事,从开端、冲突、转折点到结尾,好像自己是一个小说家。每个人刻画曾经受到的挫折的方式,都深刻地影响其对目前生活的满意度。不幸福的人喜欢把挫折当成一种破坏了原本美好事物的污染物("自从我的妻子离开我以后,我再也回不到从前了"),而精神勃发的成年人则愿意把它当成一桩变相的幸运事("离婚是我经历过的最痛苦的事,但是,新的婚姻却让我觉得更加幸福")。那些生活得最如意的人——愿意回馈家庭、社会并最终正视自身——则能在挫折和障碍中发现生活的意义。从某种程度上说,麦克亚当斯的发现为西方神话学中的一句箴言注入了新鲜血液:让你摔倒的地方就是宝藏埋藏之地。

对于很多像戴维一样的内向者而言,青春期是他们一生中最黑暗、纠结的时光,他们往往深陷在自卑和社交困境之中难以自拔。在初中和高中期间,主流价值观就是活泼和合群,而深沉、敏感这样的特质并不为人们所认可。但是,很多内向者像戴维一样成功书写了他们的人生故事:我们生命中的那些"查理·布朗"时刻,是我们在那些年为快乐地击鼓所付出的代价。

终 章

仙 境

———— * ————

我们的文化决定了我们为了生活不得已要做一名外向者。我们忽视了我们的心路，停下了向中心探索的脚步。如此我们迷失了自我的中心，又不得不再去将其寻回来。

——阿奈·宁

不论你是一名内向者，还是一名深爱着内向者或与内向者共事的外向者，我都希望你能从本书的观点中收获些什么。以下就是我为你的未来生活提供的建议。

爱是不可或缺的，群居生活则不是必需的。珍惜你身边最亲近、最可爱的人，同你欣赏并尊敬的同事共事。结识那些可能成为你密友的人、同你相处融洽的人。不要对社交场合发怵。友情会让人们更幸福快乐，当然内向者也包括在内，但是要铭记于心的是质量远比数量重要。

生活的秘诀就在于把自己放在合适的灯光之下。对于有的人来说，适合自己的灯光是百老汇的聚光灯；对另外一些人来说，一盏青灯便足矣。有效利用你的禀赋，比如坚韧、专一、洞察力以及敏感，去做自己喜欢或有意义的事情。破解问题，潜心艺术，深沉思考。

思考你对这个世界的意义，确保自己能为其做出贡献。如果这需要你做公开演讲或是构建人际网络，抑或参与一些让你觉得不自在的活动，那你也要硬着头皮去做。但是要承认这些事情对你而言是困难的，接受一些培训并化解这些难题，在你克服这些问题之后也要奖励自己一下。

辞去电视台主持人的工作，去拿个图书馆学学位吧。可如果电视主持就是你的所爱，那就为自己打造一副外向的面具，来帮助自己度过每一天。在人脉方面也有一条法则：一段真诚的关系，远比手中攥着10把名片有价值得多。飞奔回家重重地把自己扔进沙发里，给自己开发足够多的"恢复壁龛"。

尊重你所爱之人的社交需求和自己独处的需要（如果你是个外向

者，那就反过来看这个问题）。

用自己喜欢的方式打发空余时间，不用强迫自己做你觉得该做的事情。如果你觉得高兴，那么新年前夜你完全可以待在家里，也可以避开会议；如果不想跟不期而遇的熟人闲谈，就绕到马路对面去；读书，烹饪，跑步，写个故事。别忘了跟自己达成协议——你要参加一定数量的社交活动，以此换得临阵脱逃时的安心。

如果你的孩子们性格安静，试着帮他们在面对新环境和新朋友时营造平和的氛围，否则就让他们顺其自然吧。欣赏他们思维的独特性，为他们的良知和对友情的忠诚而骄傲。不要期待他们随大溜，相反，要鼓励他们坚守自己的热情所在。记得在他们找到兴趣所在时为他们鼓掌欢呼，不管这些兴趣是在鼓手的座席上、在垒球场上，还是在书本上。

如果你是一名教师，你大概会欣赏那些爱凑热闹、爱参加活动的学生。但是不要忘记去培养那些性格腼腆、温顺、独立的孩子，还有那些一门心思扑在化学、门类众多的鹦鹉分类学、19世纪艺术学上的孩子，他们是明天的艺术家、未来的工程师和思想者。

如果你是一名管理者，要记得你的员工里有1/3~1/2的人可能是内向者，无论他们看起来是什么样子。对于公司办公室的布局，你需要三思而后行。别指望内向者会对开放办公室抱有兴趣，或者会热衷于午餐生日派对、团队建设这样的活动。充分发掘内向者的能量，他们是可以帮你深思、运筹、解决复杂问题和找寻宝藏的人。

还有，要注意防范新集体思维的危害。如果你追求的是创造力，那就要让你的员工在共享观点之前，先独立解决问题。如果你想要的是群体的智慧，那就让他们用电子或书面的方式来提交，确保大家都有机会发表意见之后，再公之于众。面对面的交流之所以重要，是因为这种方式可以建立起对对方的信任，然而群体互动中有着对创造性思维不可避免的桎梏。为大家提供一对一、小规模而轻松的小组互动，不要把信誓旦旦或口若悬河之人的言论误认为好点子。如果你有积极主动的团队（当然，我希望你有），要记得，比起那些外向或散发着魅力的领导，一个内敛的领导者更能激发团队成员的出色表现。

不管你是谁，切记不可以貌取人。有的人一副外向做派，但伪装外向者已经消耗了他们太多的能量，降低了他们的可信度，甚至会影响其身体健康。还有的人看起来冷漠而矜持，但他们的内心世界却热情似火而且丰富多彩。由此，当你下一次遇到一位面相沉静、言语温和的人时，要明白或许此刻她的脑海里正在解一道方程式、谱一首奏鸣曲或设计一顶帽子。换言之，她可能正在发挥沉默的力量。

从神话传说和童话故事中，我们了解到这个世界上有形形色色的力量。一个孩子得到了一把轻巧的佩剑，另一个则学会了魔法。诀窍不在于汇集所有你可以获得的力量，而在于用好你身上的禀赋。

内向者拥有一把把打开满园芬芳的私家花园的钥匙。能拥有这样一把钥匙就如同爱丽丝跌进了她的兔子洞，她从来没有想过有一天会进入仙境，但她把这塑造成了一次美妙的冒险，新鲜、梦幻而又充满了个人特色。

顺便提一下，刘易斯·卡罗尔也是一名内向者。没有他，就不会有《爱丽丝梦游仙境》。读到这儿，你应该不会对此感到惊讶了。

后记一

贡献者

———— * ————

我的祖父有一双善解人意的蓝眼睛,说话慢条斯理,酷爱读书和思考。他总是身着一套西装,即使是面对让人们,尤其是孩子们惊叫的事物,也显得温文尔雅。他在布鲁克林区做拉比,那里的人行道上满是戴着黑色礼帽的男人、穿着过膝裙子的女人和举止端庄的孩子。在去教堂的路上,祖父总是会跟来往的行人问好,温柔地夸夸这个孩子聪明、那个孩子长得高,另外一个跟得上时代。孩子们敬慕他,商人们尊重他,迷途的灵魂们依恋他。

但他最喜欢做的事情还是读书。祖母去世后的十几年里,他一个人住在一间小公寓里,所有的家具都变成了书架,上面堆满了各种书:金箔页的《希伯来书》、玛格丽特·阿特伍德和米兰·昆德拉在这里交汇。祖父喜欢坐在他的小餐桌旁,点一盏环状的荧光灯,抿几口立顿茶,吃几块大理石花纹蛋糕,在白色的桌布上摊开一本书。布道的时候,谈到古代的壁毯和人文思潮时,他就和教众们一起分享他一周的学习心得。祖父性格腼腆,他很难同教众们有眼神交流,但他的精神探索和思想之旅却震撼人心,每次他演讲的时候,教堂里总是被挤得水泄不通,人们只有勉强站立之地。

家里人也都深受他的启发。在我们家，阅读是最主要的集体活动。每周六下午，大家就手捧书本蜷缩在小窝里。这是两个世界的精华所在：你可以从坐在你身旁的家人身上感受到温暖，还能在自己的脑海里畅游冒险乐园。

然而八九岁时，我开始怀疑我读到的这些是不是把我变成了"书造的人"。这个疑问似乎直到我10岁那年外出参加夏令营时才得到解答。在营里有个戴着眼镜、前庭饱满的女孩，我发现她在开营最重要的第一天也手不释卷；一下子她就变成了一个大家都不喜欢的人，每天都生活在与众人隔绝的地狱中。其实我也很想看看书，但我还是把那些书扔在行李箱里，一动未动。（虽然我对此心有愧疚，仿佛那些书需要我而我却把它们遗弃了一般。）我看到大家都把那个一直抱着书的女孩子当成书呆子，嘲笑她羞怯。这不正是我的写照吗？我还是把那些书先藏起来吧。

那个夏天过去之后，我觉得一个人拿着一本书待着很是无聊。在高中、大学里，还有刚刚成为一名律师的时候，我都给人们一种外向豁达、并不死板的印象，可是我知道，那并不是真正的我。

我慢慢长大，祖父的榜样作用给了我极大的灵感。他生而安静，同样生而伟大。祖父去世的时候92岁，他把62年的时间都奉献给了讲台。祭奠他的人蜂拥而至，纽约警察总部不得不封锁了他所住小区的街道。知道这件事，九泉之下的他一定会觉得非常惊讶。今天，每当我想起他的那些优点，最令人难忘的依然是他的谦恭。

我要把本书献给我深深眷恋的儿时的家人们。我要献给我的母亲，是她那无尽的热情点燃了餐桌上的交谈，也教会了我们这些孩子如何融洽相处。有如此关怀入微的母亲，是我的福气。本书也要献给我的父亲——那个专注的物理学家，是他的身体力行教会了我们安坐在书桌旁遨游学海，一坐就是几个小时；但他也会让我透透气，读读他最喜欢的诗歌，看看他的科学实验。本书也要献给我的兄弟姐妹，是他们同我分享了成长在那个书香四溢的小家庭的温暖和深情，这种温馨一直延续至今。我还要把这本书献给祖母，献给她的胆识、勇气和对我的关怀。

谨以此书缅怀我的祖父，将安静的言辞诠释为雄辩滔滔的人。

后记二

关于内向者和外向者

---- ∗ ----

本书是从文化的角度来看待内向的。首要关注的是长久以来"行动者"与"思想者"之间的对立关系，以及如何在这两种类型之间创造一种平衡，来改善我们的世界。同样，本书重点关注的人群都具有以下品质：善思辨、理智、好学、谦和、敏感、有思想、庄重、慎思、思想精妙、内省、内显、温润、冷静、谦逊、喜静不喜动、腼腆、迟钝、脸皮薄。那类"行动者"则恰恰相反，他们热情奔放、胸襟开阔、善交际、合群、易激动、居高临下、行动果决、活跃、爱出风头、脸皮厚、张扬、大大咧咧、无所畏惧、爱抛头露面。

当然，这样的分类难免失于宽泛。没有几个人能完全符合这一点或那一点。但正是因为这些东西在我们的文化中有着举足轻重的地位，我们大部分人立刻就能辨识出这些特征。

当代人格心理学家对内向和外向的定义，也许有别于我在本书中使用的概念。大五人格的信徒们通常会把关于内向的品质视为理性、内心生活丰富、良知感强烈、时常会感觉相当程度的焦虑（尤其是那些腼腆的人），以及有反对冒险的倾向，这些都属于独立的内向分类。对他们而言，这些特征可以划归为"开放性"、"尽责性"和"神经质"。

而我所使用的"内向"一词就要广泛多了，它借鉴了大五人格的分类，也囊括了荣格对内向者"源源不绝的魅力"和主观体验的心理学世界的思索：杰尔姆·卡根对高度应激和焦虑的研究（参见第四章和第五章）；伊莱恩·阿伦对敏感度的研究，以及与其相关的责任感、紧张感、内向主导以及深度处理的研究（参见第六章）；还有诸多对于内向者解决问题方面的毅力和专注程度的研究，这一点在杰拉尔德·马修的研究中已然有了相当出色的成果（参见第七章）。

事实上，在历史长河中，西方文化已经把上述一大堆形容词与人的性格特质联系在一起了。正如人类学家瓦伦丁曾写到的那样：

> 西方文化传统包含一个个体多变性的概念，这看似历史悠久、传播广泛而又一以贯之。通俗而论，这是对行动者、实用主义者、现实主义者或爱交际之人而言的概念，而与此对立的是思想者、梦想家、理想主义者或腼腆的个体。由于这种传统，普遍为人们所使用的性格标签就是外向和内向。

瓦伦丁心中内向的概念包含很多当代心理学家的分类标准，诸如经验开放性（"思想者、梦想家"）、尽责性（"理想主义者"）以及神经质（"腼腆的个体"）。

众多诗人、科学家、哲学家也都倾向于把这些品质划归在一起。在古典时代，希波克拉底和盖伦提出我们的性情以及命运是我们的体液作用的结果，血浓且"黄胆汁"的人偏于乐天或暴躁（稳定的或神经质的外向型），痰多且"黑胆汁"的人偏于镇定或忧郁（稳定的或神经质的内向型）。亚里士多德也曾指出，忧郁气质总是同哲学、诗歌和艺术方面的成就有着极深的渊源。（如今，我们可能会把这些方面的成就归结为实践所得。）17世纪诗人约翰·弥尔顿创作了《沉思颂》和《欢乐颂》，将在乡村嬉戏、城里狂欢的"快乐之人"，与在夜幕丛林中沉思漫步、在"孤独的塔楼中"寒窗苦读之人对比。（同样，如今，对于《沉思颂》中人物的描写应该不只适用于称颂内向者，同样也适合那些乐于实践和神经质的人。）无独有偶，19世纪德国哲学家叔本华也对比了那些"有精气神"的人（精力充沛、积极、易感无聊的人）和他欣赏的"智者"（敏感、富于想象、忧郁深沉的人）。他的同胞海因里希·海涅也称："好好想想这一点吧，你们这些自负的行动家！毕竟，你们只是有思想之人的无意识的工具罢了。"

　　正是因为这些定义的复杂性，我最初计划重新对内向进行定义，把这些特征都纳入其中。后来这个想法还是被推翻了，这其实还是出于文化的原因："内向"和"外向"这类词语早已广为人知，很容易就能引起人们下意识的共鸣。每次我在聚会上提到这些词，或者跟飞机上邻座的乘客随意聊起时，他们都能滔滔不绝地说些什么，或者总能联想到些什么。也是出于同样的原因，你看到我使用的外向者的拼法是外行人常用的"extrovert"而不是文献中出现的"extravert"。